令和２年産

野　菜　生　産　出　荷　統　計

大臣官房統計部

令　和　４　年　５　月

農林水産省

目　　次

[付:品目別目次]

利用者のために

1　調査の概要

(1)　調査の目的

本調査は、作物統計調査の作付面積調査及び作況調査の野菜調査として実施したものであり、野菜の作付面積、収穫量、出荷量等の現状とその動向を明らかにし、食料・農業・農村基本計画における野菜の生産努力目標の策定及び達成状況の検証、野菜の生産振興に資する各種事業の推進、農業保険法（昭和22年法律第185号）に基づく畑作物共済事業の適切な運営等のための資料を整備することを目的としている。

(2)　調査の根拠

作物統計調査は、統計法（平成19年法律第53号）第９条第１項に基づく総務大臣の承認を受けて実施した基幹統計調査である。

(3)　調査の機構

調査は、農林水産省大臣官房統計部及び地方組織（地方農政局、北海道農政事務所、内閣府沖縄総合事務局及び内閣府沖縄総合事務局の農林水産センター。以下同じ。）を通じて行った。

(4)　調査の体系（枠で囲んだ部分が本書に掲載する範囲）

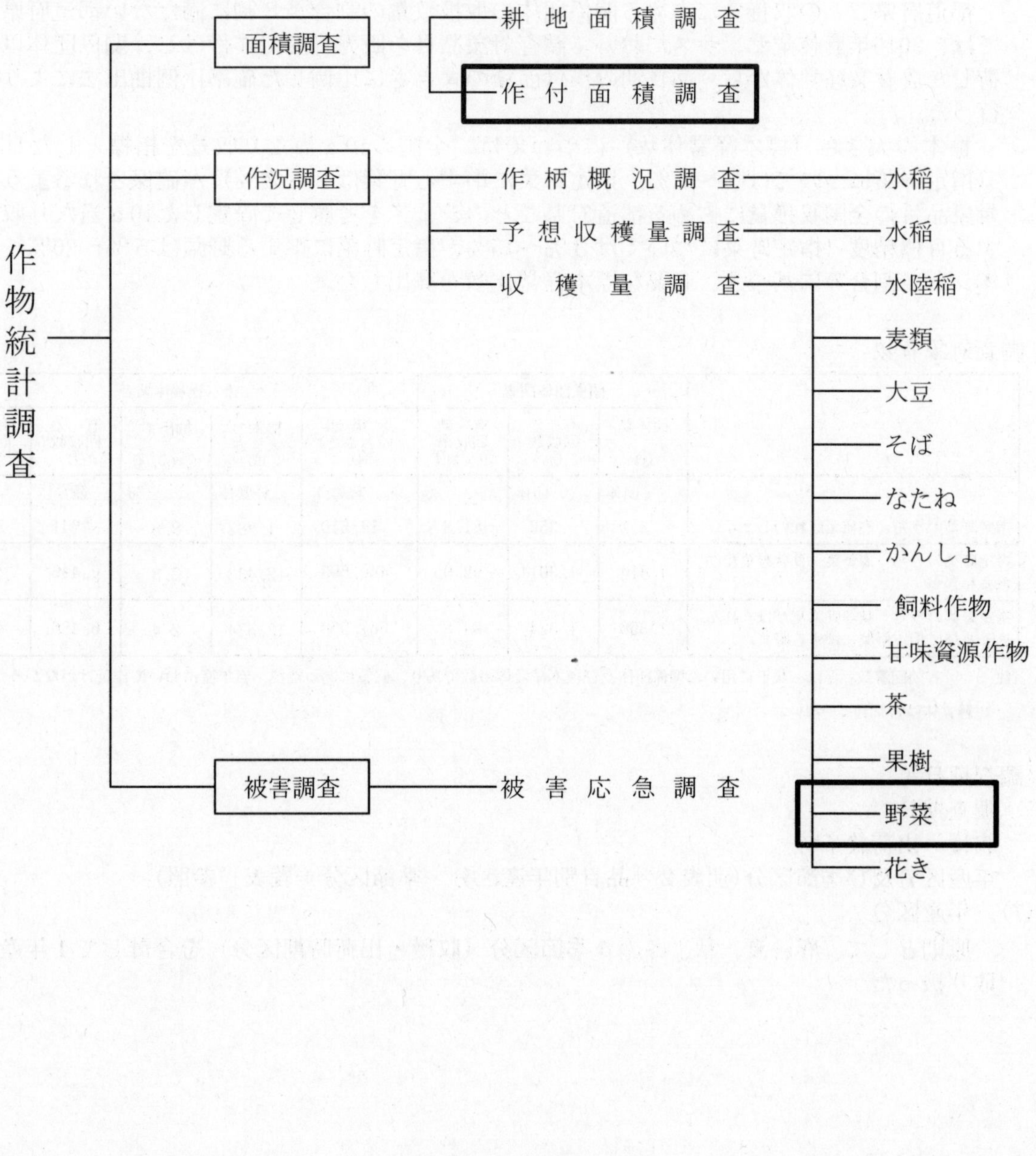

(5)　調査の対象(別表１「品目別調査対象都道府県（主産県）一覧表」参照)

令和２年産については、主産県を調査の対象としている。

なお、全ての都道府県を調査対象とする全国調査を作付面積調査は３年（直近は令和元年産）、収穫量調査は６年（直近は平成28年産）ごとに実施しており、全国調査以外の年にあっては、調査対象品目ごとに、直近の全国調査年における面積調査結果に基づき、全国の作付面積のおおむね80％を占めるまでの上位都道府県、野菜指定産地に指定された区域を含む都道府県、畑作物共済事業を実施する都道府県及び特定野菜等供給産地育成価格差補給事業を実施する都道府県を調査対象（主産県）としている。

(6)　調査対象者の選定

ア　作付面積調査

関係団体調査（全数調査）

調査対象品目を取り扱っている全ての農協等及び野菜生産出荷安定法（昭和41年法律第103号）第10条第１項に規定する登録生産者とした。

イ　収穫量調査

(ア)　関係団体調査（全数調査）

調査対象品目を取り扱っている全ての農協等及び野菜生産出荷安定法第10条第１項に規定する登録生産者とした。

(イ)　標本経営体調査（標本調査）

都道府県ごとの収穫量に占める関係団体の取扱数量の割合が８割に満たない都道府県については、2015年農林業センサスにおいて調査対象品目を販売目的で作付けし、関係団体以外に出荷した農林業経営体から、品目別の作付面積の大きさに比例した確率比例抽出法により抽出を行った。

標本の大きさ（標本経営体数）については、全国の10ａ当たり収量を指標とした目標精度（指定野菜については１～２％、指定野菜に準ずる野菜は２～３％）が確保されるよう、調査対象品目の全国収穫量に占める都道府県ごとのシェアを考慮して設定した10ａ当たり収量に関する目標精度（指定野菜については３％～15％、指定野菜に準ずる野菜は５％～20％）及び団体シェア割合等に基づき、必要な標本経営体数を算出した。

(7)　調査対象者数

	関係団体調査			標本経営体調査				
	団体数 ①	有　効 回収数 ②	有　効 回収率 ③=②/①	母 集 団 の大きさ ④	標本の 大きさ ⑤	抽出率 ⑥=⑤/④	有　効 回収数 ⑦	有　効 回収率 ⑧=⑦/⑤
	団体	団体	%	経営体	経営体	%	経営体	%
指定野菜のうち、春植えばれいしょ	435	356	81.8	14,510	1,282	8.8	641	50.0
指定野菜のうち、春野菜、夏秋野菜及びたまねぎ	1,414	1,301	92.0	440,593	12,433	2.8	5,446	43.8
指定野菜のうち、秋冬野菜及びほうれんそう並びに指定野菜に準ずる野菜	1,396	1,324	94.8	567,968	13,574	2.4	6,486	47.8

注：　「有効回答数」とは、集計に用いた関係団体及び標本経営体の数であり、回答はあったが、当年産において作付けがなかった団体及び経営体は含まれていない。

(8)　調査期日等

ア　調査期日

収穫・出荷終了時

イ　年産区分及び季節区分(別表２「品目別年産区分・季節区分一覧表」参照)

(ア)　年産区分

原則として、春、夏、秋、冬の４季節区分（収穫・出荷時期区分）を合計して１年産として取り扱った。

なお、この基準に合わない品目については、主な作型と主たる出荷期間により年産を区分した。

(ｲ) 季節区分

年間を通じて栽培される品目については、産地、作型によって特定期間に出荷が集中することから、これらを考慮し、主たる出荷期間により季節区分を設定した。

具体的には、野菜生産出荷安定法施行令第１条に定められた区分である。

(9) 調査品目（41品目）

ア 指定野菜（14品目）

類　　別	品　　　　　目
根　菜　類	だいこん、にんじん、ばれいしょ（じゃがいも）、さといも
葉茎菜類	はくさい、キャベツ、ほうれんそう、レタス、ねぎ、たまねぎ
果　菜　類	きゅうり、なす、トマト、ピーマン

イ 指定野菜に準ずる野菜（27品目）

類　　別	品　　　　　目
根　菜　類	かぶ、ごぼう、れんこん、やまのいも
葉茎菜類	こまつな、ちんげんさい、ふき、みつば、しゅんぎく、みずな、セルリー、アスパラガス、カリフラワー、ブロッコリー、にら、にんにく
果　菜　類	かぼちゃ、スイートコーン、さやいんげん、さやえんどう、グリーンピース、そらまめ（乾燥したものを除く。）、えだまめ
香辛野菜	しょうが
果実的野菜	いちご、メロン（温室メロンを含む。）、すいか

(10) 調査事項

ア 作付面積調査

調査品目別及び季節区分別の作付面積

イ 収穫量調査

(ｱ) 関係団体調査（全数調査）

調査品目別及び季節区分別の作付面積、出荷量及び用途別出荷量（指定野菜に限る。）

(ｲ) 標本経営体調査（標本調査）

調査品目別及び季節区分別の作付面積、出荷量及び「自家用、無償の贈与の量」

(11) 調査方法

調査は、関係団体に対する往復郵送調査又はオンライン調査及び標本経営体に対する往復郵送調査により行った。

(12) 集計方法

ア 都道府県値

農林水産省地方組織に提出された調査票は、農林水産省地方組織において集計した。

(ｱ) 作付面積の集計は、関係団体調査結果を基に、職員又は統計調査員による巡回・見積り及び職員による情報収集により補完している。

(ｲ) 収穫量の集計は、関係団体調査及び標本経営体調査の結果から得られた10ａ当たり収量に作付面積を乗じて算出し、必要に応じて職員又は統計調査員による巡回及び職員による情報収集により補完している。

(ｳ) 出荷量の集計は、関係団体調査結果から得られた出荷量及び標本経営体調査結果から得られた10ａ当たり出荷量等を基に算出している。

なお、季節区分の一部のみの調査を行っている品目の年間計の都道府県値は、全国調査を行った平成28年産の調査結果に基づき、次により推計した。

都道府県値＝ 直近の全国調査年における当該品目の値×当年産として調査を実施した季節区分の合計値の比率（X）

X：当年産として調査を実施した季節区分の当年産の合計値÷当年産として調査を実施した季節区分の直近の全国調査年における合計値

(ｴ) 用途別出荷量の集計は、関係団体調査結果から得られた用途別出荷量等を基に算出している。

また、季節区分のある品目であって、主産県調査年において調査を行っていない季節区分がある場合の品目計は、全国調査を行った平成28年産の調査結果に基づき、次により推計した。

$$\text{品目計} = \frac{\text{平成28年産の年間計出荷量} \times \text{当年産の調査対象季節区分の用途別出荷量}}{\text{平成28年産の調査対象季節区分の出荷量}}$$

イ 全国値

農林水産省地方組織から報告された都道府県値を用い、農林水産省大臣官房統計部において集計した。

また、本年産調査は主産県調査年に当たることから、直近の全国調査の調査結果（作付面積調査は令和元年産、収穫量調査は平成28年産）に基づき、次により推計した。

全国値＝ 直近の全国調査年の全国値×主産県値の比率（X）

X：当該年産の主産県値÷直近の全国調査年の主産県値

(13) 市町村別の作付面積、収穫量及び出荷量

野菜指定産地に包括されている市町村について作成した。なお、北海道のばれいしょにおいては、全市町村について作成した。

(14) 調査の精度

ア 作付面積調査

関係団体に対する全数調査結果を用いて全国値を算出していることから、実績精度の算出は行っていない。

イ 収穫量調査

本調査の10ａ当たり収量に係る調査結果（主産県計）の実績精度を標準誤差率（標準誤差の推定値÷推定値×100）により示すと、次表のとおりである。

(ア)　指定野菜

類別	品目	季節区分	標準誤差率（%）
根菜類	だいこん	春	1.7
		夏	1.5
		秋冬	1.5
	にんじん	春夏	1.0
		秋	2.3
		冬	1.5
	ばれいしょ	春植え	0.2
		秋植え	5.2
	さといも	秋冬	1.8
葉茎菜類	はくさい	春	2.2
		夏	1.1
		秋冬	1.2
	キャベツ	春	0.9
		夏秋	0.6
		冬	0.8
	ほうれんそう	−	1.2
葉茎菜類	レタス	春	1.1
		夏秋	0.6
		冬	1.0
	ねぎ	春	1.9
		夏	1.6
		秋冬	1.0
	たまねぎ	−	1.4
果菜類	きゅうり	冬春	1.8
		夏秋	1.2
	なす	冬春	1.9
		夏秋	1.6
	トマト	冬春	1.0
		夏秋	1.1
	ピーマン	冬春	1.5
		夏秋	2.0

(イ)　指定野菜に準ずる野菜

類別	品目	標準誤差率（%）
根菜類	かぶ	4.2
	ごぼう	2.6
	れんこん	0.8
	やまのいも	3.0
葉茎菜類	こまつな	2.0
	ちんげんさい	1.2
	ふき	3.5
	しゅんぎく	2.2
	みずな	2.5
	アスパラガス	2.1
	カリフラワー	2.1
	ブロッコリー	0.6
	にら	1.3
	にんにく	0.9
果菜類	かぼちゃ	3.7
	スイートコーン	1.1
	さやいんげん	3.9
	さやえんどう	7.6
	グリーンピース	7.5
	そらまめ	3.9
	えだまめ	1.8
香辛野菜	しょうが	2.5
果実的野菜	いちご	2.0
	メロン	2.0
	すいか	1.8

注：　みつば及びセルリーについては、主要な都道府県において標本経営体調査を行っていないことから実績精度の計算は行っていない。

2　用語の説明

(1)　作付面積

は種又は植付けをしたもののうち、発芽又は定着した延べ面積をいう。

また、温室、ハウス等の施設に作付けされている場合の作付面積は、作物の栽培に直接必要な土地を含めた利用面積とした。したがって、温室・ハウス等の施設間の通路等は施設の管理に必要な土地であり、作物の栽培には直接的に必要な土地とみなされないことから作付面積には含めていない。

なお、れんこん、ふき、みつば、アスパラガス及びにらの作付面積は、株養成期間又は育苗中で、は種又は植付けをしたその年に収穫がない面積を除いた。

(2)　10ａ当たり収量

実際に収穫された10ａ当たりの収穫量をいい、具体的には作付面積の10ａ当たりの収穫量とする。

(3)　収穫量

収穫したもののうち、生食用又は加工用として流通する基準を満たすものの重量をいう。

また、収穫量の計量形態は、出荷の関連から出荷形態による重量とした。例えば、だいこんの出荷形態が葉付きの場合は、収穫量も葉付きで、えだまめの出荷形態が枝付きの場合は、収穫量も枝付きで計上した。

(4) 出荷量

収穫量のうち、生食用、加工用又は業務用として販売した量をいい、生産者が自家消費した量及び種子用、飼料用として販売したものは含めない。

また、出荷量の計量形態は、集出荷団体等の送り状の控え又は出荷台帳に記入された出荷時点における出荷荷姿の表示数量（レッテルの表示量目）を用いる。

なお、野菜需給均衡総合推進対策事業及び都道府県等が独自に実施した需給調整事業により産地廃棄された量は、収穫量に含めたが出荷量には含めていない。

(5) 生食向け出荷、加工向け出荷及び業務用向け出荷

用途別出荷量については、調査時における仕向けにより区分した。

ア 「生食向け出荷」とは、生食用として出荷したものをいう。

なお、生食向け出荷量は、(4)の出荷量からイの加工向け及びウの業務用向け（ばれいしょを除く。）の出荷量を差し引いた重量である。

イ 「加工向け出荷」とは、加工場又は加工する目的の業者に出荷したもの及び加工されることが明らかなものをいう。この場合、長期保存に供する冷凍用は加工向けに含めた。

ウ 「業務用向け出荷」とは、学校給食、レストラン等の外・中食業者へ出荷したものをいう。

(6) 指定野菜

野菜生産出荷安定法第２条に規定する「消費量が相対的に多く又は多くなることが見込まれる野菜であって、その種類、通常の出荷時期等により政令で定める種別に属するもの」をいう。

具体的には、野菜生産出荷安定法施行令（昭和41年政令第224号）第１条に掲げる次の品目をいう。

なお、本調査においては、ピーマンにはししとう、レタスにはサラダ菜を含むものとして調査を行っている。

キャベツ（春キャベツ、夏秋キャベツ及び冬キャベツ）、きゅうり（冬春きゅうり及び夏秋きゅうり）、さといも（秋冬さといも）、だいこん（春だいこん、夏だいこん及び秋冬だいこん）、たまねぎ、トマト（冬春トマト及び夏秋トマト）、なす（冬春なす及び夏秋なす）、にんじん（春夏にんじん、秋にんじん及び冬にんじん）、ねぎ（春ねぎ、夏ねぎ及び秋冬ねぎ）、はくさい（春はくさい、夏はくさい及び秋冬はくさい）、ばれいしょ、ピーマン（冬春ピーマン及び夏秋ピーマン）、ほうれんそう及びレタス（春レタス、夏秋レタス及び冬レタス）

(7) 指定野菜に準ずる野菜

本調査における「指定野菜に準ずる野菜」とは、野菜生産出荷安定法施行規則（昭和41年農林省令第36号）第８条に掲げる品目のうち次に掲げるものをいう。

なお、本調査においては、メロンの数値には温室メロンの数値を含むものとして調査を行っている。

アスパラガス、いちご、えだまめ、かぶ、かぼちゃ、カリフラワー、グリーンピース、ごぼう、こまつな、さやいんげん、さやえんどう、しゅんぎく、しょうが、すいか、スイートコーン、セルリー、そらまめ（乾燥したものを除く。）、ちんげんさい、にら、にんにく、ふき、ブロッコリー、みずな、みつば、メロン、やまのいも及びれんこん

(8) 野菜指定産地

野菜生産出荷安定法第４条の規定に基づき農林水産大臣が指定し告示した産地をいう（令和２年５月８日農林水産省告示第931号）。

(9) 集出荷団体

生産者から青果物販売の委託を受けて青果物を出荷する総合農協、専門農協又は有志で組織する任意組合をいう。

3　利用上の注意

(1)　全国農業地域の区分とその範囲

本書に掲載した統計の全国農業地域及び地方農政局の区分とその範囲は、次のとおりである。

ア　全国農業地域

全国農業地域名	所属都道府県名
北海道	北海道
東北	青森、岩手、宮城、秋田、山形、福島
北陸	新潟、富山、石川、福井
関東・東山	茨城、栃木、群馬、埼玉、千葉、東京、神奈川、山梨、長野
東海	岐阜、静岡、愛知、三重
近畿	滋賀、京都、大阪、兵庫、奈良、和歌山
中国	鳥取、島根、岡山、広島、山口
四国	徳島、香川、愛媛、高知
九州	福岡、佐賀、長崎、熊本、大分、宮崎、鹿児島
沖縄	沖縄

イ　地方農政局

地方農政局名	所属都道府県名
東北農政局	アの東北の所属都道府県名と同じ。
北陸農政局	アの北陸の所属都道府県名と同じ。
関東農政局	茨城、栃木、群馬、埼玉、千葉、東京、神奈川、山梨、長野、静岡
東海農政局	岐阜、愛知、三重
近畿農政局	アの近畿の所属都道府県名と同じ。
中国四国農政局	鳥取、島根、岡山、広島、山口、徳島、香川、愛媛、高知
九州農政局	アの九州の所属都道府県名と同じ。

注：　東北農政局、北陸農政局、近畿農政局及び九州農政局の結果については、全国農業地域区分における各地域の結果と同じであることから、統計表章はしていない。

(2)　統計数値の四捨五入について

本書に掲載した統計数値は、次の方法により四捨五入しており、合計値と内訳の計が一致しない場合がある。

原数		7桁以上 (100万)	6桁 (10万)	5桁 (1万)	4桁 (1,000)	3桁以下 (100)
四捨五入する桁(下から)		3桁	2桁		1桁	四捨五入 しない
例	四捨五入する前(原数)	1,234,567	123,456	12,345	1,234	123
	四捨五入した数値(統計数値)	1,235,000	123,500	12,300	1,230	123

(3)　「（参考）対平均収量比」について

統計表の「（参考）対平均収量比」とは、10ａ当たり平均収量（原則として、直近７か年のうち最高及び最低を除いた５か年の平均値）に対する当年産の10ａ当たり収量の比率である。

なお、10ａ当たり平均収量について、直近７か年の実収量のデータが得られない場合は次の方法により作成するものとし、３か年分の実収量のデータが得られない場合は作成していない。
ア　６年分の実収量のデータが得られた場合は、最高及び最低を除いた４か年の平均値
イ　５年分の実収量のデータが得られた場合は、最高及び最低を除いた３か年の平均値
ウ　３年又は４年分の実収量のデータが得られた場合は、それらの単純平均

(4)　統計表中に使用した記号は、次のとおりである。
「０」：　単位に満たないもの（例：0.4ha → ０ha）
「－」：　事実のないもの
「…」：　事実不詳又は調査を欠くもの
「ｘ」：　個人又は法人その他の団体に関する秘密を保護するため、統計数値を公表しないもの
「nc」：　計算不能

(5)　秘匿方法について
統計調査結果について、生産者数が２以下の場合には、個人又は法人その他の団体に関する調査結果の秘密保護の観点から、当該結果を「ｘ」表示とする秘匿措置を施している。
なお、全体（計）からの差引きにより、秘匿措置を講じた当該結果が推定できる場合には、本来秘匿措置を施す必要のない箇所についても「ｘ」表示としている。

(6)　この統計表に掲載された数値を他に転載する場合は、「野菜生産出荷統計」（農林水産省）による旨を記載してください。

(7)　本統計の累年データについては、農林水産省ホームページの統計情報に掲載している分野別分類の「作付面積・生産量、被害、家畜の頭数など」、品目別分類「野菜」の「作況調査（野菜）」で御覧いただけます。
【 https://www.maff.go.jp/j/tokei/kouhyou/sakumotu/sakkyou_yasai/index.html#l 】

4　お問合せ先

農林水産省　大臣官房統計部　生産流通消費統計課　園芸統計班
電話：（代表）03-3502-8111　内線3680
　　　（直通）03-6744-2044
ＦＡＸ:　　　03-5511-8771

※　本調査に関する御意見、御要望は、上記問合せ先のほか、農林水産省ホームページでも受け付けております。
【 https://www.contactus.maff.go.jp/j/form/tokei/kikaku/160815.html 】

別表１

品目別調査対象都道府県（主産県）一覧表

1　指定野菜（14品目）

都道府県	だいこん			にんじん			ばれいしょ		さといも		はくさい			キャベツ		
	春	夏	秋冬	春夏	秋	冬	春植え	秋植え	秋冬	その他	春	夏	秋冬	春	夏秋	冬
北海道	○	○	○	○	○		○	○			○	○	○		○	○
青森	○	○	○	○	○	○	○	○				○			○	
岩手		○	○	○					○				○		○	
宮城			○				○	○					○	○	○	
秋田			○										○		○	
山形			○						○				○			
福島			○			○	○	○	○				○	○		
茨城	○		○	○		○	○	○	○		○		○	○	○	○
栃木	○	○	○						○				○			
群馬		○	○						○			○	○	○	○	
埼玉	○		○	○		○			○				○	○		○
千葉	○		○	○		○	○	○	○				○	○	○	○
東京			○			○			○					○	○	○
神奈川	○		○						○					○	○	○
新潟			○	○		○			○				○			
富山		○	○						○				○	○		
石川			○			○										
福井	○		○		○	○			○							○
山梨															○	
長野		○	○				○	○			○	○	○	○	○	
岐阜	○	○	○	○		○			○				○	○		
静岡	○		○	○			○	○	○					○		○
愛知	○		○	○		○			○		○		○	○		○
三重						○	○	○	○				○	○		○
滋賀			○										○			○
京都														○		
大阪									○					○		○
兵庫		○	○	○									○	○		○
奈良			○													
和歌山			○	○							○		○	○		○
鳥取						○							○		○	○
島根															○	○
岡山	○	○	○	○		○	○	○			○		○	○	○	○
広島	○	○	○				○	○					○		○	○
山口	○	○	○								○		○	○		○
徳島			○	○									○	○		○
香川	○		○			○								○		○
愛媛									○				○	○		○
高知																
福岡	○		○						○				○	○		○
佐賀							○	○								○
長崎	○		○	○		○	○	○			○		○	○		○
熊本	○	○	○	○		○	○	○	○		○		○	○	○	○
大分			○	○		○			○		○		○	○		
宮崎			○	○		○	○	○	○				○	○		○
鹿児島	○		○	○		○	○	○	○		○		○	○		○
沖縄				○		○				○						

1　指定野菜（14品目）（続き）

都道府県	ほうれんそう	レタス			ね　ぎ			たまねぎ	きゅうり		な　す		トマト		ピーマン	
		春	夏秋	冬	春	夏	秋冬		冬春	夏秋	冬春	夏秋	冬春	夏秋	冬春	夏秋
北海道	○		○			○	○	○		○			○	○		○
青森			○			○	○			○			○	○		○
岩手	○	○	○			○	○		○	○		○		○		○
宮城	○				○	○	○		○	○		○		○		
秋田	○					○	○			○		○		○		○
山形						○	○		○	○		○		○		○
福島	○						○		○	○		○	○	○		○
茨城	○	○	○	○	○	○	○	○	○	○		○	○	○	○	○
栃木	○	○	○	○		○	○	○	○	○	○	○	○	○		
群馬	○	○	○		○	○	○	○	○	○	○	○	○	○		
埼玉	○	○		○	○	○	○	○	○	○	○	○	○			
千葉	○	○		○	○	○	○	○	○	○	○	○	○	○		○
東京	○															
神奈川	○						○		○	○		○	○	○		
新潟						○	○		○	○		○	○	○		○
富山	○					○	○	○		○		○		○		
石川						○	○			○			○	○		
福井	○					○	○					○		○		
山梨									○	○		○	○	○		
長野	○	○	○			○	○	○		○		○		○		○
岐阜	○						○	○	○	○		○	○	○		○
静岡				○	○	○	○	○					○	○		
愛知	○			○	○	○	○	○	○		○	○	○	○		○
三重					○	○	○	○	○			○	○	○		○
滋賀	○								○	○		○	○	○		
京都	○				○					○		○		○		○
大阪				○	○	○		○		○	○	○				
兵庫	○	○		○	○		○	○		○		○	○	○		○
奈良	○	○					○			○	○	○	○	○		
和歌山	○							○	○	○			○		○	○
鳥取	○				○	○	○							○		○
島根							○	○	○	○		○	○	○		○
岡山		○		○	○	○	○	○		○	○	○		○		○
広島	○				○	○	○		○	○		○	○	○		○
山口	○							○	○	○		○		○		○
徳島	○	○		○	○		○		○		○	○	○	○		○
香川		○		○	○	○	○	○	○	○	○	○	○	○		
愛媛	○			○			○	○	○	○	○	○	○	○		○
高知					○		○		○		○		○		○	○
福岡	○	○		○	○	○	○	○	○	○	○	○	○	○		
佐賀	○	○		○	○		○	○	○	○	○	○	○			
長崎	○	○		○	○	○	○	○	○	○	○		○	○		
熊本	○	○		○			○	○	○	○	○	○	○	○	○	○
大分		○	○		○	○	○			○		○		○		○
宮崎	○						○	○	○	○	○	○	○	○	○	○
鹿児島				○	○	○	○		○		○		○		○	○
沖縄		○		○									○		○	

品目別調査対象都道府県（主産県）一覧表（続き）

2　指定野菜に準ずる野菜（27品目）

都道府県	かぶ	ごぼう	れん こん	やまの い も	こま つな	ちんげ んさい	ふき	みつば	しゅん ぎ く	みずな	セル リー	アスパ ラガス	カリフ ラワー	ブロッ コリー
北　海　道	○	○		○	○	○	○	○		○	○	○	○	○
青　　　森	○	○		○			○		○			○	○	○
岩　　　手				○			○		○			○		○
宮　　　城					○	○			○	○				
秋　　　田				○			○					○	○	
山　　　形	○				○		○					○	○	
福　　　島	○					○	○	○	○			○	○	○
茨　　　城	○	○	○	○	○	○		○	○	○			○	○
栃　　　木	○	○					○		○			○		○
群　　　馬		○		○	○	○	○		○	○				○
埼　　　玉	○			○	○	○		○	○	○			○	○
千　　　葉	○	○		○	○	○	○	○	○		○		○	○
東　　　京	○				○								○	○
神　奈　川	○				○								○	○
新　　　潟	○				○		○		○			○	○	
富　　　山	○													
石　　　川					○									○
福　　　井														○
山　　　梨				○										
長　　　野				○		○	○		○		○	○	○	○
岐　　　阜	○				○				○					
静　　　岡					○	○	○	○			○		○	○
愛　　　知	○		○		○	○	○	○	○		○		○	○
三　　　重	○													○
滋　　　賀	○								○	○				
京　　　都	○				○		○		○	○				○
大　　　阪					○		○	○	○	○			○	○
兵　　　庫			○		○	○			○	○				○
奈　　　良					○				○	○				
和　歌　山					○				○					○
鳥　　　取				○	○	○								○
島　　　根	○											○		○
岡　　　山			○	○					○			○	○	○
広　　　島					○		○		○	○		○		○
山　　　口			○		○				○					○
徳　　　島	○		○		○	○	○						○	○
香　　　川					○						○	○		○
愛　　　媛							○		○			○		○
高　　　知														○
福　　　岡	○				○	○		○	○	○	○	○	○	○
佐　　　賀			○									○		○
長　　　崎					○							○		○
熊　　　本		○	○			○			○			○	○	○
大　　　分								○				○		○
宮　　　崎		○												
鹿　児　島		○				○				○				○
沖　　　縄						○								

2　指定野菜に準ずる野菜（27品目）（続き）

都道府県	にら	にんにく	かぼちゃ	スイートコーン	さやいんげん	さやえんどう	グリーンピース	そらまめ	えだまめ	しょうが	いちご	メロン	すいか
北海道	○	○	○	○	○	○	○		○		○	○	○
青森		○	○	○	○	○		○	○		○	○	○
岩手		○		○	○	○			○				
宮城			○	○	○	○		○	○		○		
秋田		○	○		○	○		○	○			○	○
山形	○		○		○				○			○	○
福島	○	○	○	○	○	○	○		○		○		
茨城	○		○	○	○	○		○		○	○	○	○
栃木	○			○	○						○		
群馬	○			○	○				○		○		
埼玉				○	○				○	○	○		
千葉	○		○	○	○	○		○	○	○	○	○	○
東京													
神奈川			○		○				○				○
新潟			○		○	○		○	○		○		○
富山									○				
石川			○									○	○
福井												○	○
山梨				○	○								
長野			○	○	○	○							○
岐阜					○		○		○		○		
静岡				○		○				○	○	○	○
愛知				○		○				○	○	○	○
三重			○			○					○		
滋賀							○						○
京都						○			○				
大阪							○	○	○				
兵庫	○			○		○	○	○	○		○		○
奈良							○				○		○
和歌山			○			○	○	○					○
鳥取				○				○				○	○
島根													
岡山			○			○	○			○		○	○
広島			○		○	○							
山口			○								○		○
徳島		○		○		○		○	○	○			
香川		○		○	○			○	○		○		
愛媛			○		○	○		○	○		○		○
高知	○				○					○			
福岡	○				○	○	○	○			○		○
佐賀			○								○		
長崎	○		○		○	○		○		○	○		○
熊本	○	○	○		○		○	○		○	○	○	○
大分	○	○	○			○							
宮崎	○	○	○	○					○	○	○		
鹿児島		○	○		○	○	○	○		○			○
沖縄			○		○								

別表２

品目別年産区分・季節区分一覧表

類別	品目名	年産区分 （主たる収穫・出荷期間）	季節区分 季節区分名	 （主たる収穫・出荷期間）	備考
根菜類		令和　　令和			
	だいこん	２年４月～３年３月	春	４月 ～ ６月	
			夏	７月 ～ ９月	
			秋冬	10月 ～ ３月	
	かぶ	元年９月～２年８月	―	―	
	にんじん	２年４月～３年３月	春夏	４月 ～ ７月	
			秋	８月 ～ 10月	
			冬	11月 ～ ３月	
	ごぼう	２年４月～３年３月	―	―	
	れんこん	２年４月～３年３月	―	―	
	ばれいしょ	２年４月～３年３月	春植え	都府県産　４月 ～ ８月	
	（じゃがいも）		〃	北海道産　９月 ～ 10月	
			秋植え	11月 ～ ３月	
	さといも	２年４月～３年３月	秋冬	６月 ～ ３月	
			その他	４月 ～ ５月	
	やまのいも	２年４月～３年３月	―	―	
葉茎菜類	はくさい	２年４月～３年３月	春	４月 ～ ６月	
			夏	７月 ～ ９月	
			秋冬	10月 ～ ３月	
	こまつな	２年１月～２年12月	―	―	
	キャベツ	２年４月～３年３月	春	４月 ～ ６月	
			夏秋	７月 ～ 10月	
			冬	11月 ～ ３月	
	ちんげんさい	２年１月～２年12月	―	―	
	ほうれんそう	２年４月～３年３月	―	―	
	ふき	２年１月～２年12月	―	―	
	みつば	２年１月～２年12月	―	―	
	しゅんぎく	２年１月～２年12月	―	―	
	みずな	２年１月～２年12月	―	―	
	セルリー	２年１月～２年12月	―	―	
	アスパラガス	２年１月～２年12月	―	―	
	カリフラワー	２年４月～３年３月	―	―	
	ブロッコリー	２年４月～３年３月	―	―	
	レタス	２年４月～３年３月	春	４月 ～ ５月	レタスには、サラダ菜を含む。
			夏秋	６月 ～ 10月	
			冬	11月 ～ ３月	
	ねぎ	２年４月～３年３月	春	４月 ～ ６月	
			夏	７月 ～ ９月	
			秋冬	10月 ～ ３月	
	にら	２年１月～２年12月	―	―	
	たまねぎ	２年４月～３年３月	―	都府県産　４月 ～ ３月	
			―	北海道産　８月 ～ ３月	
	にんにく	２年１月～２年12月	―	―	
果菜類	きゅうり	元年12月～２年11月	冬春	12月 ～ ６月	
			夏秋	７月 ～ 11月	
	かぼちゃ	２年１月～２年12月	―	―	
	なす	元年12月～２年11月	冬春	12月 ～ ６月	
			夏秋	７月 ～ 11月	
	トマト	元年12月～２年11月	冬春	12月 ～ ６月	トマトには、加工用トマト、ミニトマトを含む。
			夏秋	７月 ～ 11月	
	ピーマン	元年11月～２年10月	冬春	11月 ～ ５月	ピーマンには、ししとうを含む。
			夏秋	６月 ～ 10月	
	スイートコーン	２年１月～２年12月	―	―	
	さやいんげん	２年１月～２年12月	―	―	
	さやえんどう	元年９月～２年８月	―	―	
	グリーンピース	元年９月～２年８月	―	―	
	そらまめ	２年１月～２年12月	―	―	
	えだまめ	２年１月～２年12月	―	―	
香辛野菜	しょうが	２年４月～３年３月	―	―	
果実的野菜	いちご	元年10月～２年９月	―	―	
	メロン	２年１月～２年12月	―	―	メロンには、温室メロンを含む。
	すいか	２年１月～２年12月	―	―	

注：季節区分名欄で「その他」とは、統計処理上品目別に設定した季節区分の主たる収穫・出荷期間以外の月を一括したものである。

I　調査結果の概要

1　令和２年産野菜の作付面積、収穫量及び出荷量の動向

令和２年産の野菜（41品目）の作付面積は44万8,700haで、前年産に比べ9,200ha（２％）減少した。

収穫量は1,304万5,000ｔ、出荷量は1,125万8,000ｔで、前年産に比べそれぞれ36万2,000ｔ（３％）、31万6,000ｔ（３％）減少した。

図１　野菜の作付面積、収穫量及び出荷量の推移

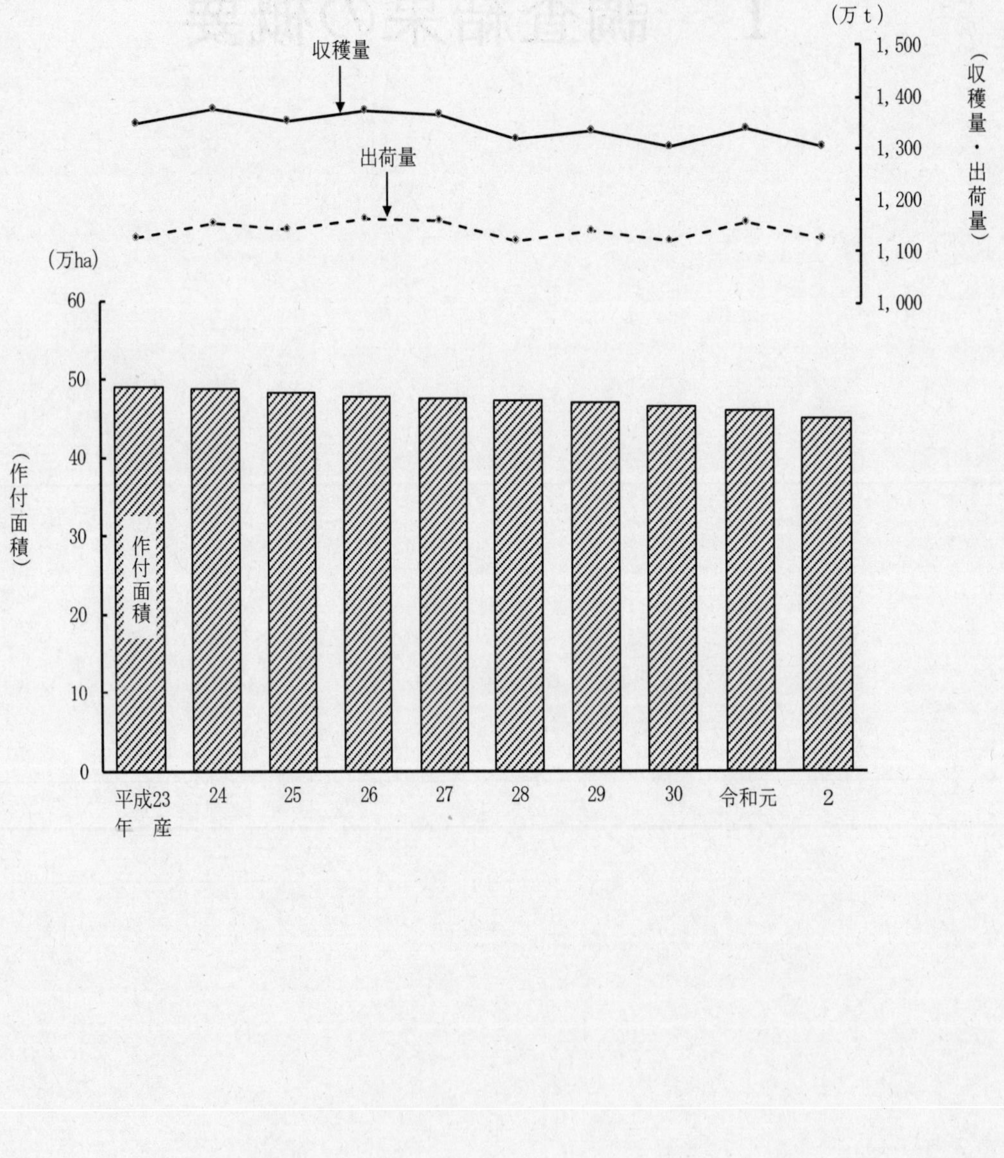

表1　令和２年産野菜の作付面積、10ａ当たり収量、収穫量及び出荷量（全国）

品目	作付面積	10ａ当たり収量	収穫量	出荷量	対前年産比				（参考）対平均収量比
					作付面積	10ａ当たり収量	収穫量	出荷量	
	ha	kg	t	t	%	%	%	%	%
計	**448,700**	…	**13,045,000**	**11,258,000**	**98**	nc	**97**	**97**	nc
根菜類	**151,500**	…	**4,642,000**	**3,899,000**	**97**	nc	**95**	**94**	nc
だいこん	29,800	4,210	1,254,000	1,035,000	96	100	96	96	99
かぶ	4,160	2,520	104,800	87,100	99	94	93	93	91
にんじん	16,800	3,490	585,900	525,900	99	100	98	99	104
ごぼう	7,320	1,730	126,900	111,000	97	96	93	93	95
れんこん	3,920	1,400	55,000	46,400	100	104	104	104	93
ばれいしょ（じゃがいも）	71,900	3,070	2,205,000	1,857,000	97	95	92	92	100
さといも	10,700	1,300	139,500	92,400	96	103	99	100	103
やまのいも	6,930	2,460	170,500	144,300	97	102	99	99	111
葉茎菜類	**181,400**	…	**5,489,000**	**4,853,000**	**99**	nc	**99**	**99**	nc
はくさい	16,600	5,380	892,300	741,100	99	103	102	102	105
こまつな	7,550	1,610	121,900	109,400	103	103	106	107	99
キャベツ	34,000	4,220	1,434,000	1,293,000	98	99	97	98	100
ちんげんさい	2,150	1,930	41,400	36,800	100	101	101	102	98
ほうれんそう	19,600	1,090	213,900	182,700	98	100	98	99	94
ふき	498	1,800	8,980	7,660	96	100	97	98	93
みつば	874	1,530	13,400	12,400	98	97	96	94	98
しゅんぎく	1,830	1,500	27,400	22,600	100	102	102	104	99
みずな	2,490	1,760	43,800	38,900	100	98	99	98	102
セルリー	540	5,460	29,500	28,100	98	96	94	94	98
アスパラガス	4,800	556	26,700	23,600	96	104	100	100	107
カリフラワー	1,220	1,720	21,000	18,000	99	99	98	98	101
ブロッコリー	16,600	1,050	174,500	158,200	104	99	103	103	104
レタス	20,700	2,720	563,900	531,600	98	100	98	97	101
ねぎ	22,000	2,010	441,100	364,100	98	97	95	95	97
にら	1,980	2,880	57,000	51,500	99	99	98	97	100
たまねぎ	25,500	5,320	1,357,000	1,218,000	98	103	102	101	113
にんにく	2,530	838	21,200	15,000	101	101	102	100	97
果菜類	**93,500**	…	**2,252,000**	**1,922,000**	**98**	nc	**99**	**99**	nc
きゅうり	10,100	5,340	539,200	468,000	98	100	98	99	105
かぼちゃ	14,800	1,260	186,600	151,000	97	104	101	101	102
なす	8,420	3,530	297,000	236,400	97	101	98	99	106
トマト	11,400	6,190	706,000	640,900	98	100	98	98	101
ピーマン	3,160	4,530	143,100	127,400	99	100	98	98	103
スイートコーン	22,400	1,050	234,700	192,600	97	101	98	99	106
さやいんげん	5,020	775	38,900	26,500	97	105	102	103	110
さやえんどう	2,800	696	19,500	12,500	98	100	98	98	104
グリーンピース	685	818	5,600	4,450	94	95	89	89	105
そらまめ	1,770	864	15,300	10,900	99	110	109	109	106
えだまめ	12,800	518	66,300	51,200	98	102	100	101	100
香辛野菜									
しょうが	1,750	2,550	44,700	35,100	101	96	96	96	96
果実的野菜	**20,600**	…	**618,000**	**549,600**	**97**	nc	**96**	**96**	nc
いちご	5,020	3,170	159,200	146,800	98	98	96	97	105
メロン	6,250	2,370	147,900	134,700	98	98	95	95	104
すいか	9,350	3,330	310,900	268,100	97	99	96	96	102

注：「（参考）対平均収量比」とは、10ａ当たり平均収量（原則として直近７か年のうち、最高及び最低を除いた５か年の平均値）に対する当年産の10ａ当たり収量の比率である。

２　指定野菜の品目別の概要

(1)　だいこん

ア　作付面積

作付面積は２万9,800haで、前年産に比べ1,100ha（４％）減少した。

イ　10ａ当たり収量

10ａ当たり収量は4,210kgで、前年産並みとなった。

ウ　収穫量

収穫量は125万4,000ｔで、前年産に比べ４万6,000ｔ（４％）減少した。

エ　出荷量

出荷量は103万5,000ｔで、前年産に比べ３万8,000ｔ（４％）減少した。

図２　だいこんの作付面積、収穫量及び出荷量の推移

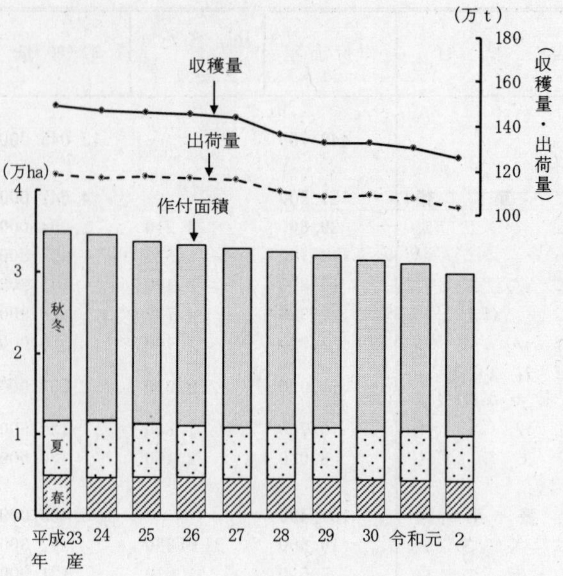

オ　季節区分別の概況

(ア)　春だいこん

作付面積は4,230haで、前年産に比べ120ha（３％）減少した。これは、生産者の高齢化により作付中止や規模縮小等があったためである。

10ａ当たり収量は4,630kgで、前年産を100kg（２％）下回った。

収穫量は19万5,700ｔ、出荷量は17万9,100ｔで、前年産に比べそれぞれ9,900ｔ（５％）、7,900ｔ（４％）減少した。

(イ)　夏だいこん

作付面積は5,600haで、前年産に比べ450ha（７％）減少した。これは、生産者の高齢化により作付中止や規模縮小等があったためである。

10ａ当たり収量は4,170kgで、前年産並みとなった。

収穫量は23万3,700ｔ、出荷量は21万4,800ｔで、前年産に比べそれぞれ１万7,100ｔ（７％）、１万6,100ｔ（７％）減少した。

(ウ)　秋冬だいこん

作付面積は１万9,900haで、前年産に比べ600ha（３％）減少した。これは、生産者の高齢化により作付中止や他野菜への転換があったためである。

10ａ当たり収量は4,140kgで、前年産を30kg（１％）上回った。

収穫量は82万4,300ｔ、出荷量は64万700ｔで、前年産に比べそれぞれ１万9,200ｔ（２％）、１万4,200ｔ（２％）減少した。

表２　令和２年産だいこんの作付面積、収穫量及び出荷量（全国）

品目	作付面積	10ａ当たり収量	収穫量	出荷量	対前年産比				(参考)対平均収量比
					作付面積	10ａ当たり収量	収穫量	出荷量	
	ha	kg	t	t	%	%	%	%	%
だいこん	**29,800**	**4,210**	**1,254,000**	**1,035,000**	**96**	**100**	**96**	**96**	**99**
春	4,230	4,630	195,700	179,100	97	98	95	96	97
夏	5,600	4,170	233,700	214,800	93	100	93	93	104
秋冬	19,900	4,140	824,300	640,700	97	101	98	98	97

(2) にんじん

ア　作付面積

作付面積は１万6,800haで、前年産に比べ200ha（１%）減少した。

イ　10ａ当たり収量

10ａ当たり収量は3,490kgで、前年産並みとなった。

ウ　収穫量

収穫量は58万5,900ｔで、前年産に比べ9,000ｔ（２%）減少した。

エ　出荷量

出荷量は52万5,900ｔで、前年産に比べ7,900ｔ（１%）減少した。

図３　にんじんの作付面積、収穫量及び出荷量の推移

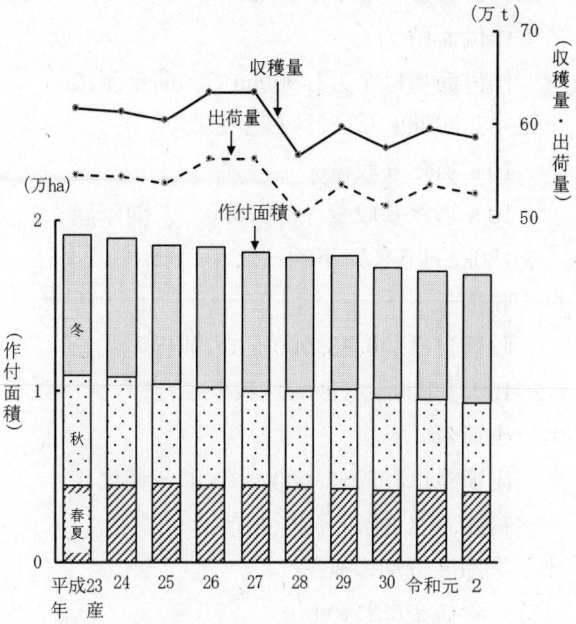

オ　季節区分別の概況

(ｱ)　春夏にんじん

作付面積は4,070haで、前年産に比べ80ha（２%）減少した。

10ａ当たり収量は3,830kgで、前年産を70kg（２%）下回った。

収穫量は15万5,900ｔ、出荷量は14万3,400ｔで、前年産に比べそれぞれ5,900ｔ（４%）、5,500ｔ（４%）減少した。

(ｲ)　秋にんじん

作付面積は5,210ha で、前年産に比べ160ha（３%）減少した。

これは、北海道において生産者の高齢化により作付中止や規模縮小、連作を回避するためえん麦等への転換が増加したためである。

10ａ当たり収量は3,830kg で、前年産を80kg（２%）下回った。

収穫量は19万9,400ｔ、出荷量は18万1,300ｔで、前年産に比べそれぞれ１万700ｔ（５%）、１万200ｔ（５%）減少した。

(ｳ)　冬にんじん

作付面積は7,540haで、前年産並みとなった。

10ａ当たり収量は3,060kgで、前年産を90kg（３%）上回った。

収穫量は23万500ｔ、出荷量は20万1,200ｔで、前年産に比べそれぞれ7,500ｔ（３%）、7,800ｔ（４%）増加した。

表３　令和２年産にんじんの作付面積、収穫量及び出荷量（全国）

品目	作付面積	10ａ当たり収量	収穫量	出荷量	対前年産比				（参考）対平均収量比
					作付面積	10ａ当たり収量	収穫量	出荷量	
	ha	kg	t	t	%	%	%	%	%
にんじん	**16,800**	**3,490**	**585,900**	**525,900**	**99**	**100**	**98**	**99**	**104**
春夏	4,070	3,830	155,900	143,400	98	98	96	96	101
秋	5,210	3,830	199,400	181,300	97	98	95	95	112
冬	7,540	3,060	230,500	201,200	100	103	103	104	99

(3) ばれいしょ（じゃがいも）

ア 作付面積

作付面積は７万1,900haで、前年産に比べ2,500ha（３％）減少した。

イ 10ａ当たり収量

10ａ当たり収量は3,070kgで、前年産を150kg（５％）下回った。

ウ 収穫量

収穫量は220万5,000ｔで、前年産に比べ19万4,000ｔ（８％）減少した。

エ 出荷量

出荷量は185万7,000ｔで、前年産に比べ17万ｔ（８％）減少した。

図４ ばれいしょの作付面積、収穫量及び出荷量の推移

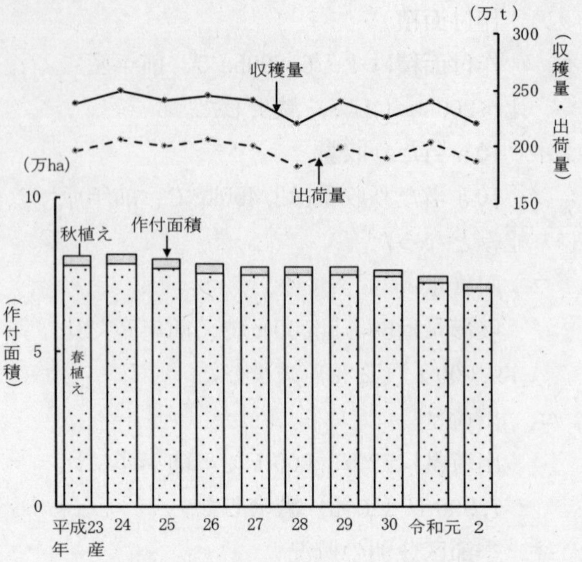

オ 季節区分別の概況

(ｱ) 春植えばれいしょ

作付面積は６万9,600haで、前年産に比べ2,400ha（３％）減少した。これは、主に北海道において、小豆やいんげんへの転換等があったためである。

10a当たり収量は3,110kgで、前年産を160kg（５％）下回った。これは、主に北海道において、６月後半の低温、日照不足等の影響により、着いも数が少なくなったためである。

収穫量は216万7,000t、出荷量は182万7,000tで、前年産に比べそれぞれ19万t（８％）、16万9,000t（８％）減少した。

(ｲ) 秋植えばれいしょ

作付面積は2,310haで、前年産に比べ100ha（４％）減少した。これは、生産者の高齢化により作付中止や他野菜への転換があったためである。

10ａ当たり収量は1,680kgで、前年産を50kg（３％）下回った。

収穫量は３万8,900ｔ、出荷量は２万9,100ｔで、前年産に比べそれぞれ2,900ｔ（７％）、2,300ｔ（７％）減少した。

表４ 令和２年産ばれいしょの作付面積、収穫量及び出荷量（全国）

品目	作付面積	10ａ当たり収量	収穫量	出荷量	対前年産比				（参考）対平均収量比
					作付面積	10ａ当たり収量	収穫量	出荷量	
	ha	kg	t	t	%	%	%	%	%
ばれいしょ	71,900	3,070	2,205,000	1,857,000	97	95	92	92	100
春植え	69,600	3,110	2,167,000	1,827,000	97	95	92	92	100
秋植え	2,310	1,680	38,900	29,100	96	97	93	93	103

(4)　さといも

ア　作付面積

作付面積は１万700haで、前年産に比べ400ha（４％）減少した。

イ　10ａ当たり収量

10ａ当たり収量は1,300kgで、前年産を40kg（３％）上回った。

ウ　収穫量

収穫量は13万9,500ｔで、前年産に比べ900ｔ（１％）減少した。

エ　出荷量

出荷量は９万2,400ｔで、前年産並みとなった。

オ　季節区分別の概況

秋冬さといも

作付面積は１万 700ha で、前年産に比べ 400ha（４％）減少した。これは、生産者の高齢化により作付中止や他野菜への転換があったためである。

10ａ当たり収量は1,300kgで、前年産を40kg（３％）上回った。

収穫量は13万9,400ｔで、前年産に比べ900ｔ（１％）減少した。出荷量は９万2,300ｔで、前年産並みとなった。

図５　さといもの作付面積、収穫量及び出荷量の推移

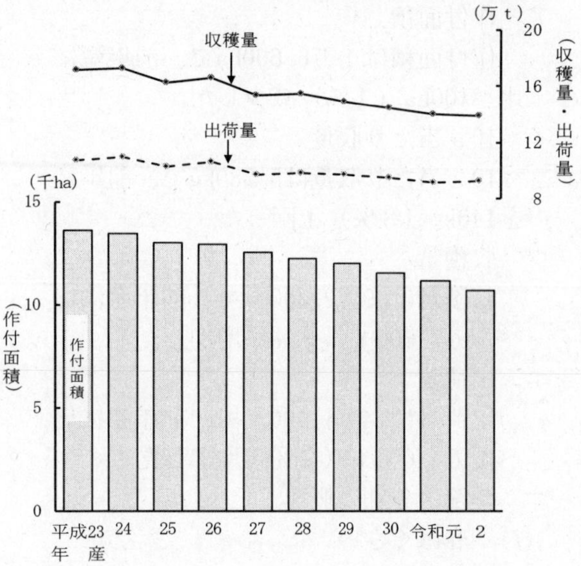

表５　令和２年産さといもの作付面積、収穫量及び出荷量（全国）

品　　目	作付面積	10ａ当たり収　　量	収　穫　量	出　荷　量	対前年産比 作付面積	対前年産比 10ａ当たり収量	対前年産比 収穫量	対前年産比 出荷量	（参考）対平均収量比
	ha	kg	t	t	%	%	%	%	%
さといも	**10,700**	**1,300**	**139,500**	**92,400**	**96**	**103**	**99**	**100**	**103**
うち秋冬	10,700	1,300	139,400	92,300	96	103	99	100	103

(5) はくさい

図６　はくさいの作付面積、収穫量及び出荷量の推移

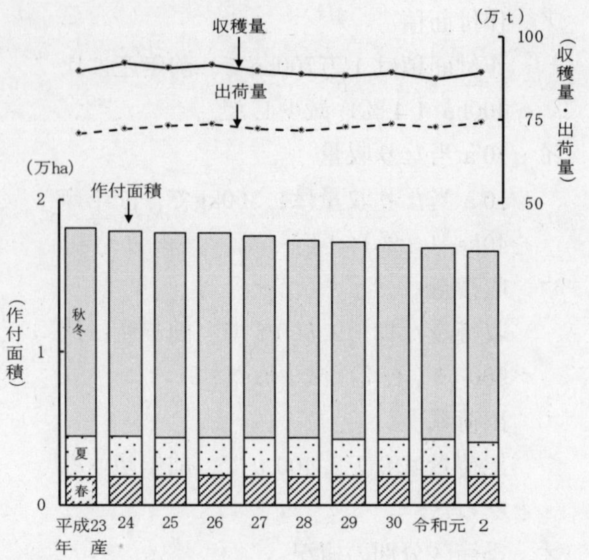

ア　作付面積

作付面積は１万6,600haで、前年産に比べ100ha（１％）減少した。

イ　10ａ当たり収量

10ａ当たり収量は5,380kgで、前年産を140kg（３％）上回った。

ウ　収穫量

収穫量は89万2,300ｔで、前年産に比べ１万7,500ｔ（２％）増加した。

エ　出荷量

出荷量は74万1,100ｔで、前年産に比べ１万4,600ｔ（２％）増加した。

オ　季節区分別の概況

(ｱ)　春はくさい

作付面積は1,800haで、前年産に比べ10ha（１％）減少した。

10ａ当たり収量は6,460kgで、前年産並みとなった。

収穫量は11万6,200ｔで、前年産に比べ600ｔ（１％）減少し、出荷量は10万7,200ｔで、前年産並みとなった。

(ｲ)　夏はくさい

作付面積は2,330haで、前年産に比べ130ha（５％）減少した。これは、長野県で関係機関等より秋冬へ作期の誘導が行われたことや規模縮小があったためである。

10ａ当たり収量は7,040kgで、前年産を260kg（４％）下回った。

収穫量は16万4,100ｔ、出荷量は14万9,800ｔで、前年産に比べそれぞれ１万5,400ｔ（９％）、１万3,400ｔ（８％）減少した。

(ｳ)　秋冬はくさい

作付面積は１万2,500haで、前年産並みとなった。

10ａ当たり収量は4,900kgで、前年産を270kg（６％）上回った。これは、おおむね天候に恵まれ生育が良好であったためである。

収穫量は61万2,000ｔ、出荷量は48万4,100ｔで、前年産に比べそれぞれ３万3,500ｔ（６％）、２万8,400ｔ（６％）増加した。

表６　令和２年産はくさいの作付面積、収穫量及び出荷量（全国）

品目	作付面積	10ａ当たり収量	収穫量	出荷量	対前年産比				（参考）対平均収量比
					作付面積	10ａ当たり収量	収穫量	出荷量	
	ha	kg	t	t	%	%	%	%	%
はくさい	**16,600**	**5,380**	**892,300**	**741,100**	**99**	**103**	**102**	**102**	**105**
春	1,800	6,460	116,200	107,200	99	100	99	100	104
夏	2,330	7,040	164,100	149,800	95	96	91	92	97
秋冬	12,500	4,900	612,000	484,100	100	106	106	106	106

(6) キャベツ

図7　キャベツの作付面積、収穫量及び出荷量の推移

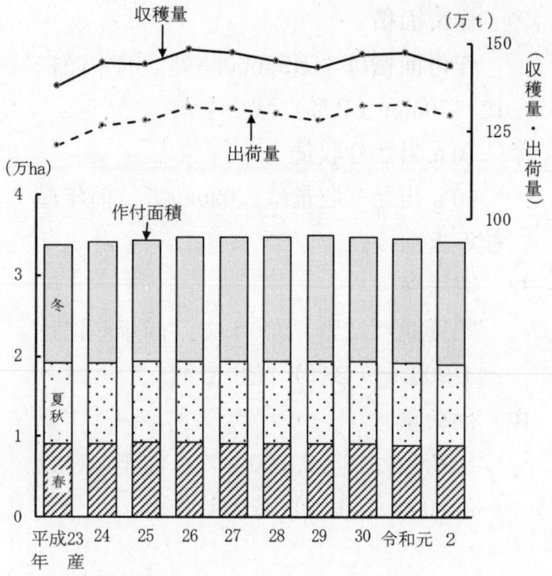

ア　作付面積

作付面積は３万4,000haで、前年産に比べ600ha（２％）減少した。

イ　10ａ当たり収量

10ａ当たり収量は4,220kgで、前年産を30kg（１％）下回った。

ウ　収穫量

収穫量は143万4,000ｔで、前年産に比べ３万8,000ｔ（３％）減少した。

エ　出荷量

出荷量は129万3,000ｔで、前年産に比べ３万2,000ｔ（２％）減少した。

オ　季節区分別の概況

(ｱ)　春キャベツ

作付面積は8,770haで、前年産に比べ90ha（１％）減少した。

10ａ当たり収量は4,060kgで、前年産を40kg（１％）上回った。

収穫量は35万6,200ｔ、出荷量は32万3,900ｔで、それぞれ前年産並みとなった。

(ｲ)　夏秋キャベツ

作付面積は１万100haで、前年産に比べ200ha（２％）減少した。

10ａ当たり収量は4,740kgで、前年産を120kg（２％）下回った。

収穫量は47万8,600ｔ、出荷量は42万9,900ｔで、前年産に比べそれぞれ２万2,200ｔ（４％）、２万ｔ（４％）減少した。

(ｳ)　冬キャベツ

作付面積は１万5,100haで、前年産に比べ300ha（２％）減少した。

10ａ当たり収量は3,970kgで、前年産を20kg（１％）下回った。

収穫量は59万8,800ｔ、出荷量は53万8,700ｔで、前年産に比べそれぞれ１万5,500ｔ（３％）、１万2,700ｔ（２％）減少した。

表７　令和２年産キャベツの作付面積、収穫量及び出荷量（全国）

品目	作付面積	10ａ当たり収量	収穫量	出荷量	対前年産比				(参考)対平均収量比
					作付面積	10ａ当たり収量	収穫量	出荷量	
	ha	kg	t	t	%	%	%	%	%
キャベツ	**34,000**	**4,220**	**1,434,000**	**1,293,000**	**98**	**99**	**97**	**98**	**100**
春	8,770	4,060	356,200	323,900	99	101	100	100	98
夏秋	10,100	4,740	478,600	429,900	98	98	96	96	101
冬	15,100	3,970	598,800	538,700	98	99	97	98	101

(7) ほうれんそう

ア　作付面積

作付面積は１万9,600haで、前年産に比べ300ha（２％）減少した。

イ　10ａ当たり収量

10ａ当たり収量は1,090kgで、前年産並みとなった。

ウ　収穫量

収穫量は21万3,900ｔで、前年産に比べ3,900ｔ（２％）減少した。

エ　出荷量

出荷量は18万2,700ｔで、前年産に比べ2,200ｔ（１％）減少した。

図８　ほうれんそうの作付面積、収穫量及び出荷量の推移

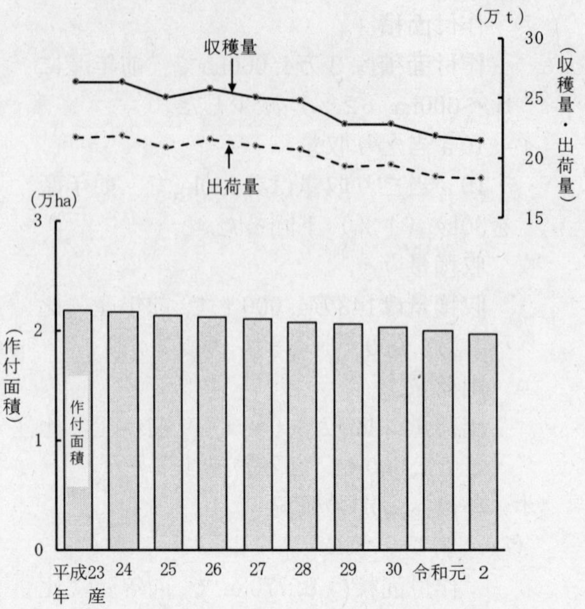

表８　令和２年産ほうれんそうの作付面積、収穫量及び出荷量（全国）

品　目	作付面積	10ａ当たり収量	収穫量	出荷量	対前年産比 作付面積	対前年産比 10ａ当たり収量	対前年産比 収穫量	対前年産比 出荷量	（参考）対平均収量比
	ha	kg	t	t	%	%	%	%	%
ほうれんそう	19,600	1,090	213,900	182,700	98	100	98	99	94

(8)　レタス

ア　作付面積

作付面積は２万700haで、前年産に比べ500ha（２％）減少した。

イ　10ａ当たり収量

10ａ当たり収量は2,720kgで、前年産並みとなった。

ウ　収穫量

収穫量は56万3,900ｔで、前年産に比べ１万4,200ｔ（２％）減少した。

エ　出荷量

出荷量は53万1,600ｔで、前年産に比べ１万4,000ｔ（３％）減少した。

図９　レタスの作付面積、収穫量及び出荷量の推移

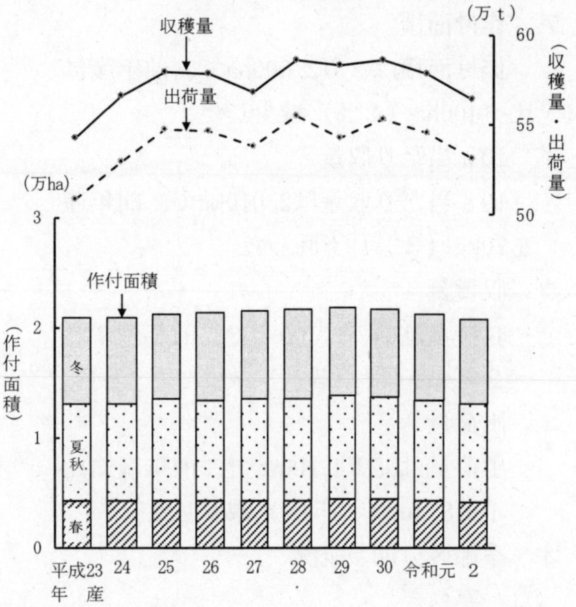

オ　季節区分別の概況

(ｱ)　春レタス

作付面積は4,150haで、前年産に比べ160ha（４％）減少した。これは、生産者の高齢化により作付中止や規模縮小等があったためである。

10ａ当たり収量は2,780kgで、前年産を30kg（１％）上回った。

収穫量は11万5,200ｔ、出荷量は10万8,000ｔで、前年産に比べそれぞれ3,300ｔ（３％）、3,200ｔ（３％）減少した。

(ｲ)　夏秋レタス

作付面積は8,840haで、前年産に比べ260ha（３％）減少した。これは、生産者の高齢化により作付中止や規模縮小等があったためである。

10ａ当たり収量は2,990kgで、前年産を20kg（１％）下回った。

収穫量は26万4,200ｔ、出荷量は25万2,200ｔで、前年産に比べそれぞれ9,400ｔ（３％）、9,900ｔ（４％）減少した。

(ｳ)　冬レタス

作付面積は7,740haで、前年産に比べ50ha（１％）減少した。

10ａ当たり収量は2,390kgで、前年産並みとなった。

収穫量は18万4,600ｔ、出荷量は17万1,300ｔで、前年産に比べそれぞれ1,400ｔ（１％）、1,000ｔ（１％）減少した。

表９　令和２年産レタスの作付面積、収穫量及び出荷量（全国）

品目	作付面積	10ａ当たり収量	収穫量	出荷量	対前年産比				（参考）対平均収量比
					作付面積	10ａ当たり収量	収穫量	出荷量	
	ha	kg	t	t	%	%	%	%	%
レタス	**20,700**	**2,720**	**563,900**	**531,600**	**98**	**100**	**98**	**97**	**101**
春	4,150	2,780	115,200	108,000	96	101	97	97	103
夏秋	8,840	2,990	264,200	252,200	97	99	97	96	98
冬	7,740	2,390	184,600	171,300	99	100	99	99	103

(9)　ね　ぎ

ア　作付面積

作付面積は２万2,000haで、前年産に比べ400ha（２％）減少した。

イ　10ａ当たり収量

10ａ当たり収量は2,010kgで、前年産を70kg（３％）下回った。

ウ　収穫量

収穫量は44万1,100ｔで、前年産に比べ２万4,200ｔ（５％）減少した。

エ　出荷量

出荷量は36万4,100ｔで、前年産に比べ１万8,400ｔ（５％）減少した。

図10　ねぎの作付面積、収穫量及び出荷量の推移

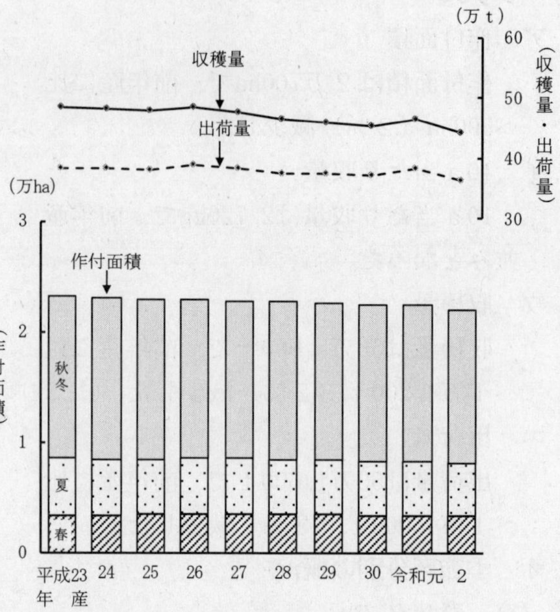

オ　季節区分別の概況

(ア)　春ねぎ

作付面積は3,370haで、前年産に比べ40ha（１％）減少した。

10ａ当たり収量は2,370kgで、前年産並みとなった。

収穫量は８万ｔ、出荷量は７万1,300ｔで、前年産に比べそれぞれ900ｔ（１％）、500ｔ（１％）減少した。

(イ)　夏ねぎ

作付面積は4,800haで、前年産に比べ110ha（２％）減少した。

10ａ当たり収量は1,840kgで、前年産並みとなった。

収穫量は８万8,100ｔ、出荷量は７万8,900ｔで、前年産に比べそれぞれ2,400ｔ（３％）、1,800ｔ（２％）減少した。

(ウ)　秋冬ねぎ

作付面積は１万3,800haで、前年産に比べ300ha（２％）減少した。

10ａ当たり収量は1,980kgで、前年産を100kg（５％）下回った。これは千葉県、埼玉県等において、７月の多雨の影響から病害が発生したためである。

収穫量は27万3,000ｔ、出荷量は21万3,900ｔで、前年産に比べそれぞれ２万900ｔ（７％）、１万6,200ｔ（７％）減少した。

表10　令和２年産ねぎの作付面積、収穫量及び出荷量（全国）

品目	作付面積	10ａ当たり収量	収穫量	出荷量	対前年産比				（参考）対平均収量比
					作付面積	10ａ当たり収量	収穫量	出荷量	
	ha	kg	t	t	%	%	%	%	%
ねぎ	**22,000**	**2,010**	**441,100**	**364,100**	**98**	**97**	**95**	**95**	**97**
春	3,370	2,370	80,000	71,300	99	100	99	99	99
夏	4,800	1,840	88,100	78,900	98	100	97	98	102
秋冬	13,800	1,980	273,000	213,900	98	95	93	93	95

(10) たまねぎ

ア　作付面積

作付面積は２万5,500ha で、前年産に比べ400ha（２%）減少した。

イ　10ａ当たり収量

10ａ当たり収量は5,320kg で、前年産を170kg（３%）上回った。

ウ　収穫量

収穫量は135万7,000ｔで前年産に比べ２万3,000ｔ（２%）増加した。

エ　出荷量

出荷量は121万8,000ｔで前年産に比べ7,000ｔ（１%）増加した。

図11　たまねぎの作付面積、収穫量及び出荷量の推移

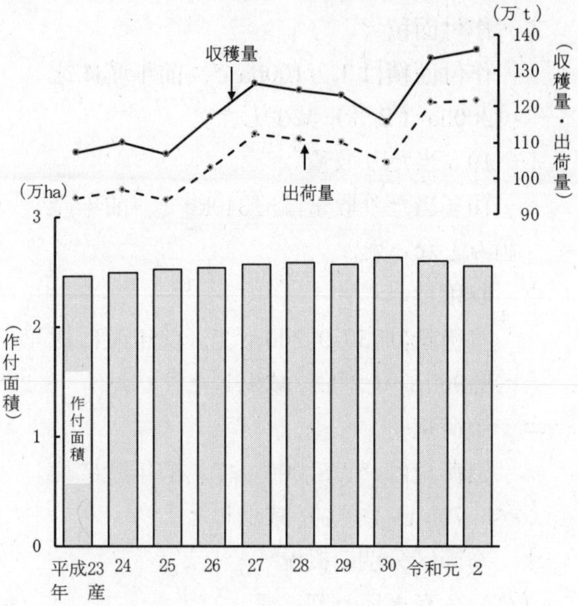

表11　令和２年産たまねぎの作付面積、収穫量及び出荷量（全国）

品目	作付面積	10ａ当たり収量	収穫量	出荷量	対前年産比				（参考）対平均収量比
					作付面積	10ａ当たり収量	収穫量	出荷量	
	ha	kg	t	t	%	%	%	%	%
たまねぎ	25,500	5,320	1,357,000	1,218,000	98	103	102	101	113

(11) きゅうり

ア　作付面積

作付面積は１万100haで、前年産に比べ200ha（２%）減少した。

イ　10ａ当たり収量

10ａ当たり収量は5,340kgで、前年産並みとなった。

ウ　収穫量

収穫量は53万9,200ｔで、前年産に比べ8,900ｔ（２%）減少した。

エ　出荷量

出荷量は46万8,000ｔで、前年産に比べ6,700ｔ（１%）減少した。

図12　きゅうりの作付面積、収穫量及び出荷量の推移

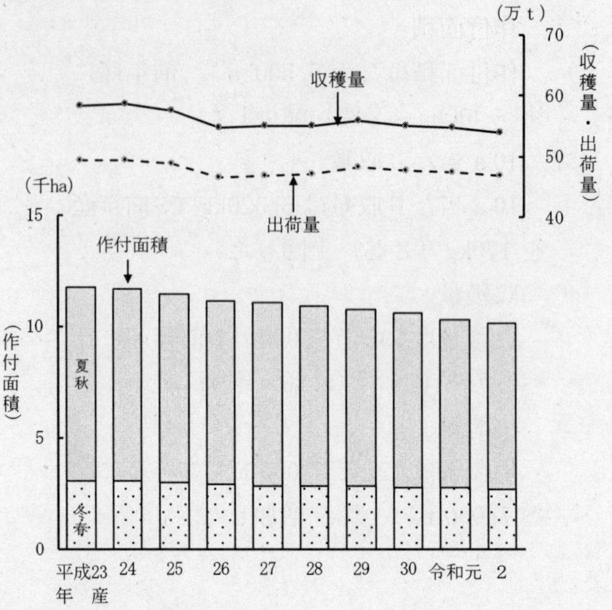

オ　季節区分別の概況

(ｱ)　冬春きゅうり

作付面積は2,660haで、前年産に比べ60ha（２%）減少した。

10ａ当たり収量は１万600kgで、前年産を100kg（１%）下回った。

収穫量は28万3,100ｔ、出荷量は26万6,200ｔで、前年産に比べそれぞれ7,000ｔ（２%）、5,900ｔ（２%）減少した。

(ｲ)　夏秋きゅうり

作付面積は7,440haで、前年産に比べ140ha（２%）減少した。

10ａ当たり収量は3,440kgで、前年産を40kg（１%）上回った。

収穫量は25万6,100ｔで、前年産に比べ1,900ｔ（１%）減少し、出荷量は20万1,900ｔで、前年産並みとなった。

表12　令和２年産きゅうりの作付面積、収穫量及び出荷量（全国）

品目	作付面積	10ａ当たり収量	収穫量	出荷量	対前年産比 作付面積	対前年産比 10ａ当たり収量	対前年産比 収穫量	対前年産比 出荷量	(参考) 対平均収量比
	ha	kg	t	t	%	%	%	%	%
きゅうり	**10,100**	**5,340**	**539,200**	**468,000**	**98**	**100**	**98**	**99**	**105**
冬春	2,660	10,600	283,100	266,200	98	99	98	98	102
夏秋	7,440	3,440	256,100	201,900	98	101	99	100	108

(12) な す

ア　作付面積

作付面積は8,420haで、前年産に比べ230ha（３％）減少した。

イ　10ａ当たり収量

10ａ当たり収量は3,530kgで、前年産を40kg（１％）上回った。

ウ　収穫量

収穫量は29万7,000ｔで、前年産に比べ4,700ｔ（２％）減少した。

エ　出荷量

出荷量は23万6,400ｔで、前年産に比べ3,100ｔ（１％）減少した。

図13　なすの作付面積、収穫量及び出荷量の推移

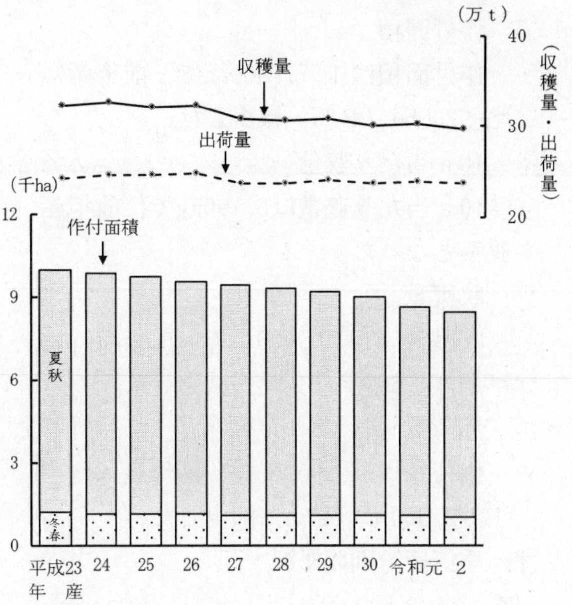

オ　季節区分別の概況

(ｱ)　冬春なす

作付面積は1,050haで、前年産に比べ20ha（２％）減少した。

10ａ当たり収量は１万1,100kgで、前年産を100kg（１％）下回った。

収穫量は11万6,200ｔ、出荷量は10万9,100ｔで、前年産に比べそれぞれ3,500ｔ（３％）、3,800ｔ（３％）減少した。

(ｲ)　夏秋なす

作付面積は7,370haで、前年産に比べ210ha（３％）減少した。これは、生産者の高齢化により作付中止や規模縮小等があったためである。

10ａ当たり収量は2,450kgで、前年産を50kg（２％）上回った。

収穫量は18万800ｔで前年産に比べ1,200ｔ（１％）減少し、出荷量は12万7,300ｔで前年産に比べ800ｔ（１％）増加した。

表13　令和２年産なすの作付面積、収穫量及び出荷量（全国）

品目	作付面積	10ａ当たり収量	収穫量	出荷量	対前年産比				（参考）対平均収量比
					作付面積	10ａ当たり収量	収穫量	出荷量	
	ha	kg	t	t	%	%	%	%	%
なす	**8,420**	**3,530**	**297,000**	**236,400**	**97**	**101**	**98**	**99**	**106**
冬春	1,050	11,100	116,200	109,100	98	99	97	97	104
夏秋	7,370	2,450	180,800	127,300	97	102	99	101	104

(13) トマト

ア　作付面積

作付面積は１万1,400haで、前年産に比べ200ha（２％）減少した。

イ　10ａ当たり収量

10ａ当たり収量は6,190kgで、前年産並みとなった。

ウ　収穫量

収穫量は70万6,000ｔで、前年産に比べ１万4,600ｔ（２％）減少した。

エ　出荷量

出荷量は64万900ｔで、前年産に比べ１万2,900ｔ（２％）減少した。

オ　季節区分別の概況

(ア)　冬春トマト

作付面積は3,870haで、前年産に比べ50ha（１％）減少した。

10ａ当たり収量は9,940kgで、前年産を260kg（３％）下回った。

収穫量は38万4,600ｔ、出荷量は36 万4,700ｔで、前年産に比べそれぞれ１万5,800ｔ（４％）、１万4,900ｔ（４％）減少した。

(イ)　夏秋トマト

作付面積は7,550haで、前年産に比べ110ha（１％）減少した。

10ａ当たり収量は4,260kgで、前年産を80kg（２％）上回った。

収穫量は32万1,300ｔで前年産並みとなり、出荷量は27万6,200ｔで前年産に比べ2,000ｔ（１％）増加した。

図14　トマトの作付面積、収穫量及び出荷量の推移

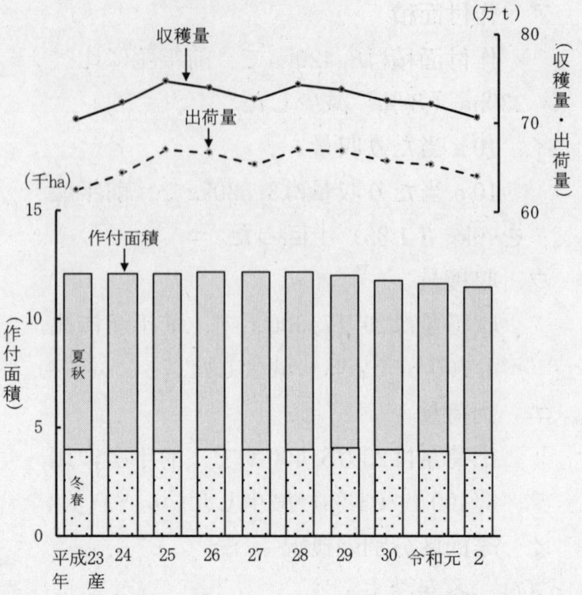

表14　令和２年産トマトの作付面積、収穫量及び出荷量（全国）

品目	作付面積	10ａ当たり収量	収穫量	出荷量	対前年産比 作付面積	対前年産比 10ａ当たり収量	対前年産比 収穫量	対前年産比 出荷量	（参考）対平均収量比
	ha	kg	t	t	%	%	%	%	%
トマト	**11,400**	**6,190**	**706,000**	**640,900**	**98**	**100**	**98**	**98**	**101**
冬春	3,870	9,940	384,600	364,700	99	97	96	96	98
夏秋	7,550	4,260	321,300	276,200	99	102	100	101	101

(14) ピーマン

ア　作付面積

作付面積は3,160haで、前年産に比べ40ha（１％）減少した。

イ　10ａ当たり収量

10ａ当たり収量は4,530kgで、前年産並みとなった。

ウ　収穫量

収穫量は14万3,100ｔで、前年産に比べ2,600ｔ（２％）減少した。

エ　出荷量

出荷量は12万7,400ｔで、前年産に比べ2,100ｔ（２％）減少した。

図15　ピーマンの作付面積、収穫量及び出荷量の推移

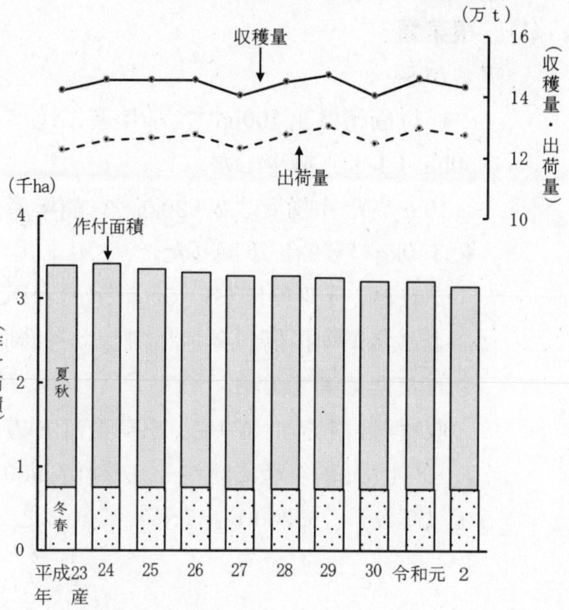

オ　季節区分別の概況

(ｱ)　冬春ピーマン

作付面積は729haで、前年産に比べ16ha（２％）減少した。

10ａ当たり収量は１万200kgで、前年産を300kg（３％）下回った。

収穫量は７万4,000ｔ、出荷量は７万300ｔで、前年産に比べそれぞれ4,200ｔ（５％）、3,700ｔ（５％）減少した。

(ｲ)　夏秋ピーマン

作付面積は2,430haで、前年産に比べ30ha（１％）減少した。

10ａ当たり収量は2,850kgで、前年産を100kg（４％）上回った。

収穫量は６万9,200ｔ、出荷量は５万7,100ｔで、前年産に比べそれぞれ1,600ｔ（２％）、1,500ｔ（３％）増加した。

表15　令和２年産ピーマンの作付面積、収穫量及び出荷量（全国）

品　目	作付面積	10ａ当たり収量	収穫量	出荷量	対前年産比				（参考）対平均収量比
					作付面積	10ａ当たり収量	収穫量	出荷量	
	ha	kg	t	t	%	%	%	%	%
ピーマン	**3,160**	**4,530**	**143,100**	**127,400**	**99**	**100**	**98**	**98**	**103**
冬　春	729	10,200	74,000	70,300	98	97	95	95	98
夏　秋	2,430	2,850	69,200	57,100	99	104	102	103	107

3　指定野菜に準ずる野菜の品目別の概要

(1)　根菜類

ア　かぶ

作付面積は4,160ha で、前年産に比べ50ha（1％）減少した。

10 a 当たり収量は2,520kg で、前年産を150kg（6％）下回った。

これは、千葉県において、前年の台風により茎葉の損傷が発生し、肥大が抑制されたため等である。

収穫量は10万4,800 t 、出荷量は8万7,100 t で、前年産に比べそれぞれ7,800 t（7％）、6,200 t（7％）減少した。

図16　かぶの作付面積、収穫量及び出荷量の推移

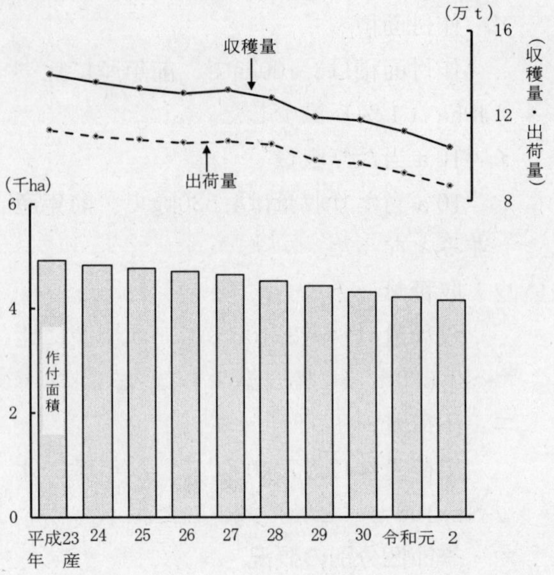

表16　令和2年産かぶの作付面積、収穫量及び出荷量（全国）

品目	作付面積	10 a 当たり収量	収穫量	出荷量	対前年産比				(参考)対平均収量比
					作付面積	10 a 当たり収量	収穫量	出荷量	
	ha	kg	t	t	%	%	%	%	%
かぶ	4,160	2,520	104,800	87,100	99	94	93	93	91

イ　ごぼう

作付面積は7,320ha で、前年産に比べ220ha（3％）減少した。

これは、生産者の高齢化により作付中止があったためである。

10 a 当たり収量は1,730kg で、前年産を80kg（4％）下回った。

収穫量は12万6,900 t 、出荷量は11万1,000 t で、前年産に比べそれぞれ9,900 t（7％）、8,400 t（7％）減少した。

図17　ごぼうの作付面積、収穫量及び出荷量の推移

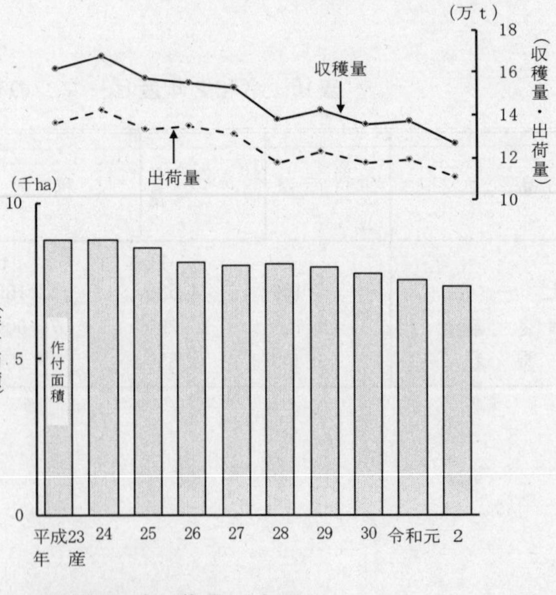

表17　令和2年産ごぼうの作付面積、収穫量及び出荷量（全国）

品目	作付面積	10 a 当たり収量	収穫量	出荷量	対前年産比				(参考)対平均収量比
					作付面積	10 a 当たり収量	収穫量	出荷量	
	ha	kg	t	t	%	%	%	%	%
ごぼう	7,320	1,730	126,900	111,000	97	96	93	93	95

ウ　れんこん

作付面積は3,920haで、前年産並みとなった。

10a当たり収量は1,400kgで、前年産を50kg（4%）上回った。

収穫量は5万5,000t、出荷量は4万6,400tで、前年産に比べそれぞれ2,300t（4%）、1,900t（4%）増加した。

図18　れんこんの作付面積、収穫量及び出荷量の推移

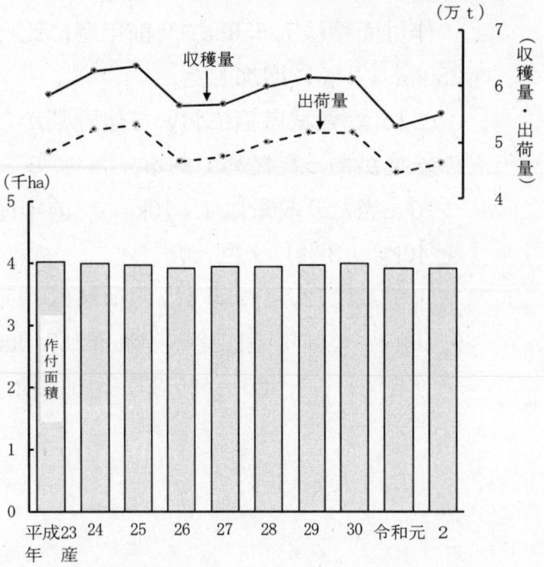

表18　令和2年産れんこんの作付面積、収穫量及び出荷量（全国）

品目	作付面積	10a当たり収量	収穫量	出荷量	対前年産比				(参考) 対平均収量比
					作付面積	10a当たり収量	収穫量	出荷量	
	ha	kg	t	t	%	%	%	%	%
れんこん	3,920	1,400	55,000	46,400	100	104	104	104	93

エ　やまのいも

作付面積は6,930haで、前年産に比べ200ha（3%）減少した。

これは、生産者の高齢化により作付中止や規模縮小があったためである。

10a当たり収量は2,460kgで、前年産を40kg（2%）上回った。

収穫量は17万500t、出荷量は14万4,300tで、前年産に比べそれぞれ2,200t（1%）、1,200t（1%）減少した。

図19　やまのいもの作付面積、収穫量及び出荷量の推移

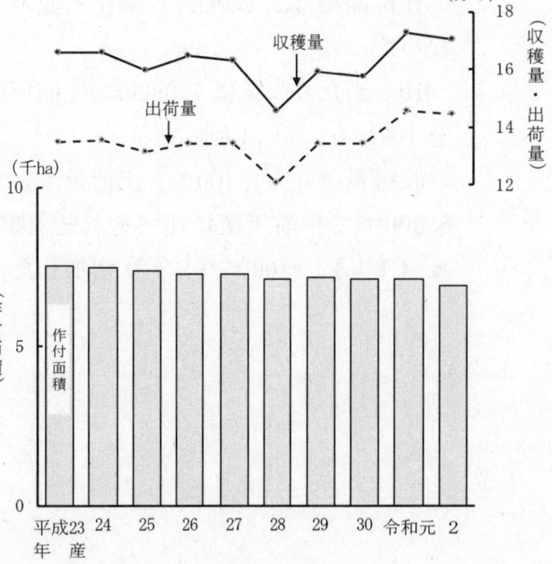

表19　令和2年産やまのいもの作付面積、収穫量及び出荷量（全国）

品目	作付面積	10a当たり収量	収穫量	出荷量	対前年産比				(参考) 対平均収量比
					作付面積	10a当たり収量	収穫量	出荷量	
	ha	kg	t	t	%	%	%	%	%
やまのいも	6,930	2,460	170,500	144,300	97	102	99	99	111

(2)　葉茎菜類

ア　こまつな

作付面積は7,550haで、前年産に比べ250ha（３％）増加した。

これは、茨城県等において他野菜からの転換があったためである。

10ａ当たり収量は1,610kgで、前年産を40kg（３％）上回った。

収穫量は12万1,900ｔ、出荷量は10万9,400ｔで、前年産に比べそれぞれ7,000ｔ（６％）、7,300ｔ（７％）増加した。

図20　こまつなの作付面積、収穫量及び出荷量の推移

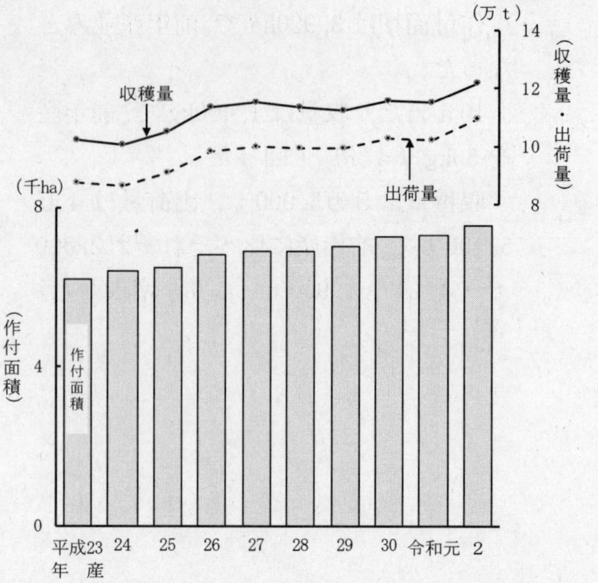

表20　令和２年産こまつなの作付面積、収穫量及び出荷量（全国）

品目	作付面積	10ａ当たり収量	収穫量	出荷量	対前年産比				（参考）対平均収量比
					作付面積	10ａ当たり収量	収穫量	出荷量	
	ha	kg	t	t	%	%	%	%	%
こまつな	7,550	1,610	121,900	109,400	103	103	106	107	99

イ　ちんげんさい

作付面積は2,150haで、前年産並みとなった。

10ａ当たり収量は1,930kgで、前年産を10kg（１％）上回った。

収穫量は４万1,400ｔ、出荷量は３万6,800ｔで、前年産に比べそれぞれ300ｔ（１％）、700ｔ（２％）増加した。

図21　ちんげんさいの作付面積、収穫量及び出荷量の推移

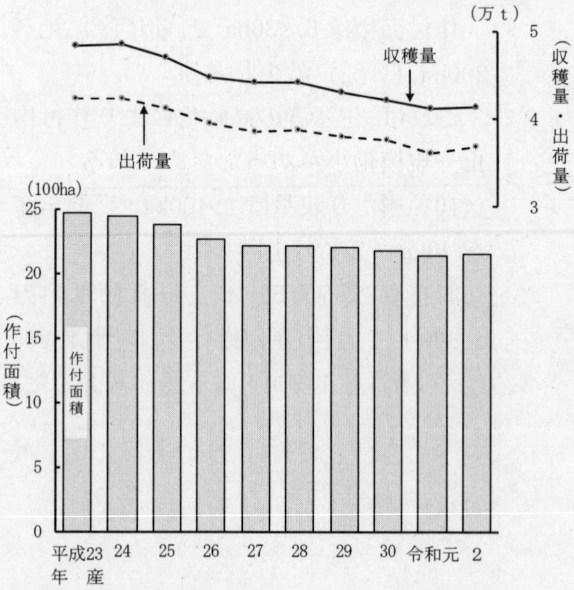

表21　令和２年産ちんげんさいの作付面積、収穫量及び出荷量（全国）

品目	作付面積	10ａ当たり収量	収穫量	出荷量	対前年産比				（参考）対平均収量比
					作付面積	10ａ当たり収量	収穫量	出荷量	
	ha	kg	t	t	%	%	%	%	%
ちんげんさい	2,150	1,930	41,400	36,800	100	101	101	102	98

ウ　ふき

作付面積は 498ha で、前年産に比べ20ha（４％）減少した。

これは、生産者の高齢化により作付中止や規模縮小があったためである。

10ａ当たり収量は1,800kg で、前年産並みとなった。

収穫量は8,980ｔ、出荷量は7,660ｔで、前年産に比べそれぞれ320ｔ（３％）、190ｔ（２％）減少した。

図22　ふきの作付面積、収穫量及び出荷量の推移

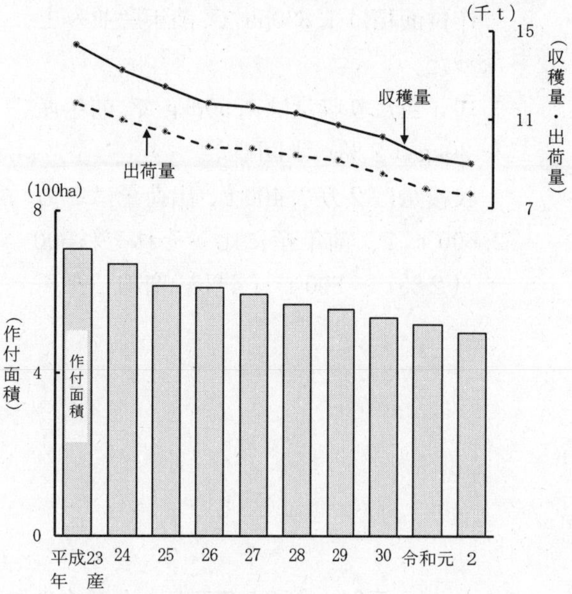

表22　令和２年産ふきの作付面積、収穫量及び出荷量（全国）

品　目	作付面積	10ａ当たり収量	収穫量	出荷量	対前年産比				（参考）対平均収量比
					作付面積	10ａ当たり収量	収穫量	出荷量	
	ha	kg	t	t	%	%	%	%	%
ふき	498	1,800	8,980	7,660	96	100	97	98	93

エ　みつば

作付面積は 874ha で、前年産に比べ17ha（２％）減少した。

10ａ当たり収量は1,530kg で、前年産を 40kg（３％）下回った。

収穫量は１万3,400ｔ、出荷量は１万2,400ｔで、前年産に比べそれぞれ 600ｔ（４％）、800ｔ（６％）減少した。

図23　みつばの作付面積、収穫量及び出荷量の推移

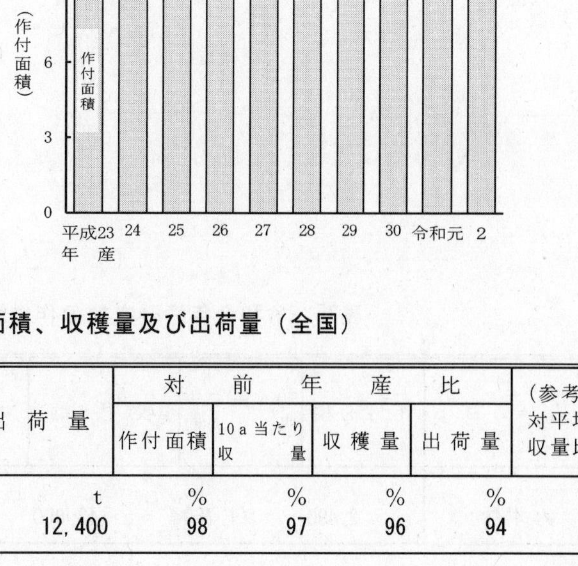

表23　令和２年産みつばの作付面積、収穫量及び出荷量（全国）

品　目	作付面積	10ａ当たり収量	収穫量	出荷量	対前年産比				（参考）対平均収量比
					作付面積	10ａ当たり収量	収穫量	出荷量	
	ha	kg	t	t	%	%	%	%	%
みつば	874	1,530	13,400	12,400	98	97	96	94	98

オ　しゅんぎく

作付面積は1,830haで、前年産並みとなった。

10ａ当たり収量は1,500kgで、前年産を30kg（２％）上回った。

収穫量は２万7,400ｔ、出荷量は２万2,600ｔで、前年産に比べそれぞれ500ｔ（２％）、800ｔ（４％）増加した。

図24　しゅんぎくの作付面積、収穫量及び出荷量の推移

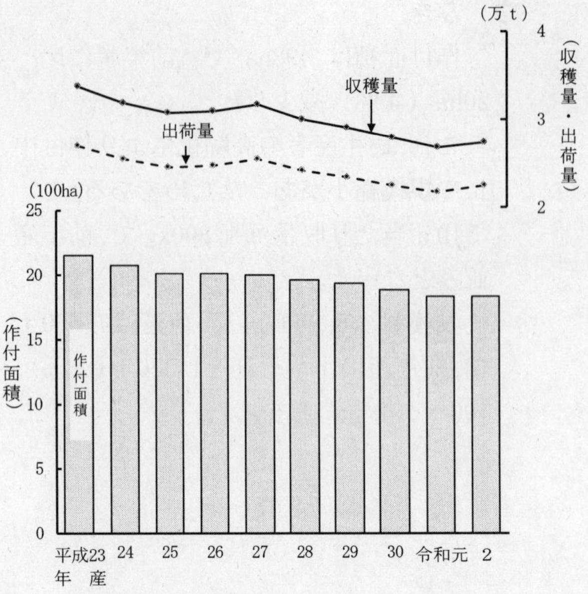

表24　令和２年産しゅんぎくの作付面積、収穫量及び出荷量（全国）

品　目	作付面積	10ａ当たり収量	収穫量	出荷量	対前年産比 作付面積	対前年産比 10ａ当たり収量	対前年産比 収穫量	対前年産比 出荷量	（参考）対平均収量比
	ha	kg	t	t	%	%	%	%	%
しゅんぎく	1,830	1,500	27,400	22,600	100	102	102	104	99

カ　みずな

作付面積は2,490haで、前年産並みとなった。

10ａ当たり収量は1,760kgで、前年産を30kg（２％）下回った。

収穫量は４万3,800ｔ、出荷量は３万8,900ｔで、前年産に比べそれぞれ600ｔ（１％）、900ｔ（２％）減少した。

図25　みずなの作付面積、収穫量及び出荷量の推移

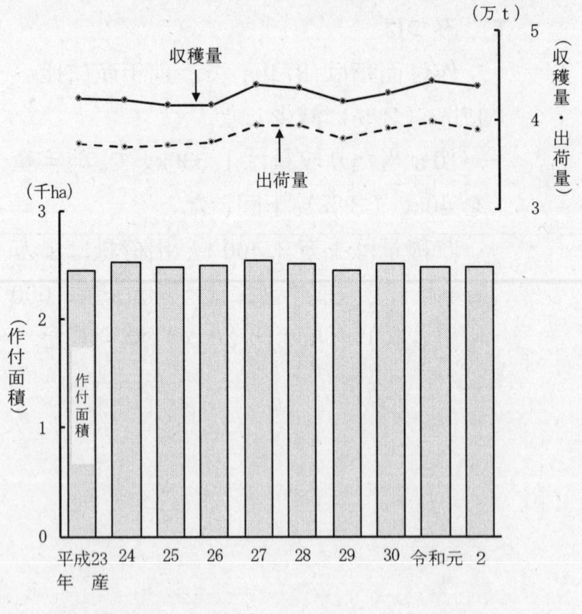

表25　令和２年産みずなの作付面積、収穫量及び出荷量（全国）

品　目	作付面積	10ａ当たり収量	収穫量	出荷量	対前年産比 作付面積	対前年産比 10ａ当たり収量	対前年産比 収穫量	対前年産比 出荷量	（参考）対平均収量比
	ha	kg	t	t	%	%	%	%	%
みずな	2,490	1,760	43,800	38,900	100	98	99	98	102

キ　セルリー

作付面積は 540ha で、前年産に比べ12ha（２％）減少した。

10ａ当たり収量は5,460kg で、前年産を 230kg（４％）下回った。

収穫量は２万 9,500ｔ、出荷量は２万8,100ｔで、前年産に比べそれぞれ1,900ｔ（６％）、1,900ｔ（６％）減少した。

図26　セルリーの作付面積、収穫量及び出荷量の推移

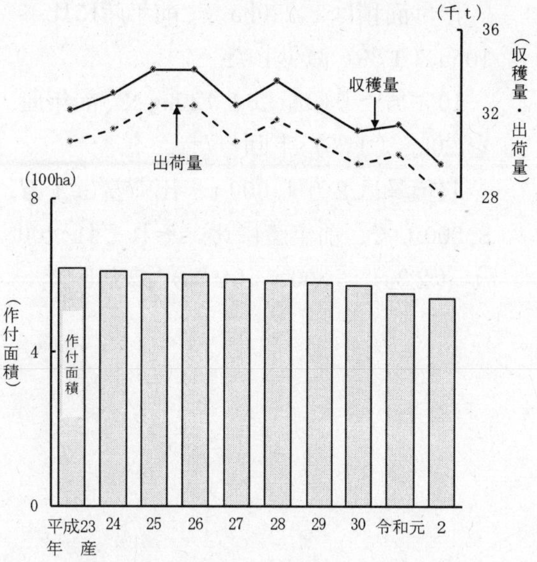

表26　令和２年産セルリーの作付面積、収穫量及び出荷量（全国）

品　　目	作付面積	10ａ当たり収量	収穫量	出荷量	対前年産比 作付面積	対前年産比 10ａ当たり収量	対前年産比 収穫量	対前年産比 出荷量	（参考）対平均収量比
	ha	kg	t	t	%	%	%	%	%
セルリー	540	5,460	29,500	28,100	98	96	94	94	98

ク　アスパラガス

作付面積は4,800ha で、前年産に比べ210ha（４％）減少した。

これは、生産者の高齢化により作付中止や規模縮小があったためである。

10ａ当たり収量は556kg で、前年産を21kg（４％）上回った。

収穫量は２万 6,700ｔ、出荷量は２万3,600ｔで、いずれも前年産並みであった。

図27　アスパラガスの作付面積、収穫量及び出荷量の推移

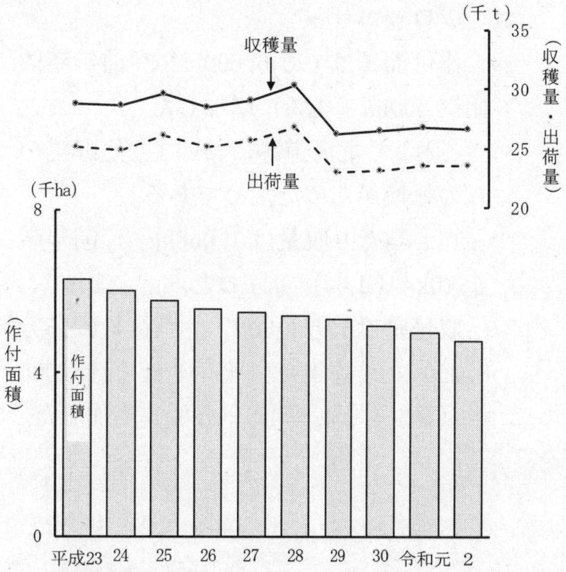

表27　令和２年産アスパラガスの作付面積、収穫量及び出荷量（全国）

品　　目	作付面積	10ａ当たり収量	収穫量	出荷量	対前年産比 作付面積	対前年産比 10ａ当たり収量	対前年産比 収穫量	対前年産比 出荷量	（参考）対平均収量比
	ha	kg	t	t	%	%	%	%	%
アスパラガス	4,800	556	26,700	23,600	96	104	100	100	107

ケ　カリフラワー

作付面積は1,220haで、前年産に比べ10ha（１％）減少した。

10ａ当たり収量は1,720kgで、前年産を20kg（１％）下回った。

収穫量は２万1,000ｔ、出荷量は１万8,000ｔで、前年産に比べそれぞれ400ｔ（２％）、300ｔ（２％）減少した。

図28　カリフラワーの作付面積、収穫量及び出荷量の推移

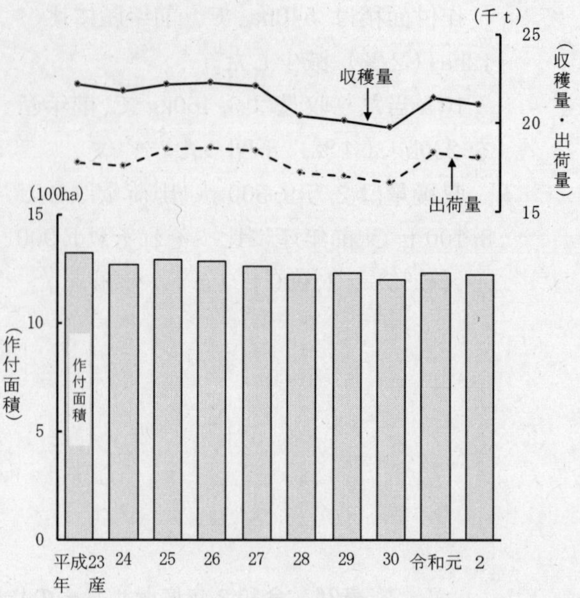

表28　令和２年産カリフラワーの作付面積、収穫量及び出荷量（全国）

品目	作付面積	10ａ当たり収量	収穫量	出荷量	対前年産比 作付面積	対前年産比 10ａ当たり収量	対前年産比 収穫量	対前年産比 出荷量	（参考）対平均収量比
	ha	kg	t	t	%	%	%	%	%
カリフラワー	1,220	1,720	21,000	18,000	99	99	98	98	101

コ　ブロッコリー

作付面積は１万6,600haで、前年産に比べ600ha（４％）増加した。

これは、北海道等において、他野菜からの転換があったためである。

10ａ当たり収量は1,050kgで、前年産を10kg（１％）下回った。

収穫量は17万4,500ｔ、出荷量は15万8,200ｔで、前年産に比べそれぞれ5,000ｔ（３％）、4,500ｔ（３％）増加した。

図29　ブロッコリーの作付面積、収穫量及び出荷量の推移

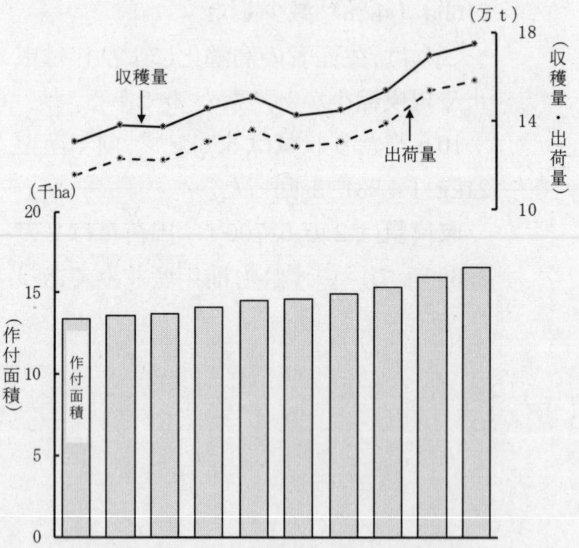

表29　令和２年産ブロッコリーの作付面積、収穫量及び出荷量（全国）

品目	作付面積	10ａ当たり収量	収穫量	出荷量	対前年産比 作付面積	対前年産比 10ａ当たり収量	対前年産比 収穫量	対前年産比 出荷量	（参考）対平均収量比
	ha	kg	t	t	%	%	%	%	%
ブロッコリー	16,600	1,050	174,500	158,200	104	99	103	103	104

サ　にら

作付面積は1,980haで、前年産に比べ20ha（１％）減少した。

10ａ当たり収量は2,880kgで、前年産を40kg（１％）下回った。

収穫量は５万7,000ｔ、出荷量は５万1,500ｔで、前年産に比べそれぞれ1,300ｔ（２％）、1,400ｔ（３％）減少した。

図30　にらの作付面積、収穫量及び出荷量の推移

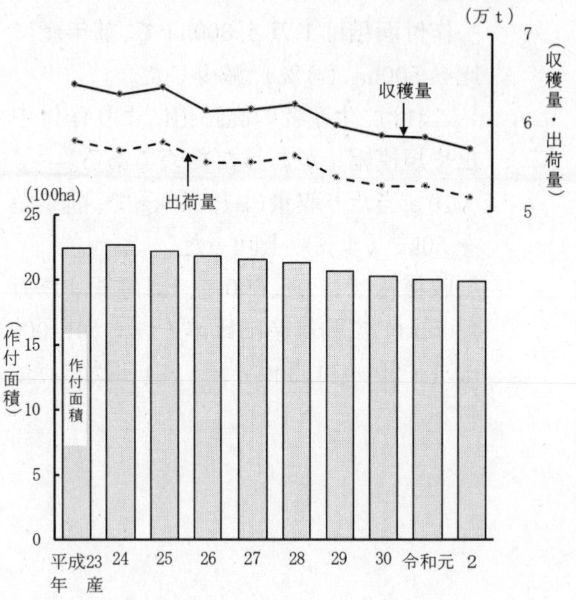

表30　令和２年産にらの作付面積、収穫量及び出荷量（全国）

品目	作付面積	10ａ当たり収量	収穫量	出荷量	対前年産比 作付面積	対前年産比 10ａ当たり収量	対前年産比 収穫量	対前年産比 出荷量	（参考）対平均収量比
	ha	kg	t	t	%	%	%	%	%
にら	1,980	2,880	57,000	51,500	99	99	98	97	100

シ　にんにく

作付面積は2,530haで、前年産に比べ20ha（１％）増加した。

10ａ当たり収量は838kgで、前年産を９kg（１％）上回った。

収穫量は２万1,200ｔで、前年産に比べ400ｔ（２％）増加した。出荷量は１万5,000ｔで、前年産並みとなった。

図31　にんにくの作付面積、収穫量及び出荷量の推移

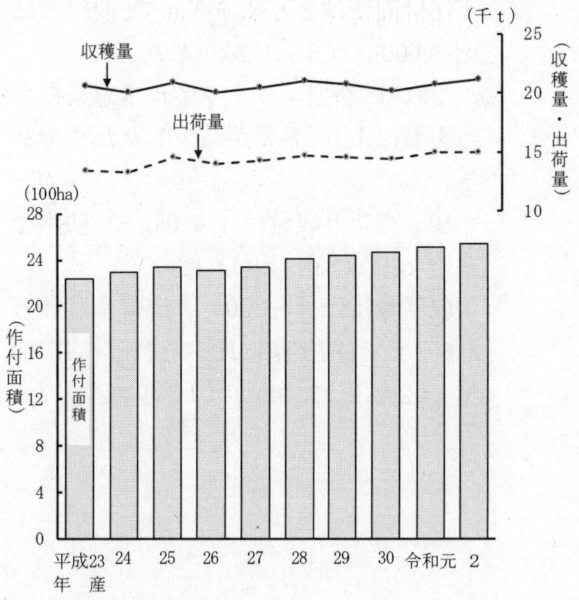

表31　令和２年産にんにくの作付面積、収穫量及び出荷量（全国）

品目	作付面積	10ａ当たり収量	収穫量	出荷量	対前年産比 作付面積	対前年産比 10ａ当たり収量	対前年産比 収穫量	対前年産比 出荷量	（参考）対平均収量比
	ha	kg	t	t	%	%	%	%	%
にんにく	2,530	838	21,200	15,000	101	101	102	100	97

(3) 果菜類

ア かぼちゃ

作付面積は１万4,800haで、前年産に比べ500ha（３％）減少した。

これは、生産者の高齢化により作付中止や規模縮小があったためである。

10ａ当たり収量は1,260kgで、前年産を50kg（４％）上回った。

収穫量は18万6,600ｔ、出荷量は15万1,000ｔで、前年産に比べそれぞれ1,000ｔ（１％）、1,300ｔ（１％）増加した。

図32　かぼちゃの作付面積、収穫量及び出荷量の推移

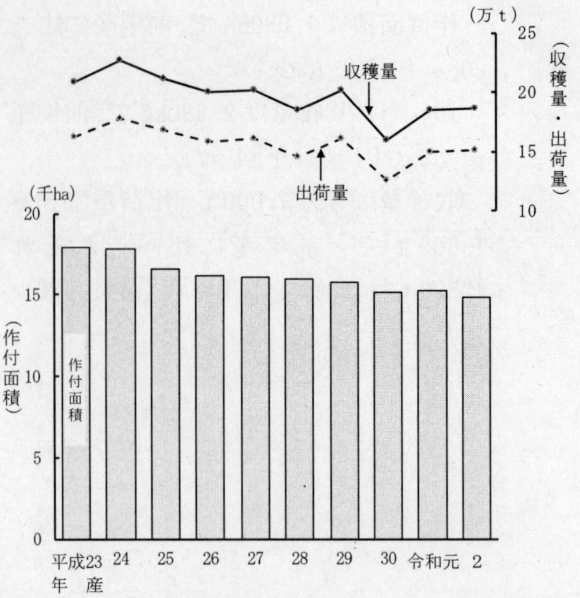

表32　令和２年産かぼちゃの作付面積、収穫量及び出荷量（全国）

品目	作付面積	10ａ当たり収量	収穫量	出荷量	対前年産比				(参考)対平均収量比
					作付面積	10ａ当たり収量	収穫量	出荷量	
	ha	kg	t	t	%	%	%	%	%
かぼちゃ	14,800	1,260	186,600	151,000	97	104	101	101	102

イ スイートコーン

作付面積は２万2,400haで、前年産に比べ600ha（３％）減少した。

これは、新型コロナウイルス感染拡大の影響により、需要が減少したためである。

10ａ当たり収量は1,050kgで、前年産を10kg（１％）上回った。

収穫量は23万4,700ｔ、出荷量は19万2,600ｔで、前年産に比べそれぞれ4,300ｔ（２％）、2,400ｔ（１％）減少した。

図33 スイートコーンの作付面積、収穫量及び出荷量の推移

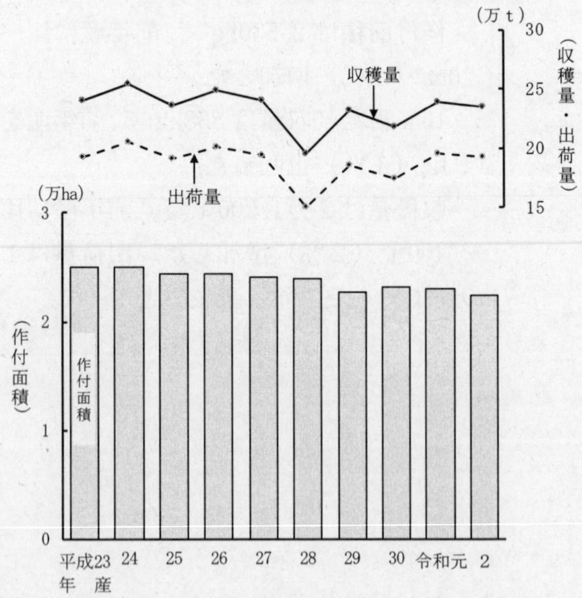

表33　令和２年産スイートコーンの作付面積、収穫量及び出荷量（全国）

品目	作付面積	10ａ当たり収量	収穫量	出荷量	対前年産比				(参考)対平均収量比
					作付面積	10ａ当たり収量	収穫量	出荷量	
	ha	kg	t	t	%	%	%	%	%
スイートコーン	22,400	1,050	234,700	192,600	97	101	98	99	106

ウ　さやいんげん

作付面積は5,020haで、前年産に比べ170ha（3%）減少した。

これは、生産者の高齢化により作付中止や規模縮小があったためである。

10a当たり収量は775kgで、前年産を37kg（5%）上回った。

これは、おおむね天候に恵まれ、生育が良好であったためである。

収穫量は3万8,900t、出荷量は2万6,500tで、前年産に比べそれぞれ600t（2%）、700t（3%）増加した。

図34　さやいんげんの作付面積、収穫量及び出荷量の推移

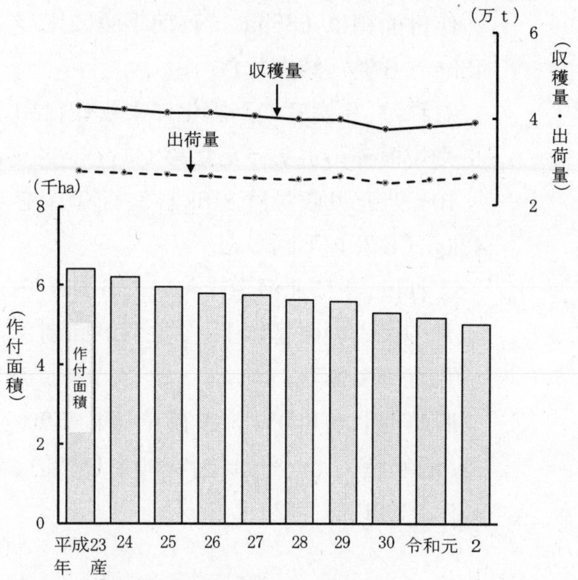

表34　令和2年産さやいんげんの作付面積、収穫量及び出荷量（全国）

品目	作付面積	10a当たり収量	収穫量	出荷量	対前年産比				(参考)対平均収量比
					作付面積	10a当たり収量	収穫量	出荷量	
	ha	kg	t	t	%	%	%	%	%
さやいんげん	5,020	775	38,900	26,500	97	105	102	103	110

エ　さやえんどう

作付面積は2,800haで、前年産に比べ70ha（2%）減少した。

10a当たり収量は696kgで、前年産並みとなった。

収穫量は1万9,500t、出荷量は1万2,500tで、前年産に比べそれぞれ500t（2%）、300t（2%）減少した。

図35　さやえんどうの作付面積、収穫量及び出荷量の推移

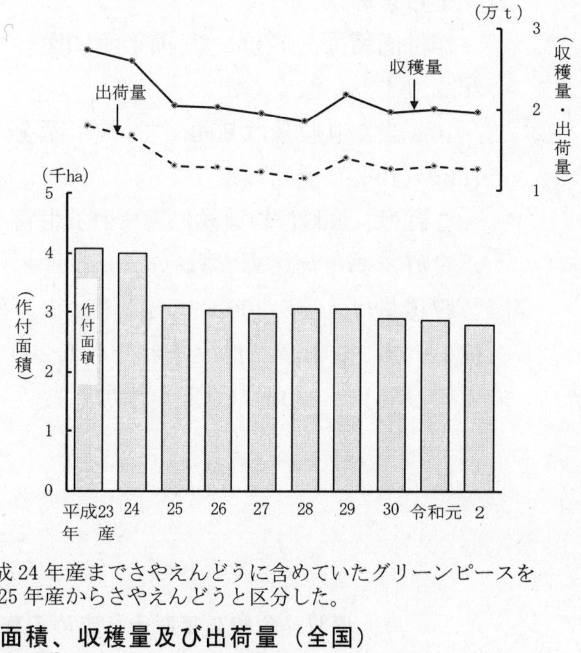

注：　平成24年産までさやえんどうに含めていたグリーンピースを平成25年産からさやえんどうと区分した。

表35　令和2年産さやえんどうの作付面積、収穫量及び出荷量（全国）

品目	作付面積	10a当たり収量	収穫量	出荷量	対前年産比				(参考)対平均収量比
					作付面積	10a当たり収量	収穫量	出荷量	
	ha	kg	t	t	%	%	%	%	%
さやえんどう	2,800	696	19,500	12,500	98	100	98	98	104

オ　グリーンピース

作付面積は 685ha で、前年産に比べ46ha（６％）減少した。

これは、生産者の高齢化により作付中止や規模縮小があったためである。

10ａ当たり収量は818kg で、前年産を42kg（５％）下回った。

これは、主に北海道において６月から７月の少雨の影響により、生育が抑制されたためである。

収穫量は5,600ｔ、出荷量は4,450ｔで、前年産に比べそれぞれ690ｔ(11%)、550ｔ（11%）減少した。

図36 グリーンピースの作付面積、収穫量及び出荷量の推移

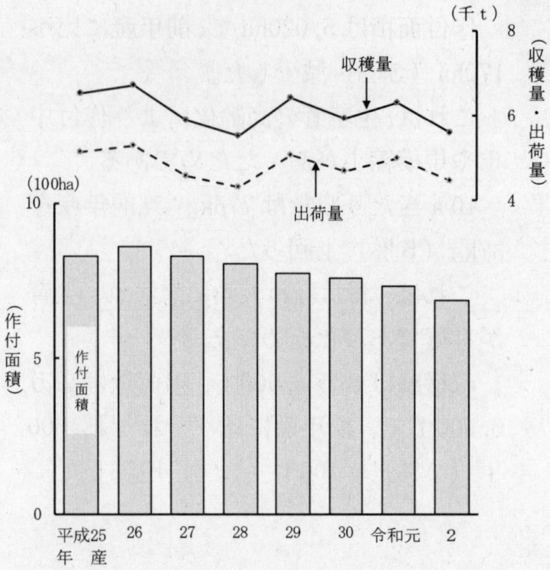

注：　平成24年産までさやえんどうに含めていたグリーンピースを平成25年産からさやえんどうと区分した。

表36　令和２年産グリーンピースの作付面積、収穫量及び出荷量（全国）

品目	作付面積	10ａ当たり収量	収穫量	出荷量	対前年産比				（参考）対平均収量比
					作付面積	10ａ当たり収量	収穫量	出荷量	
	ha	kg	t	t	%	%	%	%	%
グリーンピース	685	818	5,600	4,450	94	95	89	89	105

カ　そらまめ

作付面積は1,770ha で、前年産に比べ20ha（１％）減少した。

10ａ当たり収量は864kg で、前年産を76kg（10%）上回った。

これは、おおむね天候に恵まれ、生育が良好であったためである。

収穫量は１万5,300ｔ、出荷量は１万900ｔで、前年産に比べそれぞれ1,200ｔ（９%）、930ｔ（９%）増加した。

図37　そらまめの作付面積、収穫量及び出荷量の推移

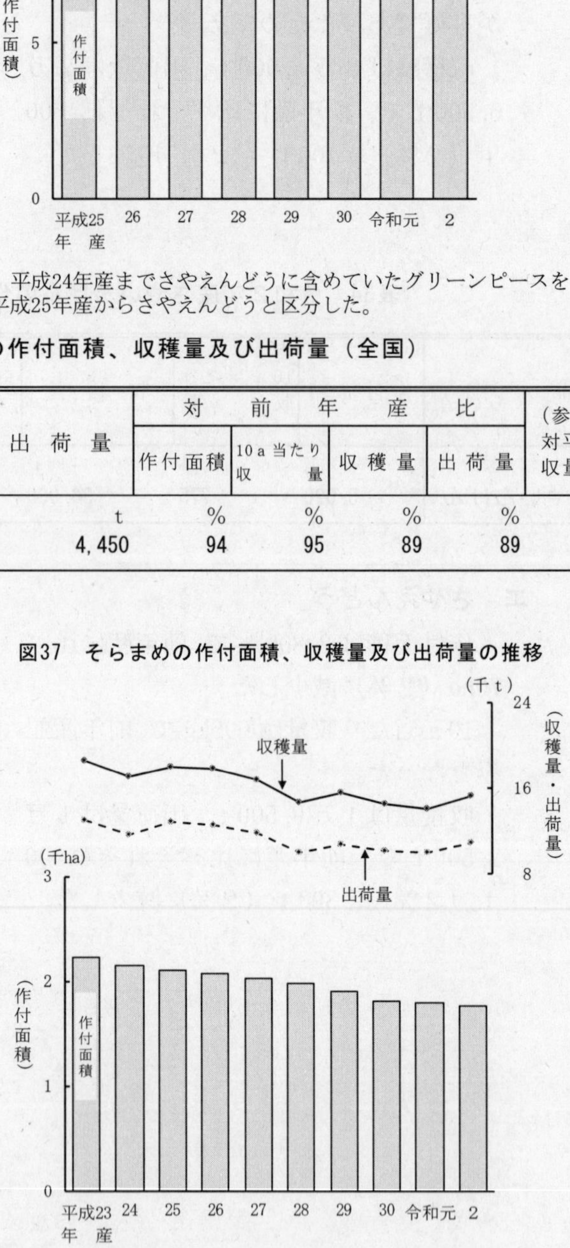

表37　令和２年産そらまめの作付面積、収穫量及び出荷量（全国）

品目	作付面積	10ａ当たり収量	収穫量	出荷量	対前年産比				（参考）対平均収量比
					作付面積	10ａ当たり収量	収穫量	出荷量	
	ha	kg	t	t	%	%	%	%	%
そらまめ	1,770	864	15,300	10,900	99	110	109	109	106

キ　えだまめ

作付面積は１万2,800ha で、前年産に比べ200ha（２％）減少した。

10ａ当たり収量は518kg で、前年産を10kg（２％）上回った。

収穫量は６万6,300ｔで前年産並みとなった。出荷量は５万1,200ｔで、前年産に比べ700ｔ（１％）増加した。

図38　えだまめの作付面積、収穫量及び出荷量の推移

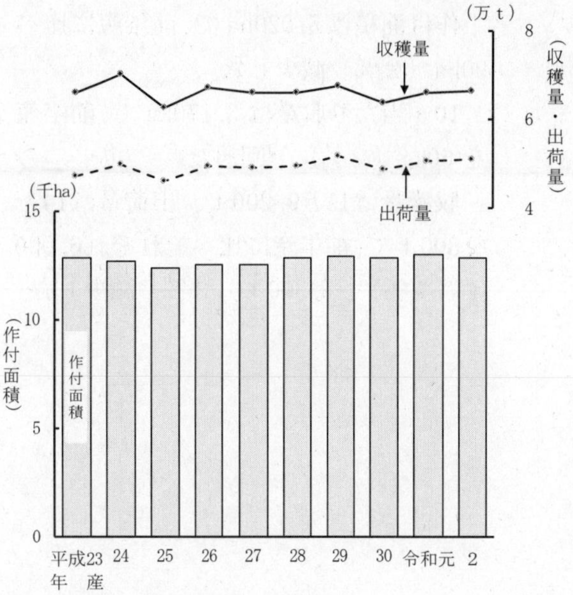

表38　令和２年産えだまめの作付面積、収穫量及び出荷量（全国）

品目	作付面積	10ａ当たり収量	収穫量	出荷量	対前年産比				（参考）対平均収量比
					作付面積	10ａ当たり収量	収穫量	出荷量	
	ha	kg	t	t	%	%	%	%	%
えだまめ	12,800	518	66,300	51,200	98	102	100	101	100

(4)　香辛野菜

しょうが

作付面積は1,750ha で、前年産に比べ10ha（１％）増加した。

10ａ当たり収量は2,550kg で、前年産を120kg（４％）下回った。

収穫量は４万4,700ｔ、出荷量は３万5,100ｔで、前年産に比べそれぞれ1,800ｔ（４％）、1,300ｔ（４％）減少した。

図39　しょうがの作付面積、収穫量及び出荷量の推移

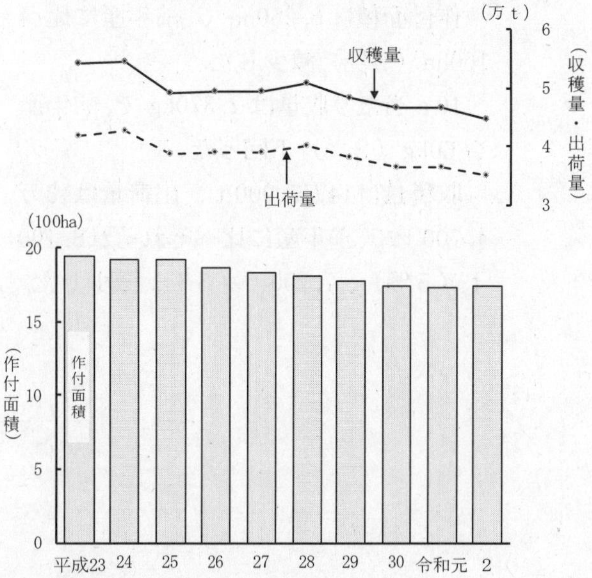

表39　令和２年産しょうがの作付面積、収穫量及び出荷量（全国）

品目	作付面積	10ａ当たり収量	収穫量	出荷量	対前年産比				（参考）対平均収量比
					作付面積	10ａ当たり収量	収穫量	出荷量	
	ha	kg	t	t	%	%	%	%	%
しょうが	1,750	2,550	44,700	35,100	101	96	96	96	96

(5) 果実的野菜

ア いちご

作付面積は5,020haで、前年産に比べ90ha（２％）減少した。

10ａ当たり収量は3,170kgで、前年産を60kg（２％）下回った。

収穫量は15万9,200ｔ、出荷量は14万6,800ｔで、前年産に比べそれぞれ6,000ｔ（４％）、5,300ｔ（３％）減少した。

図40 いちごの作付面積、収穫量及び出荷量の推移

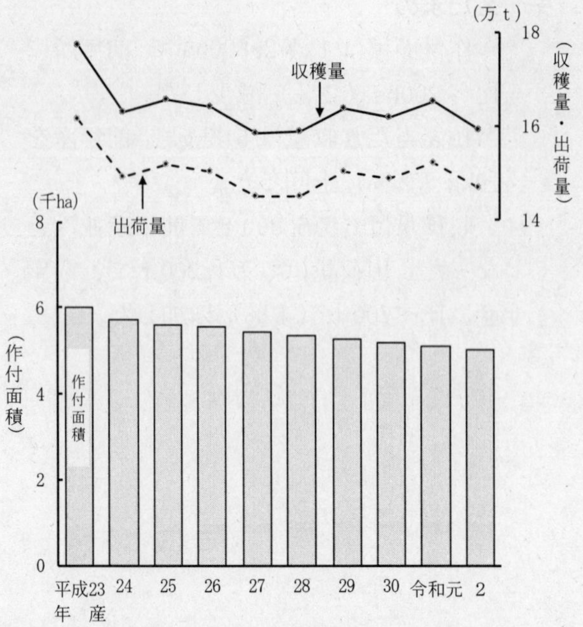

表40 令和２年産いちごの作付面積、収穫量及び出荷量（全国）

品目	作付面積	10ａ当たり収量	収穫量	出荷量	対前年産比				（参考）対平均収量比
					作付面積	10ａ当たり収量	収穫量	出荷量	
	ha	kg	t	t	%	%	%	%	%
いちご	5,020	3,170	159,200	146,800	98	98	96	97	105

イ メロン

作付面積は6,250haで、前年産に比べ160ha（２％）減少した。

10ａ当たり収量は2,370kgで、前年産を60kg（２％）下回った。

収穫量は14万7,900ｔ、出荷量は13万4,700ｔで、前年産に比べそれぞれ8,100ｔ（５％）、7,200ｔ（５％）減少した。

図41 メロンの作付面積、収穫量及び出荷量の推移

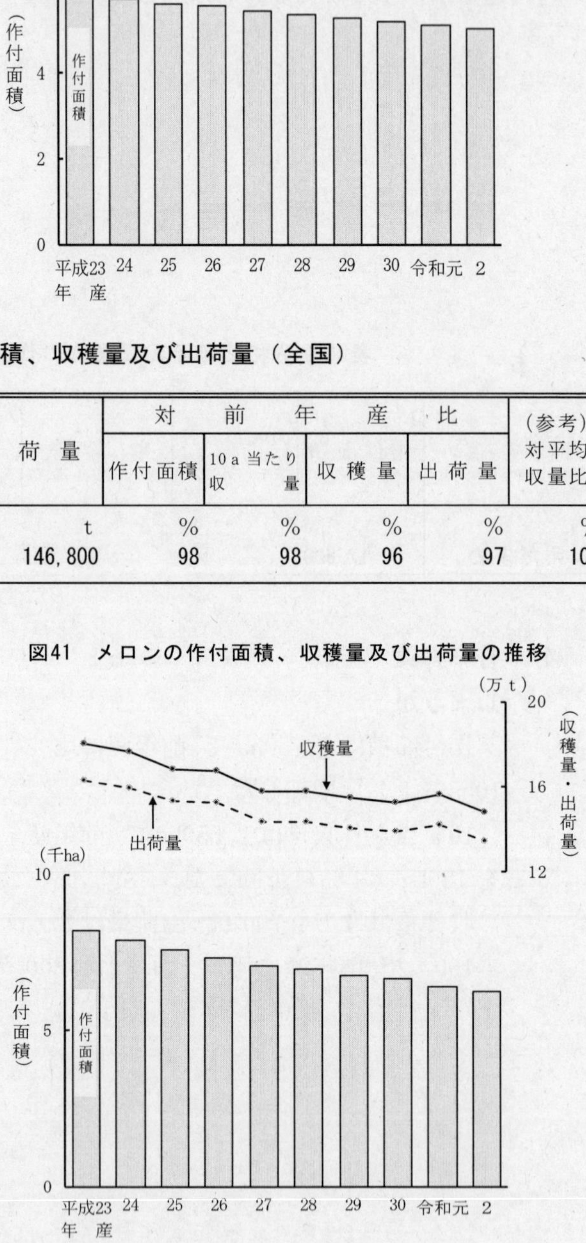

表41 令和２年産メロンの作付面積、収穫量及び出荷量（全国）

品目	作付面積	10ａ当たり収量	収穫量	出荷量	対前年産比				（参考）対平均収量比
					作付面積	10ａ当たり収量	収穫量	出荷量	
	ha	kg	t	t	%	%	%	%	%
メロン	6,250	2,370	147,900	134,700	98	98	95	95	104

ウ　すいか

作付面積は9,350ha で、前年産に比べ290ha（３％）減少した。

これは、生産者の高齢化により作付中止や規模縮小があったためである。

10ａ当たり収量は3,330kg で、前年産を30kg（１％）下回った。

収穫量は31万900ｔ、出荷量は26万8,100ｔで、前年産に比べそれぞれ１万3,300t　（４％）、１万1,000ｔ（４％）減少した。

図42　すいかの作付面積、収穫量及び出荷量の推移

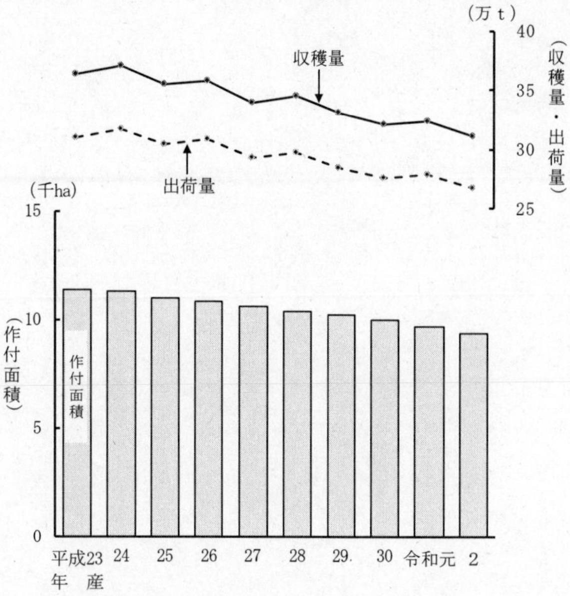

表42　令和２年産すいかの作付面積、収穫量及び出荷量（全国）

品　　目	作付面積	10ａ当たり収量	収穫量	出荷量	対前年産比				（参考）対平均収量比
					作付面積	10ａ当たり収量	収穫量	出荷量	
	ha	kg	t	t	%	%	%	%	%
すいか	9,350	3,330	310,900	268,100	97	99	96	96	102

Ⅱ　統　計　表

1 全国の作付面積、10ａ当たり収量、収穫量及び出荷量の推移

品　　目		作付面積				
		平成27年産	28	29	30	令和元
		ha	ha	ha	ha	ha
計	(1)	**474,700**	**471,600**	**468,700**	**464,100**	**457,900**
根菜類	(2)	164,700	163,100	162,600	159,800	156,200
だいこん	(3)	32,900	32,300	32,000	31,400	30,900
春	(4)	4,600	4,590	4,530	4,450	4,350
夏	(5)	6,370	6,240	6,270	5,990	6,050
秋冬	(6)	21,900	21,500	21,200	21,000	20,500
かぶ	(7)	4,630	4,510	4,420	4,300	4,210
にんじん	(8)	18,100	17,800	17,900	17,200	17,000
春夏	(9)	4,520	4,420	4,290	4,190	4,150
秋	(10)	5,530	5,580	5,840	5,410	5,370
冬	(11)	8,060	7,830	7,800	7,630	7,520
ごぼう	(12)	8,000	8,040	7,950	7,710	7,540
れんこん	(13)	3,950	3,930	3,970	4,000	3,910
ばれいしょ	(14)	77,400	77,200	77,200	76,500	74,400
春植え	(15)	74,600	74,600	74,500	74,000	72,000
秋植え	(16)	2,730	2,670	2,640	2,510	2,410
さといも	(17)	12,500	12,200	12,000	11,500	11,100
秋冬	(18)	12,500	12,200	11,900	11,500	11,100
その他	(19)	12	16	15	11	10
やまのいも	(20)	7,270	7,120	7,150	7,120	7,130
葉茎菜類	(21)	184,900	184,100	184,200	184,300	183,200
はくさい	(22)	17,600	17,300	17,200	17,000	16,700
春	(23)	1,870	1,860	1,850	1,840	1,810
夏	(24)	2,490	2,490	2,460	2,420	2,460
秋冬	(25)	13,200	13,000	12,900	12,700	12,500
こまつな	(26)	6,860	6,890	7,010	7,250	7,300
キャベツ	(27)	34,700	34,600	34,800	34,600	34,600
春	(28)	9,110	9,000	9,080	9,040	8,860
夏秋	(29)	10,200	10,200	10,300	10,200	10,300
冬	(30)	15,400	15,400	15,400	15,400	15,400
ちんげんさい	(31)	2,220	2,220	2,200	2,170	2,140
ほうれんそう	(32)	21,000	20,700	20,500	20,300	19,900
ふき	(33)	592	571	557	538	518
みつば	(34)	1,030	979	957	931	891
しゅんぎく	(35)	2,000	1,960	1,930	1,880	1,830
みずな	(36)	2,550	2,510	2,460	2,510	2,480
セルリー	(37)	589	585	580	573	552
アスパラガス	(38)	5,470	5,420	5,330	5,170	5,010

	10 a 当 た り 収 量						
2	平成27年産	28	29	30	令和元	2	
ha	kg	kg	kg	kg	kg	kg	
448,700	…	…	…	…	…	…	(1)
151,500	…	…	…	…	…	…	(2)
29,800	4,360	4,220	4,140	4,230	4,210	4,210	(3)
4,230	4,730	4,750	4,850	4,730	4,730	4,630	(4)
5,600	4,140	3,800	4,150	4,010	4,150	4,170	(5)
19,900	4,350	4,220	3,990	4,180	4,110	4,140	(6)
4,160	2,850	2,850	2,700	2,740	2,670	2,520	(7)
16,800	3,500	3,180	3,330	3,340	3,500	3,490	(8)
4,070	3,670	3,830	3,870	3,710	3,900	3,830	(9)
5,210	3,640	2,810	3,540	3,300	3,910	3,830	(10)
7,540	3,300	3,080	2,870	3,160	2,970	3,060	(11)
7,320	1,910	1,710	1,790	1,750	1,810	1,730	(12)
3,920	1,440	1,520	1,550	1,530	1,350	1,400	(13)
71,900	3,110	2,850	3,100	2,950	3,220	3,070	(14)
69,600	3,170	2,890	3,160	2,990	3,270	3,110	(15)
2,310	1,530	1,530	1,520	1,820	1,730	1,680	(16)
10,700	1,230	1,270	1,240	1,260	1,260	1,300	(17)
10,700	1,230	1,270	1,250	1,260	1,260	1,300	(18)
9	617	606	627	591	549	553	(19)
6,930	2,240	2,050	2,230	2,210	2,420	2,460	(20)
181,400	…	…	…	…	…	…	(21)
16,600	5,080	5,140	5,120	5,230	5,240	5,380	(22)
1,800	5,890	6,110	6,410	6,310	6,450	6,460	(23)
2,330	7,080	7,270	7,500	7,400	7,300	7,040	(24)
12,500	4,610	4,570	4,480	4,680	4,630	4,900	(25)
7,550	1,680	1,650	1,600	1,590	1,570	1,610	(26)
34,000	4,230	4,180	4,100	4,240	4,250	4,220	(27)
8,770	4,060	4,080	4,180	4,170	4,020	4,060	(28)
10,100	4,550	4,650	4,780	4,900	4,860	4,740	(29)
15,100	4,120	3,930	3,610	3,830	3,990	3,970	(30)
2,150	1,990	1,990	1,960	1,940	1,920	1,930	(31)
19,600	1,190	1,190	1,110	1,120	1,090	1,090	(32)
498	1,940	1,960	1,920	1,900	1,800	1,800	(33)
874	1,510	1,560	1,610	1,610	1,570	1,530	(34)
1,830	1,590	1,530	1,500	1,490	1,470	1,500	(35)
2,490	1,730	1,740	1,710	1,720	1,790	1,760	(36)
540	5,480	5,730	5,550	5,430	5,690	5,460	(37)
4,800	532	561	492	513	535	556	(38)

1　全国の作付面積、10ａ当たり収量、収穫量及び出荷量の推移（続き）

品目		収穫量				
		平成27年産	28	29	30	令和元
		t	t	t	t	t
計	(1)	13,654,000	13,180,000	13,344,000	13,036,000	13,407,000
根菜類	(2)	5,131,000	4,754,000	4,947,000	4,778,000	4,909,000
だいこん	(3)	1,434,000	1,362,000	1,325,000	1,328,000	1,300,000
春	(4)	217,400	218,000	219,700	210,400	205,600
夏	(5)	263,900	237,200	260,400	240,200	250,800
秋冬	(6)	952,700	906,500	845,000	876,900	843,500
かぶ	(7)	131,900	128,700	119,300	117,700	112,600
にんじん	(8)	633,100	566,800	596,500	574,700	594,900
春夏	(9)	165,800	169,100	165,900	155,500	161,800
秋	(10)	201,500	156,800	206,600	178,500	210,100
冬	(11)	265,800	240,900	224,000	241,000	223,000
ごぼう	(12)	152,600	137,600	142,100	135,300	136,800
れんこん	(13)	56,700	59,800	61,500	61,300	52,700
ばれいしょ	(14)	2,406,000	2,199,000	2,395,000	2,260,000	2,399,000
春植え	(15)	2,365,000	2,158,000	2,355,000	2,215,000	2,357,000
秋植え	(16)	41,800	40,800	40,100	45,600	41,800
さといも	(17)	153,300	154,600	148,600	144,800	140,400
秋冬	(18)	153,200	154,500	148,500	144,700	140,300
その他	(19)	74	97	94	65	55
やまのいも	(20)	163,200	145,700	159,300	157,400	172,700
葉茎菜類	(21)	5,501,000	5,443,000	5,363,000	5,342,000	5,521,000
はくさい	(22)	894,600	888,700	880,900	889,900	874,800
春	(23)	110,100	113,600	118,500	116,100	116,800
夏	(24)	176,300	181,100	184,500	179,200	179,500
秋冬	(25)	608,300	594,100	577,900	594,800	578,500
こまつな	(26)	115,400	113,600	112,100	115,600	114,900
キャベツ	(27)	1,469,000	1,446,000	1,428,000	1,467,000	1,472,000
春	(28)	369,900	366,800	379,300	376,800	356,500
夏秋	(29)	463,900	474,300	492,400	499,500	500,800
冬	(30)	634,900	605,300	555,800	590,100	614,300
ちんげんさい	(31)	44,100	44,100	43,100	42,000	41,100
ほうれんそう	(32)	250,800	247,300	228,100	228,300	217,800
ふき	(33)	11,500	11,200	10,700	10,200	9,300
みつば	(34)	15,600	15,300	15,400	15,000	14,000
しゅんぎく	(35)	31,700	30,000	29,000	28,000	26,900
みずな	(36)	44,000	43,600	42,100	43,100	44,400
セルリー	(37)	32,300	33,500	32,200	31,100	31,400
アスパラガス	(38)	29,100	30,400	26,200	26,500	26,800

	出	荷	量				
2	平成27年産	28	29	30	令和元	2	
t	t	t	t	t	t	t	
13,045,000	11,606,000	11,204,000	11,419,000	11,197,000	11,574,000	11,258,000	(1)
4,642,000	4,249,000	3,919,000	4,121,000	3,989,000	4,129,000	3,899,000	(2)
1,254,000	1,161,000	1,105,000	1,087,000	1,089,000	1,073,000	1,035,000	(3)
195,700	193,500	194,500	200,200	191,700	187,000	179,100	(4)
233,700	240,100	216,300	237,800	218,900	230,900	214,800	(5)
824,300	727,400	694,500	649,400	678,300	654,900	640,700	(6)
104,800	108,400	106,300	98,800	97,900	93,300	87,100	(7)
585,900	563,000	502,800	533,700	512,500	533,800	525,900	(8)
155,900	149,900	153,200	153,700	142,900	148,900	143,400	(9)
199,400	182,500	142,200	187,400	161,400	191,500	181,300	(10)
230,500	230,500	207,400	192,600	208,200	193,400	201,200	(11)
126,900	131,100	117,800	122,800	117,200	119,400	111,000	(12)
55,000	47,400	49,900	51,600	51,600	44,500	46,400	(13)
2,205,000	2,006,000	1,818,000	1,996,000	1,889,000	2,027,000	1,857,000	(14)
2,167,000	1,974,000	1,787,000	1,966,000	1,855,000	1,996,000	1,827,000	(15)
38,900	31,300	30,400	30,100	34,700	31,400	29,100	(16)
139,500	97,800	98,600	97,000	95,300	92,100	92,400	(17)
139,400	97,700	98,500	96,900	95,300	92,100	92,300	(18)
50	69	87	84	58	48	42	(19)
170,500	134,300	120,800	134,300	134,400	145,500	144,300	(20)
5,489,000	4,796,000	4,758,000	4,707,000	4,713,000	4,890,000	4,853,000	(21)
892,300	723,700	715,800	726,800	734,400	726,500	741,100	(22)
116,200	100,600	103,800	109,000	106,900	107,600	107,200	(23)
164,100	159,200	158,400	167,200	162,700	163,200	149,800	(24)
612,000	463,900	453,700	450,700	464,800	455,700	484,100	(25)
121,900	100,200	99,100	99,200	102,500	102,100	109,400	(26)
1,434,000	1,310,000	1,298,000	1,280,000	1,319,000	1,325,000	1,293,000	(27)
356,200	330,100	328,800	342,600	340,600	323,700	323,900	(28)
478,600	415,600	429,700	440,200	447,900	449,900	429,900	(29)
598,800	564,700	539,600	497,300	530,100	551,400	538,700	(30)
41,400	38,600	38,700	38,000	37,500	36,100	36,800	(31)
213,900	209,800	207,300	193,300	194,800	184,900	182,700	(32)
8,980	9,640	9,380	9,130	8,560	7,850	7,660	(33)
13,400	14,600	14,300	14,400	14,000	13,200	12,400	(34)
27,400	25,500	24,200	23,500	22,600	21,800	22,600	(35)
43,800	39,500	39,400	38,000	39,000	39,800	38,900	(36)
29,500	30,600	31,600	30,600	29,500	30,000	28,100	(37)
26,700	25,700	26,800	23,000	23,200	23,600	23,600	(38)

1　全国の作付面積、10ａ当たり収量、収穫量及び出荷量の推移（続き）

品目		作付面積				
		平成27年産	28	29	30	令和元
		ha	ha	ha	ha	ha
カリフラワー	(39)	1,260	1,220	1,230	1,200	1,230
ブロッコリー	(40)	14,500	14,600	14,900	15,400	16,000
レタス	(41)	21,500	21,600	21,800	21,700	21,200
春	(42)	4,330	4,340	4,480	4,390	4,310
夏秋	(43)	9,150	9,190	9,290	9,260	9,100
冬	(44)	8,050	8,050	7,990	8,030	7,790
ねぎ	(45)	22,800	22,600	22,600	22,400	22,400
春	(46)	3,490	3,460	3,460	3,430	3,410
夏	(47)	5,040	5,000	5,000	4,920	4,910
秋冬	(48)	14,200	14,200	14,100	14,000	14,100
にら	(49)	2,150	2,120	2,060	2,020	2,000
たまねぎ	(50)	25,700	25,800	25,600	26,200	25,900
にんにく	(51)	2,330	2,410	2,430	2,470	2,510
果菜類	(52)	100,100	99,900	98,000	96,500	95,600
きゅうり	(53)	11,000	10,900	10,800	10,600	10,300
冬春	(54)	2,850	2,860	2,830	2,760	2,720
夏秋	(55)	8,200	8,060	7,940	7,810	7,580
かぼちゃ	(56)	16,100	16,000	15,800	15,200	15,300
なす	(57)	9,410	9,280	9,160	8,970	8,650
冬春	(58)	1,090	1,090	1,080	1,080	1,070
夏秋	(59)	8,320	8,190	8,080	7,890	7,580
トマト	(60)	12,100	12,100	12,000	11,800	11,600
冬春	(61)	3,970	4,010	4,030	3,970	3,920
夏秋	(62)	8,170	8,100	7,980	7,810	7,660
ピーマン	(63)	3,270	3,270	3,250	3,220	3,200
冬春	(64)	735	733	739	741	745
夏秋	(65)	2,540	2,540	2,510	2,480	2,460
スイートコーン	(66)	24,100	24,000	22,700	23,100	23,000
さやいんげん	(67)	5,760	5,650	5,590	5,330	5,190
さやえんどう	(68)	2,980	3,070	3,050	2,910	2,870
グリーンピース	(69)	827	805	772	760	731
そらまめ	(70)	2,020	1,980	1,900	1,810	1,790
えだまめ	(71)	12,500	12,800	12,900	12,800	13,000
香辛野菜						
しょうが	(72)	1,840	1,810	1,780	1,750	1,740
果実的野菜	(73)	23,100	22,700	22,200	21,800	21,200
いちご	(74)	5,450	5,370	5,280	5,200	5,110
メロン	(75)	7,080	6,950	6,770	6,630	6,410
すいか	(76)	10,600	10,400	10,200	9,970	9,640

	10 a 当 た り 収 量						
2	平成27年産	28	29	30	令和元	2	
ha	kg	kg	kg	kg	kg	kg	
1, 220	1, 750	1, 670	1, 630	1, 640	1, 740	1, 720	(39)
16, 600	1, 040	975	970	999	1, 060	1, 050	(40)
20, 700	2, 640	2, 710	2, 680	2, 700	2, 730	2, 720	(41)
4, 150	2, 610	2, 680	2, 750	2, 750	2, 750	2, 780	(42)
8, 840	2, 970	3, 050	3, 170	3, 010	3, 010	2, 990	(43)
7, 740	2, 270	2, 340	2, 070	2, 320	2, 390	2, 390	(44)
22, 000	2, 080	2, 060	2, 030	2, 020	2, 080	2, 010	(45)
3, 370	2, 400	2, 430	2, 380	2, 260	2, 370	2, 370	(46)
4, 800	1, 800	1, 810	1, 830	1, 750	1, 840	1, 840	(47)
13, 800	2, 110	2, 040	2, 020	2, 070	2, 080	1, 980	(48)
1, 980	2, 860	2, 930	2, 890	2, 900	2, 920	2, 880	(49)
25, 500	4, 920	4, 820	4, 800	4, 410	5, 150	5, 320	(50)
2, 530	880	876	852	818	829	838	(51)
93, 500	…	…	…	…	…	…	(52)
10, 100	5, 000	5, 050	5, 180	5, 190	5, 320	5, 340	(53)
2, 660	10, 100	10, 300	10, 800	10, 800	10, 700	10, 600	(54)
7, 440	3, 180	3, 190	3, 210	3, 220	3, 400	3, 440	(55)
14, 800	1, 260	1, 160	1, 270	1, 050	1, 210	1, 260	(56)
8, 420	3, 280	3, 300	3, 360	3, 350	3, 490	3, 530	(57)
1, 050	10, 400	10, 300	11, 000	10, 800	11, 200	11, 100	(58)
7, 370	2, 350	2, 360	2, 330	2, 330	2, 400	2, 450	(59)
11, 400	6, 010	6, 140	6, 140	6, 140	6, 210	6, 190	(60)
3, 870	9, 620	10, 000	9, 980	10, 300	10, 200	9, 940	(61)
7, 550	4, 220	4, 230	4, 200	4, 030	4, 180	4, 260	(62)
3, 160	4, 290	4, 430	4, 520	4, 360	4, 550	4, 530	(63)
729	10, 100	10, 500	10, 600	10, 200	10, 500	10, 200	(64)
2, 430	2, 590	2, 680	2, 750	2, 600	2, 750	2, 850	(65)
22, 400	997	818	1, 020	942	1, 040	1, 050	(66)
5, 020	700	699	712	702	738	775	(67)
2, 800	648	599	711	674	697	696	(68)
685	715	686	830	782	860	818	(69)
1, 770	832	742	816	801	788	864	(70)
12, 800	527	516	525	498	508	518	(71)
1, 750	2, 680	2, 810	2, 710	2, 660	2, 670	2, 550	(72)
20, 600	…	…	…	…	…	…	(73)
5, 020	2, 910	2, 960	3, 100	3, 110	3, 230	3, 170	(74)
6, 250	2, 230	2, 280	2, 290	2, 310	2, 430	2, 370	(75)
9, 350	3, 210	3, 320	3, 250	3, 220	3, 360	3, 330	(76)

1　全国の作付面積、10ａ当たり収量、収穫量及び出荷量の推移（続き）

品目		収穫量				
		平成27年産	28	29	30	令和元
		t	t	t	t	t
カリフラワー	(39)	22,100	20,400	20,100	19,700	21,400
ブロッコリー	(40)	150,900	142,300	144,600	153,800	169,500
レタス	(41)	568,000	585,700	583,200	585,600	578,100
春	(42)	113,200	116,500	123,200	120,700	118,500
夏秋	(43)	272,200	280,600	294,500	278,500	273,600
冬	(44)	182,600	188,600	165,500	186,300	186,000
ねぎ	(45)	474,500	464,800	458,800	452,900	465,300
春	(46)	83,900	84,000	82,400	77,500	80,900
夏	(47)	90,900	90,500	91,500	86,200	90,500
秋冬	(48)	299,700	290,300	284,900	289,300	293,900
にら	(49)	61,500	62,100	59,600	58,500	58,300
たまねぎ	(50)	1,265,000	1,243,000	1,228,000	1,155,000	1,334,000
にんにく	(51)	20,500	21,100	20,700	20,200	20,800
果菜類	(52)	2,317,000	2,270,000	2,336,000	2,233,000	2,286,000
きゅうり	(53)	549,900	550,300	559,500	550,000	548,100
冬春	(54)	289,200	293,400	304,800	298,100	290,100
夏秋	(55)	260,700	256,900	254,800	251,800	258,000
かぼちゃ	(56)	202,400	185,300	201,300	159,300	185,600
なす	(57)	308,900	306,000	307,800	300,400	301,700
冬春	(58)	113,200	112,600	119,200	116,900	119,700
夏秋	(59)	195,600	193,400	188,600	183,500	182,000
トマト	(60)	727,000	743,200	737,200	724,200	720,600
冬春	(61)	382,100	400,900	402,300	409,600	400,400
夏秋	(62)	344,900	342,300	334,900	314,600	320,200
ピーマン	(63)	140,400	144,800	147,000	140,300	145,700
冬春	(64)	74,600	76,700	78,100	75,900	78,200
夏秋	(65)	65,800	68,100	68,900	64,400	67,600
スイートコーン	(66)	240,300	196,200	231,700	217,600	239,000
さやいんげん	(67)	40,300	39,500	39,800	37,400	38,300
さやえんどう	(68)	19,300	18,400	21,700	19,600	20,000
グリーンピース	(69)	5,910	5,520	6,410	5,940	6,290
そらまめ	(70)	16,800	14,700	15,500	14,500	14,100
えだまめ	(71)	65,900	66,000	67,700	63,800	66,100
香辛野菜						
しょうが	(72)	49,400	50,800	48,300	46,600	46,500
果実的野菜	(73)	656,500	662,000	649,800	635,300	645,400
いちご	(74)	158,700	159,000	163,700	161,800	165,200
メロン	(75)	158,000	158,200	155,000	152,900	156,000
すいか	(76)	339,800	344,800	331,100	320,600	324,200

2	出荷量						
	平成27年産	28	29	30	令和元	2	
t	t	t	t	t	t	t	
21, 000	18, 400	17, 200	17, 000	16, 600	18, 300	18, 000	(39)
174, 500	135, 500	127, 900	130, 200	138, 900	153, 700	158, 200	(40)
563, 900	537, 700	555, 200	542, 300	553, 200	545, 600	531, 600	(41)
115, 200	105, 900	109, 400	115, 700	113, 400	111, 200	108, 000	(42)
264, 200	262, 400	270, 800	273, 700	267, 200	262, 100	252, 200	(43)
184, 600	169, 400	174, 900	152, 800	172, 700	172, 300	171, 300	(44)
441, 100	383, 100	375, 600	374, 400	370, 300	382, 500	364, 100	(45)
80, 000	73, 800	73, 800	72, 900	68, 700	71, 800	71, 300	(46)
88, 100	79, 300	79, 000	81, 300	76, 600	80, 700	78, 900	(47)
273, 000	230, 100	222, 700	220, 200	225, 100	230, 100	213, 900	(48)
57, 000	55, 500	56, 200	53, 900	52, 900	52, 900	51, 500	(49)
1, 357, 000	1, 124, 000	1, 107, 000	1, 099, 000	1, 042, 000	1, 211, 000	1, 218, 000	(50)
21, 200	14, 300	14, 700	14, 500	14, 400	15, 000	15, 000	(51)
2, 252, 000	1, 940, 000	1, 901, 000	1, 977, 000	1, 894, 000	1, 946, 000	1, 922, 000	(52)
539, 200	468, 400	470, 600	483, 200	476, 100	474, 700	468, 000	(53)
283, 100	270, 300	274, 000	286, 500	280, 500	272, 100	266, 200	(54)
256, 100	198, 100	196, 600	196, 700	195, 600	202, 600	201, 900	(55)
186, 600	160, 400	145, 600	161, 000	125, 200	149, 700	151, 000	(56)
297, 000	237, 400	236, 100	241, 400	236, 100	239, 500	236, 400	(57)
116, 200	107, 000	106, 300	112, 400	110, 300	112, 900	109, 100	(58)
180, 800	130, 300	129, 700	129, 000	125, 800	126, 500	127, 300	(59)
706, 000	653, 400	670, 200	667, 800	657, 100	653, 800	640, 900	(60)
384, 600	362, 700	380, 100	381, 700	388, 800	379, 600	364, 700	(61)
321, 300	290, 800	290, 100	286, 100	268, 300	274, 200	276, 200	(62)
143, 100	122, 800	127, 000	129, 800	124, 500	129, 500	127, 400	(63)
74, 000	70, 400	72, 400	73, 900	71, 900	74, 000	70, 300	(64)
69, 200	52, 400	54, 600	55, 900	52, 600	55, 600	57, 100	(65)
234, 700	194, 100	150, 700	186, 300	174, 400	195, 000	192, 600	(66)
38, 900	26, 300	25, 700	26, 400	24, 900	25, 800	26, 500	(67)
19, 500	12, 100	11, 300	13, 800	12, 500	12, 800	12, 500	(68)
5, 600	4, 590	4, 300	5, 060	4, 680	5, 000	4, 450	(69)
15, 300	11, 800	9, 990	10, 700	10, 100	9, 970	10, 900	(70)
66, 300	49, 100	49, 700	51, 800	48, 700	50, 500	51, 200	(71)
44, 700	39, 100	40, 100	38, 100	36, 400	36, 400	35, 100	(72)
618, 000	580, 900	585, 000	575, 300	563, 800	573, 100	549, 600	(73)
159, 200	145, 200	145, 000	150, 200	148, 600	152, 100	146, 800	(74)
147, 900	143, 300	143, 600	140, 700	138, 700	141, 900	134, 700	(75)
310, 900	292, 400	296, 400	284, 400	276, 500	279, 100	268, 100	(76)

2　令和２年産野菜指定産地の作付面積、収穫量及び出荷量

品目	作付面積	収穫量	出荷量
	ha	t	t
計	155,900	6,793,000	6,237,000
だいこん	8,750	485,800	447,300
春	1,220	69,900	66,600
夏	3,430	157,200	146,400
秋冬	4,110	258,700	234,300
にんじん	11,300	443,400	410,700
春夏	2,720	113,600	106,200
秋	4,100	170,300	158,500
冬	4,440	159,500	146,000
ばれいしょ（じゃがいも）	48,700	1,658,000	1,489,000
秋冬さといも	1,150	19,900	14,600
はくさい	6,240	445,900	413,200
春	890	67,300	63,400
夏	1,960	150,300	138,400
秋冬	3,390	228,300	211,400
キャベツ	17,400	857,700	796,300
春	3,300	144,100	135,400
夏秋	6,630	368,100	338,600
冬	7,500	345,500	322,300
ほうれんそう	6,370	65,600	58,900
レタス	15,600	451,500	430,700
春	2,470	69,600	66,600
夏秋	7,370	235,800	227,000
冬	5,770	146,100	137,100
ねぎ	5,900	124,100	108,800
春	781	18,700	17,300
夏	1,320	26,700	24,400
秋冬	3,800	78,700	67,100
たまねぎ	20,400	1,199,000	1,107,000
きゅうり	4,820	344,100	312,100
冬春	1,790	213,300	201,100
夏秋	3,040	130,800	111,000
なす	2,150	154,200	140,100
冬春	841	101,200	95,700
夏秋	1,310	53,000	44,400
トマト	5,820	445,900	416,300
冬春	2,300	255,000	244,000
夏秋	3,520	190,900	172,300
ピーマン	1,340	97,900	91,500
冬春	623	66,600	63,400
夏秋	721	31,300	28,100

注：　数値は、野菜指定産地（令和２年５月８日農林水産省告示第931号）に包括されている市町村の作付面積、収穫量及び出荷量の合計である。

3 令和２年産都道府県別の作付面積、10ａ当たり収量、収穫量及び出荷量

(1) だいこん

ア 計

全国農業地域・都道府県	作付面積	10ａ当たり収量	収穫量	出荷量	対前年産比				(参考)対平均収量比
					作付面積	10ａ当たり収量	収穫量	出荷量	
	ha	kg	t	t	%	%	%	%	%
全国 (1)	**29,800**	**4,210**	**1,254,000**	**1,035,000**	**96**	**100**	**96**	**96**	**99**
(全国農業地域)									
北海道 (2)	2,970	4,960	147,200	138,300	91	100	91	91	103
都府県 (3)	…	…	…	…	nc	nc	nc	nc	nc
東北 (4)	5,780	3,550	205,000	153,500	97	101	98	97	100
北陸 (5)	1,950	3,250	63,400	47,100	95	95	90	92	100
関東・東山 (6)	…	…	…	…	nc	nc	nc	nc	nc
東海 (7)	…	…	…	…	nc	nc	nc	nc	nc
近畿 (8)	…	…	…	…	nc	nc	nc	nc	nc
中国 (9)	…	…	…	…	nc	nc	nc	nc	nc
四国 (10)	…	…	…	…	nc	nc	nc	nc	nc
九州 (11)	…	…	…	…	nc	nc	nc	nc	nc
沖縄 (12)	…	…	…	…	nc	nc	nc	nc	nc
(都道府県)									
北海道 (13)	2,970	4,960	147,200	138,300	91	100	91	91	103
青森 (14)	2,830	4,090	115,700	105,300	95	100	95	95	97
岩手 (15)	852	2,950	25,100	18,300	100	103	103	105	100
宮城 (16)	488	2,030	9,900	3,940	95	108	103	101	98
秋田 (17)	542	3,120	16,900	8,070	99	104	103	104	120
山形 (18)	431	3,570	15,400	8,810	96	102	98	100	102
福島 (19)	639	3,440	22,000	9,030	100	101	101	101	102
茨城 (20)	1,210	4,750	57,500	47,100	99	102	101	102	99
栃木 (21)	362	4,010	14,500	11,200	91	106	97	98	96
群馬 (22)	801	4,060	32,500	22,100	99	104	103	103	106
埼玉 (23)	539	4,430	23,900	19,000	98	101	99	101	107
千葉 (24)	2,620	5,650	148,100	137,700	98	106	104	104	103
東京 (25)	208	4,060	8,440	7,790	99	99	98	97	89
神奈川 (26)	1,050	7,010	73,600	68,600	98	99	97	97	93
新潟 (27)	1,310	3,500	45,800	33,300	95	97	92	93	103
富山 (28)	160	2,140	3,430	2,610	91	88	80	86	99
石川 (29)	235	3,790	8,910	6,590	93	96	89	94	95
福井 (30)	240	2,180	5,240	4,630	98	87	85	91	90
山梨 (31)	…	…	…	…	nc	nc	nc	nc	nc
長野 (32)	708	2,420	17,100	8,740	97	96	93	97	92
岐阜 (33)	527	3,380	17,800	13,400	98	94	91	89	93
静岡 (34)	468	4,150	19,400	15,800	99	104	103	102	93
愛知 (35)	565	4,270	24,100	20,800	97	109	106	105	113
三重 (36)	…	…	…	…	nc	nc	nc	nc	nc
滋賀 (37)	122	3,230	3,940	2,170	87	101	88	87	103
京都 (38)	…	…	…	…	nc	nc	nc	nc	nc
大阪 (39)	…	…	…	…	nc	nc	nc	nc	nc
兵庫 (40)	373	3,460	12,900	6,480	91	100	91	98	103
奈良 (41)	92	3,470	3,190	1,900	98	96	94	95	90
和歌山 (42)	134	6,130	8,210	7,030	93	91	85	85	87
鳥取 (43)	…	…	…	…	nc	nc	nc	nc	nc
島根 (44)	…	…	…	…	nc	nc	nc	nc	nc
岡山 (45)	247	3,940	9,730	6,870	94	110	103	102	110
広島 (46)	438	2,440	10,700	5,640	100	96	96	97	95
山口 (47)	398	2,660	10,600	7,530	99	102	101	103	92
徳島 (48)	355	6,560	23,300	21,100	100	90	90	89	92
香川 (49)	146	4,820	7,030	5,690	101	91	91	93	95
愛媛 (50)	…	…	…	…	nc	nc	nc	nc	nc
高知 (51)	…	…	…	…	nc	nc	nc	nc	nc
福岡 (52)	315	4,480	14,100	11,800	93	103	95	97	97
佐賀 (53)	…	…	…	…	nc	nc	nc	nc	nc
長崎 (54)	721	6,960	50,200	44,900	97	101	98	96	97
熊本 (55)	832	2,840	23,600	19,700	99	95	94	95	92
大分 (56)	375	3,520	13,200	9,320	98	98	96	97	105
宮崎 (57)	1,750	3,900	68,300	61,300	96	98	94	95	89
鹿児島 (58)	1,970	4,380	86,300	78,100	96	96	92	92	94
沖縄 (59)	…	…	…	…	nc	nc	nc	nc	nc
関東農政局 (60)	…	…	…	…	nc	nc	nc	nc	nc
東海農政局 (61)	…	…	…	…	nc	nc	nc	nc	nc
中国四国農政局 (62)	…	…	…	…	nc	nc	nc	nc	nc

注：「（参考）対平均収量比」とは、10ａ当たり平均収量（原則として直近７か年のうち、最高及び最低を除いた５か年の平均値）に対する当年産の10ａ当たり収量の比率である。
なお、直近７か年のうち、３か年分の10ａ当たり収量のデータが確保できない場合は、10ａ当たり平均収量を作成していない。

イ 春だいこん

作付面積	10a当たり収量	収穫量	出荷量	対前年産比				(参考)対平均収量比	
				作付面積	10a当たり収量	収穫量	出荷量		
ha	kg	t	t	%	%	%	%	%	
4,230	**4,630**	**195,700**	**179,100**	**97**	**98**	**95**	**96**	**97**	(1)
194	5,180	10,000	9,530	99	100	99	100	103	(2)
…	…	…	…	nc	nc	nc	nc	nc	(3)
…	…	…	…	nc	nc	nc	nc	nc	(4)
…	…	…	…	nc	nc	nc	nc	nc	(5)
…	…	…	…	nc	nc	nc	nc	nc	(6)
…	…	…	…	nc	nc	nc	nc	nc	(7)
…	…	…	…	nc	nc	nc	nc	nc	(8)
…	…	…	…	nc	nc	nc	nc	nc	(9)
…	…	…	…	nc	nc	nc	nc	nc	(10)
…	…	…	…	nc	nc	nc	nc	nc	(11)
…	…	…	…	nc	nc	nc	nc	nc	(12)
194	5,180	10,000	9,530	99	100	99	100	103	(13)
394	4,760	18,800	17,700	95	96	92	92	90	(14)
…	…	…	…	nc	nc	nc	nc	nc	(15)
…	…	…	…	nc	nc	nc	nc	nc	(16)
…	…	…	…	nc	nc	nc	nc	nc	(17)
…	…	…	…	nc	nc	nc	nc	nc	(18)
…	…	…	…	nc	nc	nc	nc	nc	(19)
291	4,970	14,500	12,900	99	107	107	108	108	(20)
53	4,430	2,350	2,150	90	105	94	93	99	(21)
…	…	…	…	nc	nc	nc	nc	nc	(22)
151	5,120	7,730	6,690	96	100	96	97	104	(23)
1,070	5,420	58,000	54,900	99	98	97	97	97	(24)
…	…	…	…	nc	nc	nc	nc	nc	(25)
97	4,590	4,450	4,210	94	102	96	97	93	(26)
…	…	…	…	nc	nc	nc	nc	nc	(27)
…	…	…	…	nc	nc	nc	nc	nc	(28)
…	…	…	…	nc	nc	nc	nc	nc	(29)
27	4,180	1,130	1,050	100	102	102	100	99	(30)
…	…	…	…	nc	nc	nc	nc	nc	(31)
…	…	…	…	nc	nc	nc	nc	nc	(32)
70	3,400	2,380	2,150	104	94	98	98	81	(33)
68	4,110	2,790	2,630	97	106	103	104	109	(34)
156	4,150	6,470	6,060	95	100	94	93	104	(35)
…	…	…	…	nc	nc	nc	nc	nc	(36)
…	…	…	…	nc	nc	nc	nc	nc	(37)
…	…	…	…	nc	nc	nc	nc	nc	(38)
…	…	…	…	nc	nc	nc	nc	nc	(39)
…	…	…	…	nc	nc	nc	nc	nc	(40)
…	…	…	…	nc	nc	nc	nc	nc	(41)
…	…	…	…	nc	nc	nc	nc	nc	(42)
…	…	…	…	nc	nc	nc	nc	nc	(43)
…	…	…	…	nc	nc	nc	nc	nc	(44)
30	4,510	1,350	1,230	97	93	90	92	91	(45)
49	2,970	1,460	1,060	100	96	96	96	100	(46)
73	2,990	2,180	1,800	99	105	104	105	98	(47)
…	…	…	…	nc	nc	nc	nc	nc	(48)
52	6,240	3,240	2,860	100	85	85	86	87	(49)
…	…	…	…	nc	nc	nc	nc	nc	(50)
…	…	…	…	nc	nc	nc	nc	nc	(51)
80	3,360	2,690	2,350	82	94	77	76	86	(52)
…	…	…	…	nc	nc	nc	nc	nc	(53)
248	7,000	17,400	16,400	98	96	94	95	93	(54)
156	3,130	4,880	4,310	99	95	94	94	100	(55)
…	…	…	…	nc	nc	nc	nc	nc	(56)
…	…	…	…	nc	nc	nc	nc	nc	(57)
305	4,010	12,200	11,200	96	91	87	88	90	(58)
…	…	…	…	nc	nc	nc	nc	nc	(59)
…	…	…	…	nc	nc	nc	nc	nc	(60)
…	…	…	…	nc	nc	nc	nc	nc	(61)
…	…	…	…	nc	nc	nc	nc	nc	(62)

3 令和２年産都道府県別の作付面積、10ａ当たり収量、収穫量及び出荷量 （続き）

(1) だいこん（続き）

ウ 夏だいこん

全国農業地域・都道府県		作付面積	10ａ当たり収量	収穫量	出荷量	対前年産比				（参考）対平均収量比
						作付面積	10ａ当たり収量	収穫量	出荷量	
		ha	kg	t	t	%	%	%	%	%
全国	(1)	5,600	4,170	233,700	214,800	93	100	93	93	104
（全国農業地域）										
北海道	(2)	2,260	5,040	113,900	107,900	91	99	91	91	103
都府県	(3)	…	…	…	…	nc	nc	nc	nc	nc
東北	(4)	…	…	…	…	nc	nc	nc	nc	nc
北陸	(5)	…	…	…	…	nc	nc	nc	nc	nc
関東・東山	(6)	…	…	…	…	nc	nc	nc	nc	nc
東海	(7)	…	…	…	…	nc	nc	nc	nc	nc
近畿	(8)	…	…	…	…	nc	nc	nc	nc	nc
中国	(9)	…	…	…	…	nc	nc	nc	nc	nc
四国	(10)	…	…	…	…	nc	nc	nc	nc	nc
九州	(11)	…	…	…	…	nc	nc	nc	nc	nc
沖縄	(12)	…	…	…	…	nc	nc	nc	nc	nc
（都道府県）										
北海道	(13)	2,260	5,040	113,900	107,900	91	99	91	91	103
青森	(14)	1,440	4,500	64,800	59,500	90	102	91	91	107
岩手	(15)	354	3,150	11,200	10,000	101	109	111	113	101
宮城	(16)	…	…	…	…	nc	nc	nc	nc	nc
秋田	(17)	…	…	…	…	nc	nc	nc	nc	nc
山形	(18)	…	…	…	…	nc	nc	nc	nc	nc
福島	(19)	…	…	…	…	nc	nc	nc	nc	nc
茨城	(20)	…	…	…	…	nc	nc	nc	nc	nc
栃木	(21)	54	2,080	1,120	979	86	102	88	86	96
群馬	(22)	256	3,950	10,100	9,000	101	109	110	110	99
埼玉	(23)	…	…	…	…	nc	nc	nc	nc	nc
千葉	(24)	…	…	…	…	nc	nc	nc	nc	nc
東京	(25)	…	…	…	…	nc	nc	nc	nc	nc
神奈川	(26)	…	…	…	…	nc	nc	nc	nc	nc
新潟	(27)	…	…	…	…	nc	nc	nc	nc	nc
富山	(28)	9	1,860	167	149	100	78	74	71	81
石川	(29)	…	…	…	…	nc	nc	nc	nc	nc
福井	(30)	…	…	…	…	nc	nc	nc	nc	nc
山梨	(31)	…	…	…	…	nc	nc	nc	nc	nc
長野	(32)	179	2,300	4,120	3,560	102	95	97	98	97
岐阜	(33)	130	4,520	5,880	5,430	91	90	82	81	89
静岡	(34)	…	…	…	…	nc	nc	nc	nc	nc
愛知	(35)	…	…	…	…	nc	nc	nc	nc	nc
三重	(36)	…	…	…	…	nc	nc	nc	nc	nc
滋賀	(37)	…	…	…	…	nc	nc	nc	nc	nc
京都	(38)	…	…	…	…	nc	nc	nc	nc	nc
大阪	(39)	…	…	…	…	nc	nc	nc	nc	nc
兵庫	(40)	30	4,310	1,290	1,190	91	96	87	88	100
奈良	(41)	…	…	…	…	nc	nc	nc	nc	nc
和歌山	(42)	…	…	…	…	nc	nc	nc	nc	nc
鳥取	(43)	…	…	…	…	nc	nc	nc	nc	nc
島根	(44)	…	…	…	…	nc	nc	nc	nc	nc
岡山	(45)	51	4,060	2,070	1,860	81	123	99	100	118
広島	(46)	47	3,120	1,470	1,300	100	97	97	97	111
山口	(47)	46	1,790	823	669	100	94	94	94	84
徳島	(48)	…	…	…	…	nc	nc	nc	nc	nc
香川	(49)	…	…	…	…	nc	nc	nc	nc	nc
愛媛	(50)	…	…	…	…	nc	nc	nc	nc	nc
高知	(51)	…	…	…	…	nc	nc	nc	nc	nc
福岡	(52)	…	…	…	…	nc	nc	nc	nc	nc
佐賀	(53)	…	…	…	…	nc	nc	nc	nc	nc
長崎	(54)	…	…	…	…	nc	nc	nc	nc	nc
熊本	(55)	196	1,420	2,780	2,390	100	95	95	95	91
大分	(56)	…	…	…	…	nc	nc	nc	nc	nc
宮崎	(57)	…	…	…	…	nc	nc	nc	nc	nc
鹿児島	(58)	…	…	…	…	nc	nc	nc	nc	nc
沖縄	(59)	…	…	…	…	nc	nc	nc	nc	nc
関東農政局	(60)	…	…	…	…	nc	nc	nc	nc	nc
東海農政局	(61)	…	…	…	…	nc	nc	nc	nc	nc
中国四国農政局	(62)	…	…	…	…	nc	nc	nc	nc	nc

エ　秋冬だいこん

作付面積	10a当たり収量	収穫量	出荷量	対前年産比				(参考)対平均収量比	
				作付面積	10a当たり収量	収穫量	出荷量		
ha	kg	t	t	%	%	%	%	%	
19,900	**4,140**	**824,300**	**640,700**	**97**	**101**	**98**	**98**	**97**	(1)
520	4,480	23,300	20,900	88	100	88	87	102	(2)
…	…	…	…	nc	nc	nc	nc	nc	(3)
3,200	3,120	99,800	58,100	100	102	102	103	96	(4)
1,820	3,290	59,900	43,900	95	95	90	91	100	(5)
…	…	…	…	nc	nc	nc	nc	nc	(6)
…	…	…	…	nc	nc	nc	nc	nc	(7)
…	…	…	…	nc	nc	nc	nc	nc	(8)
…	…	…	…	nc	nc	nc	nc	nc	(9)
…	…	…	…	nc	nc	nc	nc	nc	(10)
…	…	…	…	nc	nc	nc	nc	nc	(11)
…	…	…	…	nc	nc	nc	nc	nc	(12)
520	4,480	23,300	20,900	88	100	88	87	102	(13)
993	3,230	32,100	28,100	104	103	106	106	86	(14)
478	2,830	13,500	8,140	99	99	97	97	98	(15)
374	2,080	7,780	2,470	95	109	104	101	96	(16)
456	2,900	13,200	4,950	99	101	100	100	114	(17)
360	3,710	13,400	7,120	97	101	98	99	101	(18)
542	3,650	19,800	7,300	100	102	102	102	102	(19)
904	4,720	42,700	34,100	99	101	100	99	96	(20)
255	4,300	11,000	8,120	93	105	98	102	94	(21)
462	4,400	20,300	11,400	97	106	103	103	115	(22)
364	4,260	15,500	11,800	99	100	99	101	107	(23)
1,540	5,800	89,300	82,200	99	110	109	109	107	(24)
168	4,290	7,210	6,660	99	102	101	99	90	(25)
948	7,270	68,900	64,100	99	98	97	97	92	(26)
1,240	3,570	44,300	32,000	95	96	92	92	103	(27)
144	2,070	2,980	2,060	91	85	77	77	97	(28)
226	3,780	8,540	6,240	93	95	89	93	94	(29)
211	1,940	4,090	3,580	98	84	82	89	88	(30)
…	…	…	…	nc	nc	nc	nc	nc	(31)
518	2,460	12,700	4,940	96	97	93	96	91	(32)
327	2,920	9,550	5,850	99	97	96	96	99	(33)
398	4,110	16,400	13,100	99	102	102	102	89	(34)
380	4,600	17,500	14,500	99	113	111	111	117	(35)
…	…	…	…	nc	nc	nc	nc	nc	(36)
102	2,900	2,960	1,300	87	100	87	87	103	(37)
…	…	…	…	nc	nc	nc	nc	nc	(38)
…	…	…	…	nc	nc	nc	nc	nc	(39)
320	3,420	10,900	4,690	91	101	92	100	104	(40)
79	3,650	2,880	1,680	98	98	95	95	90	(41)
115	6,400	7,360	6,340	93	92	86	86	87	(42)
…	…	…	…	nc	nc	nc	nc	nc	(43)
…	…	…	…	nc	nc	nc	nc	nc	(44)
166	3,800	6,310	3,780	98	110	108	108	112	(45)
342	2,280	7,800	3,280	100	97	97	97	91	(46)
279	2,740	7,640	5,060	99	103	102	103	92	(47)
319	6,810	21,700	19,700	100	91	90	90	93	(48)
91	4,120	3,750	2,820	101	96	97	100	99	(49)
…	…	…	…	nc	nc	nc	nc	nc	(50)
…	…	…	…	nc	nc	nc	nc	nc	(51)
224	5,070	11,400	9,380	98	104	102	104	99	(52)
…	…	…	…	nc	nc	nc	nc	nc	(53)
468	6,990	32,700	28,400	96	104	100	97	99	(54)
480	3,310	15,900	13,000	99	95	94	95	90	(55)
250	3,810	9,530	6,240	98	95	93	93	104	(56)
1,690	3,880	65,600	58,800	96	99	95	95	89	(57)
1,640	4,460	73,100	66,000	96	96	92	92	93	(58)
…	…	…	…	nc	nc	nc	nc	nc	(59)
…	…	…	…	nc	nc	nc	nc	nc	(60)
…	…	…	…	nc	nc	nc	nc	nc	(61)
…	…	…	…	nc	nc	nc	nc	nc	(62)

3　令和２年産都道府県別の作付面積、10ａ当たり収量、収穫量及び出荷量　（続き）

(2)　かぶ

全国農業地域・都道府県		作付面積	10ａ当たり収量	収穫量	出荷量	対前年産比				（参考）対平均収量比
						作付面積	10ａ当たり収量	収穫量	出荷量	
		ha	kg	t	t	%	%	%	%	%
全国	(1)	4,160	2,520	104,800	87,100	99	94	93	93	91
（全国農業地域）										
北海道	(2)	101	3,260	3,290	3,080	94	99	93	95	105
都府県	(3)	…	…	…	…	nc	nc	nc	nc	nc
東北	(4)	…	…	…	…	nc	nc	nc	nc	nc
北陸	(5)	…	…	…	…	nc	nc	nc	nc	nc
関東・東山	(6)	…	…	…	…	nc	nc	nc	nc	nc
東海	(7)	…	…	…	…	nc	nc	nc	nc	nc
近畿	(8)	…	…	…	…	nc	nc	nc	nc	nc
中国	(9)	…	…	…	…	nc	nc	nc	nc	nc
四国	(10)	…	…	…	…	nc	nc	nc	nc	nc
九州	(11)	…	…	…	…	nc	nc	nc	nc	nc
沖縄	(12)	…	…	…	…	nc	nc	nc	nc	nc
（都道府県）										
北海道	(13)	101	3,260	3,290	3,080	94	99	93	95	105
青森	(14)	186	3,680	6,840	6,160	98	97	96	96	97
岩手	(15)	…	…	…	…	nc	nc	nc	nc	nc
宮城	(16)	…	…	…	…	nc	nc	nc	nc	nc
秋田	(17)	…	…	…	…	nc	nc	nc	nc	nc
山形	(18)	238	1,410	3,360	2,680	95	106	101	100	91
福島	(19)	105	1,550	1,630	784	100	96	96	96	101
茨城	(20)	77	2,260	1,740	1,210	100	106	105	105	105
栃木	(21)	61	2,550	1,560	1,290	100	104	104	104	100
群馬	(22)	…	…	…	…	nc	nc	nc	nc	nc
埼玉	(23)	427	3,770	16,100	13,500	103	97	99	100	101
千葉	(24)	904	2,800	25,300	24,000	100	83	83	83	77
東京	(25)	77	2,370	1,820	1,740	95	125	119	120	102
神奈川	(26)	99	2,250	2,230	2,090	97	92	90	90	82
新潟	(27)	140	2,220	3,110	2,330	99	102	101	104	104
富山	(28)	77	1,640	1,260	1,040	90	98	88	97	86
石川	(29)	…	…	…	…	nc	nc	nc	nc	nc
福井	(30)	…	…	…	…	nc	nc	nc	nc	nc
山梨	(31)	…	…	…	…	nc	nc	nc	nc	nc
長野	(32)	…	…	…	…	nc	nc	nc	nc	nc
岐阜	(33)	147	2,040	3,000	2,290	98	108	106	106	90
静岡	(34)	…	…	…	…	nc	nc	nc	nc	nc
愛知	(35)	95	2,640	2,510	1,810	100	98	98	98	105
三重	(36)	89	1,210	1,080	748	100	90	91	91	77
滋賀	(37)	177	2,580	4,570	3,890	100	91	92	96	95
京都	(38)	152	3,120	4,740	4,190	93	104	97	97	100
大阪	(39)	…	…	…	…	nc	nc	nc	nc	nc
兵庫	(40)	…	…	…	…	nc	nc	nc	nc	nc
奈良	(41)	…	…	…	…	nc	nc	nc	nc	nc
和歌山	(42)	…	…	…	…	nc	nc	nc	nc	nc
鳥取	(43)	…	…	…	…	nc	nc	nc	nc	nc
島根	(44)	62	2,100	1,300	900	98	89	88	84	91
岡山	(45)	…	…	…	…	nc	nc	nc	nc	nc
広島	(46)	…	…	…	…	nc	nc	nc	nc	nc
山口	(47)	…	…	…	…	nc	nc	nc	nc	nc
徳島	(48)	65	3,140	2,040	1,810	108	98	106	106	96
香川	(49)	…	…	…	…	nc	nc	nc	nc	nc
愛媛	(50)	…	…	…	…	nc	nc	nc	nc	nc
高知	(51)	…	…	…	…	nc	nc	nc	nc	nc
福岡	(52)	104	3,620	3,760	3,320	101	89	89	91	98
佐賀	(53)	…	…	…	…	nc	nc	nc	nc	nc
長崎	(54)	…	…	…	…	nc	nc	nc	nc	nc
熊本	(55)	…	…	…	…	nc	nc	nc	nc	nc
大分	(56)	…	…	…	…	nc	nc	nc	nc	nc
宮崎	(57)	…	…	…	…	nc	nc	nc	nc	nc
鹿児島	(58)	…	…	…	…	nc	nc	nc	nc	nc
沖縄	(59)	…	…	…	…	nc	nc	nc	nc	nc
関東農政局	(60)	…	…	…	…	nc	nc	nc	nc	nc
東海農政局	(61)	331	1,990	6,590	4,850	99	101	100	100	93
中国四国農政局	(62)	…	…	…	…	nc	nc	nc	nc	nc

(3) にんじん
ア 計

作付面積	10a当たり収量	収穫量	出荷量	対前年産比				(参考)対平均収量比	
				作付面積	10a当たり収量	収穫量	出荷量		
ha	kg	t	t	%	%	%	%	%	
16,800	**3,490**	**585,900**	**525,900**	**99**	**100**	**98**	**99**	**104**	(1)
4,510	4,060	183,200	170,900	97	97	94	94	110	(2)
…	…	…	…	nc	nc	nc	nc	nc	(3)
…	…	…	…	nc	nc	nc	nc	nc	(4)
…	…	…	…	nc	nc	nc	nc	nc	(5)
…	…	…	…	nc	nc	nc	nc	nc	(6)
753	3,930	29,600	25,600	98	102	100	100	111	(7)
…	…	…	…	nc	nc	nc	nc	nc	(8)
…	…	…	…	nc	nc	nc	nc	nc	(9)
…	…	…	…	nc	nc	nc	nc	nc	(10)
…	…	…	…	nc	nc	nc	nc	nc	(11)
142	1,810	2,570	2,170	99	108	107	107	101	(12)
4,510	4,060	183,200	170,900	97	97	94	94	110	(13)
1,200	3,310	39,700	37,000	101	99	100	101	103	(14)
138	1,720	2,370	1,400	89	87	77	79	108	(15)
…	…	…	…	nc	nc	nc	nc	nc	(16)
…	…	…	…	nc	nc	nc	nc	nc	(17)
…	…	…	…	nc	nc	nc	nc	nc	(18)
141	1,180	1,660	736	100	94	93	91	98	(19)
831	3,040	25,300	22,500	98	93	91	93	86	(20)
…	…	…	…	nc	nc	nc	nc	nc	(21)
…	…	…	…	nc	nc	nc	nc	nc	(22)
472	3,310	15,600	13,400	91	91	83	84	93	(23)
2,950	3,570	105,400	98,000	100	113	113	112	101	(24)
105	2,700	2,840	2,640	98	91	89	90	80	(25)
…	…	…	…	nc	nc	nc	nc	nc	(26)
243	2,160	5,250	4,240	99	80	79	80	89	(27)
…	…	…	…	nc	nc	nc	nc	nc	(28)
35	1,250	436	364	100	124	124	126	103	(29)
40	1,390	557	473	100	nc	nc	nc	nc	(30)
…	…	…	…	nc	nc	nc	nc	nc	(31)
…	…	…	…	nc	nc	nc	nc	nc	(32)
180	3,170	5,700	4,770	99	96	95	95	99	(33)
102	2,910	2,970	2,190	98	110	108	108	123	(34)
398	5,000	19,900	18,100	97	104	101	101	115	(35)
73	1,340	980	494	100	80	80	80	81	(36)
…	…	…	…	nc	nc	nc	nc	nc	(37)
…	…	…	…	nc	nc	nc	nc	nc	(38)
…	…	…	…	nc	nc	nc	nc	nc	(39)
119	2,650	3,150	2,520	100	98	98	98	100	(40)
…	…	…	…	nc	nc	nc	nc	nc	(41)
54	3,980	2,150	1,930	96	80	78	77	93	(42)
73	2,550	1,860	1,620	97	101	98	99	96	(43)
…	…	…	…	nc	nc	nc	nc	nc	(44)
55	1,980	1,090	838	96	108	104	106	116	(45)
…	…	…	…	nc	nc	nc	nc	nc	(46)
…	…	…	…	nc	nc	nc	nc	nc	(47)
981	5,070	49,700	45,200	100	97	97	97	98	(48)
104	2,900	3,020	2,430	100	104	104	91	107	(49)
…	…	…	…	nc	nc	nc	nc	nc	(50)
…	…	…	…	nc	nc	nc	nc	nc	(51)
…	…	…	…	nc	nc	nc	nc	nc	(52)
…	…	…	…	nc	nc	nc	nc	nc	(53)
813	3,850	31,300	29,000	100	101	101	100	103	(54)
590	2,930	17,300	15,400	102	94	95	96	96	(55)
137	1,990	2,730	2,060	98	87	85	85	93	(56)
462	3,120	14,400	12,900	99	92	91	91	95	(57)
614	3,190	19,600	16,900	108	94	102	104	97	(58)
142	1,810	2,570	2,170	99	108	107	107	101	(59)
…	…	…	…	nc	nc	nc	nc	nc	(60)
651	4,090	26,600	23,400	98	101	99	99	110	(61)
…	…	…	…	nc	nc	nc	nc	nc	(62)

3　令和２年産都道府県別の作付面積、10ａ当たり収量、収穫量及び出荷量　（続き）

(3)　にんじん（続き）

イ　春夏にんじん

全国農業地域・都道府県	作付面積	10ａ当たり収量	収穫量	出荷量	対前年産比 作付面積	対前年産比 10ａ当たり収量	対前年産比 収穫量	対前年産比 出荷量	（参考）対平均収量比
	ha	kg	t	t	%	%	%	%	%
全国 (1)	**4,070**	**3,830**	**155,900**	**143,400**	**98**	**98**	**96**	**96**	**101**
（全国農業地域）									
北海道 (2)	176	3,460	6,090	5,740	94	100	93	93	111
都府県 (3)	…	…	…	…	nc	nc	nc	nc	nc
東北 (4)	…	…	…	…	nc	nc	nc	nc	nc
北陸 (5)	…	…	…	…	nc	nc	nc	nc	nc
関東・東山 (6)	…	…	…	…	nc	nc	nc	nc	nc
東海 (7)	…	…	…	…	nc	nc	nc	nc	nc
近畿 (8)	…	…	…	…	nc	nc	nc	nc	nc
中国 (9)	…	…	…	…	nc	nc	nc	nc	nc
四国 (10)	…	…	…	…	nc	nc	nc	nc	nc
九州 (11)	…	…	…	…	nc	nc	nc	nc	nc
沖縄 (12)	46	2,060	948	819	88	108	96	95	97
（都道府県）									
北海道 (13)	176	3,460	6,090	5,740	94	100	93	93	111
青森 (14)	643	3,440	22,100	20,800	100	100	100	100	98
岩手 (15)	25	1,750	438	263	89	109	98	95	108
宮城 (16)	…	…	…	…	nc	nc	nc	nc	nc
秋田 (17)	…	…	…	…	nc	nc	nc	nc	nc
山形 (18)	…	…	…	…	nc	nc	nc	nc	nc
福島 (19)	…	…	…	…	nc	nc	nc	nc	nc
茨城 (20)	203	4,220	8,570	8,130	105	102	108	108	109
栃木 (21)	…	…	…	…	nc	nc	nc	nc	nc
群馬 (22)	…	…	…	…	nc	nc	nc	nc	nc
埼玉 (23)	132	3,590	4,740	4,290	92	105	96	98	108
千葉 (24)	585	3,690	21,600	20,800	94	96	90	90	98
東京 (25)	…	…	…	…	nc	nc	nc	nc	nc
神奈川 (26)	…	…	…	…	nc	nc	nc	nc	nc
新潟 (27)	32	1,970	630	534	94	82	77	71	88
富山 (28)	…	…	…	…	nc	nc	nc	nc	nc
石川 (29)	…	…	…	…	nc	nc	nc	nc	nc
福井 (30)	…	…	…	…	nc	nc	nc	nc	nc
山梨 (31)	…	…	…	…	nc	nc	nc	nc	nc
長野 (32)	…	…	…	…	nc	nc	nc	nc	nc
岐阜 (33)	66	4,540	3,000	2,820	97	97	94	94	100
静岡 (34)	51	3,420	1,740	1,490	98	106	104	104	120
愛知 (35)	47	2,980	1,400	1,160	96	100	96	96	102
三重 (36)	…	…	…	…	nc	nc	nc	nc	nc
滋賀 (37)	…	…	…	…	nc	nc	nc	nc	nc
京都 (38)	…	…	…	…	nc	nc	nc	nc	nc
大阪 (39)	…	…	…	…	nc	nc	nc	nc	nc
兵庫 (40)	62	3,690	2,290	2,180	100	96	97	97	99
奈良 (41)	…	…	…	…	nc	nc	nc	nc	nc
和歌山 (42)	48	4,240	2,040	1,870	96	80	77	76	92
鳥取 (43)	…	…	…	…	nc	nc	nc	nc	nc
島根 (44)	…	…	…	…	nc	nc	nc	nc	nc
岡山 (45)	11	2,680	295	250	92	123	113	116	133
広島 (46)	…	…	…	…	nc	nc	nc	nc	nc
山口 (47)	…	…	…	…	nc	nc	nc	nc	nc
徳島 (48)	969	5,110	49,500	45,100	100	97	97	97	98
香川 (49)	…	…	…	…	nc	nc	nc	nc	nc
愛媛 (50)	…	…	…	…	nc	nc	nc	nc	nc
高知 (51)	…	…	…	…	nc	nc	nc	nc	nc
福岡 (52)	…	…	…	…	nc	nc	nc	nc	nc
佐賀 (53)	…	…	…	…	nc	nc	nc	nc	nc
長崎 (54)	277	4,110	11,400	10,500	94	105	98	96	108
熊本 (55)	228	3,080	7,020	6,410	98	90	88	88	96
大分 (56)	19	2,630	500	420	95	90	85	85	93
宮崎 (57)	129	3,840	4,950	4,590	108	106	114	114	105
鹿児島 (58)	61	2,370	1,450	1,240	124	92	114	119	93
沖縄 (59)	46	2,060	948	819	88	108	96	95	97
関東農政局 (60)	…	…	…	…	nc	nc	nc	nc	nc
東海農政局 (61)	…	…	…	…	nc	nc	nc	nc	nc
中国四国農政局 (62)	…	…	…	…	nc	nc	nc	nc	nc

ウ　秋にんじん

作付面積	10a当たり収量	収穫量	出荷量	対前年産比				(参考)対平均収量比	
				作付面積	10a当たり収量	収穫量	出荷量		
ha	kg	t	t	%	%	%	%	%	
5,210	**3,830**	**199,400**	**181,300**	**97**	**98**	**95**	**95**	**112**	(1)
4,330	4,090	177,100	165,100	97	97	94	94	110	(2)
…	…	…	…	nc	nc	nc	nc	nc	(3)
…	…	…	…	nc	nc	nc	nc	nc	(4)
…	…	…	…	nc	nc	nc	nc	nc	(5)
…	…	…	…	nc	nc	nc	nc	nc	(6)
…	…	…	…	nc	nc	nc	nc	nc	(7)
…	…	…	…	nc	nc	nc	nc	nc	(8)
…	…	…	…	nc	nc	nc	nc	nc	(9)
…	…	…	…	nc	nc	nc	nc	nc	(10)
…	…	…	…	nc	nc	nc	nc	nc	(11)
…	…	…	…	nc	nc	nc	nc	nc	(12)
4,330	4,090	177,100	165,100	97	97	94	94	110	(13)
310	3,230	10,000	9,300	102	96	98	98	111	(14)
…	…	…	…	nc	nc	nc	nc	nc	(15)
…	…	…	…	nc	nc	nc	nc	nc	(16)
…	…	…	…	nc	nc	nc	nc	nc	(17)
…	…	…	…	nc	nc	nc	nc	nc	(18)
…	…	…	…	nc	nc	nc	nc	nc	(19)
…	…	…	…	nc	nc	nc	nc	nc	(20)
…	…	…	…	nc	nc	nc	nc	nc	(21)
…	…	…	…	nc	nc	nc	nc	nc	(22)
…	…	…	…	nc	nc	nc	nc	nc	(23)
…	…	…	…	nc	nc	nc	nc	nc	(24)
…	…	…	…	nc	nc	nc	nc	nc	(25)
…	…	…	…	nc	nc	nc	nc	nc	(26)
…	…	…	…	nc	nc	nc	nc	nc	(27)
…	…	…	…	nc	nc	nc	nc	nc	(28)
…	…	…	…	nc	nc	nc	nc	nc	(29)
2	1,200	24	18	100	nc	nc	nc	nc	(30)
…	…	…	…	nc	nc	nc	nc	nc	(31)
…	…	…	…	nc	nc	nc	nc	nc	(32)
…	…	…	…	nc	nc	nc	nc	nc	(33)
…	…	…	…	nc	nc	nc	nc	nc	(34)
…	…	…	…	nc	nc	nc	nc	nc	(35)
…	…	…	…	nc	nc	nc	nc	nc	(36)
…	…	…	…	nc	nc	nc	nc	nc	(37)
…	…	…	…	nc	nc	nc	nc	nc	(38)
…	…	…	…	nc	nc	nc	nc	nc	(39)
…	…	…	…	nc	nc	nc	nc	nc	(40)
…	…	…	…	nc	nc	nc	nc	nc	(41)
…	…	…	…	nc	nc	nc	nc	nc	(42)
…	…	…	…	nc	nc	nc	nc	nc	(43)
…	…	…	…	nc	nc	nc	nc	nc	(44)
…	…	…	…	nc	nc	nc	nc	nc	(45)
…	…	…	…	nc	nc	nc	nc	nc	(46)
…	…	…	…	nc	nc	nc	nc	nc	(47)
…	…	…	…	nc	nc	nc	nc	nc	(48)
…	…	…	…	nc	nc	nc	nc	nc	(49)
…	…	…	…	nc	nc	nc	nc	nc	(50)
…	…	…	…	nc	nc	nc	nc	nc	(51)
…	…	…	…	nc	nc	nc	nc	nc	(52)
…	…	…	…	nc	nc	nc	nc	nc	(53)
…	…	…	…	nc	nc	nc	nc	nc	(54)
…	…	…	…	nc	nc	nc	nc	nc	(55)
…	…	…	…	nc	nc	nc	nc	nc	(56)
…	…	…	…	nc	nc	nc	nc	nc	(57)
…	…	…	…	nc	nc	nc	nc	nc	(58)
…	…	…	…	nc	nc	nc	nc	nc	(59)
…	…	…	…	nc	nc	nc	nc	nc	(60)
…	…	…	…	nc	nc	nc	nc	nc	(61)
…	…	…	…	nc	nc	nc	nc	nc	(62)

3　令和２年産都道府県別の作付面積、10ａ当たり収量、収穫量及び出荷量　(続き)

(3)　にんじん（続き）

エ　冬にんじん

全国農業地域・都道府県		作付面積	10ａ当たり収量	収穫量	出荷量	対前年産比 作付面積	対前年産比 10ａ当たり収量	対前年産比 収穫量	対前年産比 出荷量	(参考) 対平均収量比
		ha	kg	t	t	%	%	%	%	%
全国	(1)	7,540	3,060	230,500	201,200	100	103	103	104	99
(全国農業地域)										
北海道	(2)	…	…	…	…	nc	nc	nc	nc	nc
都府県	(3)	…	…	…	…	nc	nc	nc	nc	nc
東北	(4)	…	…	…	…	nc	nc	nc	nc	nc
北陸	(5)	…	…	…	…	nc	nc	nc	nc	nc
関東・東山	(6)	…	…	…	…	nc	nc	nc	nc	nc
東海	(7)	…	…	…	…	nc	nc	nc	nc	nc
近畿	(8)	…	…	…	…	nc	nc	nc	nc	nc
中国	(9)	…	…	…	…	nc	nc	nc	nc	nc
四国	(10)	…	…	…	…	nc	nc	nc	nc	nc
九州	(11)	…	…	…	…	nc	nc	nc	nc	nc
沖縄	(12)	96	1,580	1,520	1,260	104	103	108	108	99
(都道府県)										
北海道	(13)	…	…	…	…	nc	nc	nc	nc	nc
青森	(14)	247	3,090	7,630	6,860	105	102	107	107	109
岩手	(15)	…	…	…	…	nc	nc	nc	nc	nc
宮城	(16)	…	…	…	…	nc	nc	nc	nc	nc
秋田	(17)	…	…	…	…	nc	nc	nc	nc	nc
山形	(18)	…	…	…	…	nc	nc	nc	nc	nc
福島	(19)	122	1,240	1,510	658	100	101	101	101	102
茨城	(20)	602	2,720	16,400	14,200	96	90	86	87	76
栃木	(21)	…	…	…	…	nc	nc	nc	nc	nc
群馬	(22)	…	…	…	…	nc	nc	nc	nc	nc
埼玉	(23)	334	3,220	10,800	9,070	91	86	79	80	87
千葉	(24)	2,360	3,550	83,800	77,200	101	119	120	120	103
東京	(25)	95	2,820	2,680	2,500	98	92	91	91	80
神奈川	(26)	…	…	…	…	nc	nc	nc	nc	nc
新潟	(27)	145	2,270	3,290	2,610	100	90	90	92	88
富山	(28)	…	…	…	…	nc	nc	nc	nc	nc
石川	(29)	33	1,140	376	315	100	121	121	125	97
福井	(30)	34	1,360	462	389	100	nc	nc	nc	nc
山梨	(31)	…	…	…	…	nc	nc	nc	nc	nc
長野	(32)	…	…	…	…	nc	nc	nc	nc	nc
岐阜	(33)	110	2,420	2,660	1,920	100	96	96	96	99
静岡	(34)	…	…	…	…	nc	nc	nc	nc	nc
愛知	(35)	350	5,290	18,500	16,900	97	105	102	101	117
三重	(36)	52	1,310	681	333	100	83	83	83	81
滋賀	(37)	…	…	…	…	nc	nc	nc	nc	nc
京都	(38)	…	…	…	…	nc	nc	nc	nc	nc
大阪	(39)	…	…	…	…	nc	nc	nc	nc	nc
兵庫	(40)	…	…	…	…	nc	nc	nc	nc	nc
奈良	(41)	…	…	…	…	nc	nc	nc	nc	nc
和歌山	(42)	…	…	…	…	nc	nc	nc	nc	nc
鳥取	(43)	67	2,480	1,660	1,430	97	99	96	96	93
島根	(44)	…	…	…	…	nc	nc	nc	nc	nc
岡山	(45)	39	1,970	768	562	98	107	104	105	115
広島	(46)	…	…	…	…	nc	nc	nc	nc	nc
山口	(47)	…	…	…	…	nc	nc	nc	nc	nc
徳島	(48)	…	…	…	…	nc	nc	nc	nc	nc
香川	(49)	95	2,990	2,840	2,340	100	104	104	91	106
愛媛	(50)	…	…	…	…	nc	nc	nc	nc	nc
高知	(51)	…	…	…	…	nc	nc	nc	nc	nc
福岡	(52)	…	…	…	…	nc	nc	nc	nc	nc
佐賀	(53)	…	…	…	…	nc	nc	nc	nc	nc
長崎	(54)	528	3,750	19,800	18,500	103	99	102	102	101
熊本	(55)	347	2,810	9,750	8,450	104	97	101	102	95
大分	(56)	107	1,960	2,100	1,560	98	87	85	86	93
宮崎	(57)	333	2,810	9,360	8,310	96	85	81	81	89
鹿児島	(58)	545	3,310	18,000	15,600	107	94	101	103	97
沖縄	(59)	96	1,580	1,520	1,260	104	103	108	108	99
関東農政局	(60)	…	…	…	…	nc	nc	nc	nc	nc
東海農政局	(61)	512	4,260	21,800	19,200	98	102	100	101	112
中国四国農政局	(62)	…	…	…	…	nc	nc	nc	nc	nc

(4) ごぼう

作付面積	10a当たり収量	収穫量	出荷量	対前年産比 作付面積	対前年産比 10a当たり収量	対前年産比 収穫量	対前年産比 出荷量	(参考) 対平均収量比	
ha	kg	t	t	%	%	%	%	%	
7,320	1,730	126,900	111,000	97	96	93	93	95	(1)
516	2,220	11,500	10,800	85	109	93	93	99	(2)
…	…	…	…	nc	nc	nc	nc	nc	(3)
…	…	…	…	nc	nc	nc	nc	nc	(4)
…	…	…	…	nc	nc	nc	nc	nc	(5)
…	…	…	…	nc	nc	nc	nc	nc	(6)
…	…	…	…	nc	nc	nc	nc	nc	(7)
…	…	…	…	nc	nc	nc	nc	nc	(8)
…	…	…	…	nc	nc	nc	nc	nc	(9)
…	…	…	…	nc	nc	nc	nc	nc	(10)
…	…	…	…	nc	nc	nc	nc	nc	(11)
…	…	…	…	nc	nc	nc	nc	nc	(12)
516	2,220	11,500	10,800	85	109	93	93	99	(13)
2,320	2,070	48,000	45,100	98	95	93	93	95	(14)
…	…	…	…	nc	nc	nc	nc	nc	(15)
…	…	…	…	nc	nc	nc	nc	nc	(16)
…	…	…	…	nc	nc	nc	nc	nc	(17)
…	…	…	…	nc	nc	nc	nc	nc	(18)
…	…	…	…	nc	nc	nc	nc	nc	(19)
791	1,620	12,800	11,800	100	94	94	94	88	(20)
171	1,690	2,890	2,730	65	95	62	62	104	(21)
400	1,750	7,000	6,310	98	95	93	92	96	(22)
…	…	…	…	nc	nc	nc	nc	nc	(23)
356	1,740	6,190	5,510	98	84	83	83	87	(24)
…	…	…	…	nc	nc	nc	nc	nc	(25)
…	…	…	…	nc	nc	nc	nc	nc	(26)
…	…	…	…	nc	nc	nc	nc	nc	(27)
…	…	…	…	nc	nc	nc	nc	nc	(28)
…	…	…	…	nc	nc	nc	nc	nc	(29)
…	…	…	…	nc	nc	nc	nc	nc	(30)
…	…	…	…	nc	nc	nc	nc	nc	(31)
…	…	…	…	nc	nc	nc	nc	nc	(32)
…	…	…	…	nc	nc	nc	nc	nc	(33)
…	…	…	…	nc	nc	nc	nc	nc	(34)
…	…	…	…	nc	nc	nc	nc	nc	(35)
…	…	…	…	nc	nc	nc	nc	nc	(36)
…	…	…	…	nc	nc	nc	nc	nc	(37)
…	…	…	…	nc	nc	nc	nc	nc	(38)
…	…	…	…	nc	nc	nc	nc	nc	(39)
…	…	…	…	nc	nc	nc	nc	nc	(40)
…	…	…	…	nc	nc	nc	nc	nc	(41)
…	…	…	…	nc	nc	nc	nc	nc	(42)
…	…	…	…	nc	nc	nc	nc	nc	(43)
…	…	…	…	nc	nc	nc	nc	nc	(44)
…	…	…	…	nc	nc	nc	nc	nc	(45)
…	…	…	…	nc	nc	nc	nc	nc	(46)
…	…	…	…	nc	nc	nc	nc	nc	(47)
…	…	…	…	nc	nc	nc	nc	nc	(48)
…	…	…	…	nc	nc	nc	nc	nc	(49)
…	…	…	…	nc	nc	nc	nc	nc	(50)
…	…	…	…	nc	nc	nc	nc	nc	(51)
…	…	…	…	nc	nc	nc	nc	nc	(52)
…	…	…	…	nc	nc	nc	nc	nc	(53)
…	…	…	…	nc	nc	nc	nc	nc	(54)
258	1,300	3,350	2,850	104	93	97	98	103	(55)
…	…	…	…	nc	nc	nc	nc	nc	(56)
581	1,760	10,200	9,280	96	99	95	96	107	(57)
526	1,210	6,360	5,880	117	94	109	110	85	(58)
…	…	…	…	nc	nc	nc	nc	nc	(59)
…	…	…	…	nc	nc	nc	nc	nc	(60)
…	…	…	…	nc	nc	nc	nc	nc	(61)
…	…	…	…	nc	nc	nc	nc	nc	(62)

3　令和２年産都道府県別の作付面積、10ａ当たり収量、収穫量及び出荷量　（続き）

(5)　れんこん

全国農業地域・都道府県	作付面積	10ａ当たり収量	収穫量	出荷量	対前年産比 作付面積	対前年産比 10ａ当たり収量	対前年産比 収穫量	対前年産比 出荷量	(参考) 対平均収量比
	ha	kg	t	t	%	%	%	%	%
全国 (1)	3,920	1,400	55,000	46,400	100	104	104	104	93
(全国農業地域)									
北海道 (2)	…	…	…	…	nc	nc	nc	nc	nc
都府県 (3)	…	…	…	…	nc	nc	nc	nc	nc
東北 (4)	…	…	…	…	nc	nc	nc	nc	nc
北陸 (5)	…	…	…	…	nc	nc	nc	nc	nc
関東・東山 (6)	…	…	…	…	nc	nc	nc	nc	nc
東海 (7)	…	…	…	…	nc	nc	nc	nc	nc
近畿 (8)	…	…	…	…	nc	nc	nc	nc	nc
中国 (9)	…	…	…	…	nc	nc	nc	nc	nc
四国 (10)	…	…	…	…	nc	nc	nc	nc	nc
九州 (11)	…	…	…	…	nc	nc	nc	nc	nc
沖縄 (12)	…	…	…	…	nc	nc	nc	nc	nc
(都道府県)									
北海道 (13)	…	…	…	…	nc	nc	nc	nc	nc
青森 (14)	…	…	…	…	nc	nc	nc	nc	nc
岩手 (15)	…	…	…	…	nc	nc	nc	nc	nc
宮城 (16)	…	…	…	…	nc	nc	nc	nc	nc
秋田 (17)	…	…	…	…	nc	nc	nc	nc	nc
山形 (18)	…	…	…	…	nc	nc	nc	nc	nc
福島 (19)	…	…	…	…	nc	nc	nc	nc	nc
茨城 (20)	1,690	1,690	28,600	24,900	102	106	108	108	94
栃木 (21)	…	…	…	…	nc	nc	nc	nc	nc
群馬 (22)	…	…	…	…	nc	nc	nc	nc	nc
埼玉 (23)	…	…	…	…	nc	nc	nc	nc	nc
千葉 (24)	…	…	…	…	nc	nc	nc	nc	nc
東京 (25)	…	…	…	…	nc	nc	nc	nc	nc
神奈川 (26)	…	…	…	…	nc	nc	nc	nc	nc
新潟 (27)	…	…	…	…	nc	nc	nc	nc	nc
富山 (28)	…	…	…	…	nc	nc	nc	nc	nc
石川 (29)	…	…	…	…	nc	nc	nc	nc	nc
福井 (30)	…	…	…	…	nc	nc	nc	nc	nc
山梨 (31)	…	…	…	…	nc	nc	nc	nc	nc
長野 (32)	…	…	…	…	nc	nc	nc	nc	nc
岐阜 (33)	…	…	…	…	nc	nc	nc	nc	nc
静岡 (34)	…	…	…	…	nc	nc	nc	nc	nc
愛知 (35)	242	1,250	3,030	2,850	91	111	101	101	103
三重 (36)	…	…	…	…	nc	nc	nc	nc	nc
滋賀 (37)	…	…	…	…	nc	nc	nc	nc	nc
京都 (38)	…	…	…	…	nc	nc	nc	nc	nc
大阪 (39)	…	…	…	…	nc	nc	nc	nc	nc
兵庫 (40)	32	1,480	474	457	97	109	106	106	105
奈良 (41)	…	…	…	…	nc	nc	nc	nc	nc
和歌山 (42)	…	…	…	…	nc	nc	nc	nc	nc
鳥取 (43)	…	…	…	…	nc	nc	nc	nc	nc
島根 (44)	…	…	…	…	nc	nc	nc	nc	nc
岡山 (45)	89	1,610	1,430	1,290	100	106	106	107	102
広島 (46)	…	…	…	…	nc	nc	nc	nc	nc
山口 (47)	203	1,340	2,720	2,490	99	111	110	111	90
徳島 (48)	526	921	4,840	3,950	100	93	93	93	75
香川 (49)	…	…	…	…	nc	nc	nc	nc	nc
愛媛 (50)	…	…	…	…	nc	nc	nc	nc	nc
高知 (51)	…	…	…	…	nc	nc	nc	nc	nc
福岡 (52)	…	…	…	…	nc	nc	nc	nc	nc
佐賀 (53)	413	1,240	5,120	3,670	99	89	88	85	88
長崎 (54)	…	…	…	…	nc	nc	nc	nc	nc
熊本 (55)	174	1,150	2,000	1,420	107	95	102	98	86
大分 (56)	…	…	…	…	nc	nc	nc	nc	nc
宮崎 (57)	…	…	…	…	nc	nc	nc	nc	nc
鹿児島 (58)	…	…	…	…	nc	nc	nc	nc	nc
沖縄 (59)	…	…	…	…	nc	nc	nc	nc	nc
関東農政局 (60)	…	…	…	…	nc	nc	nc	nc	nc
東海農政局 (61)	…	…	…	…	nc	nc	nc	nc	nc
中国四国農政局 (62)	…	…	…	…	nc	nc	nc	nc	nc

(6) ばれいしょ（じゃがいも）

ア 計

作付面積	10a当たり収量	収穫量	出荷量	対前年産比				(参考)対平均収量比	
				作付面積	10a当たり収量	収穫量	出荷量		
ha	kg	t	t	%	%	%	%	%	
71,900	3,070	2,205,000	1,857,000	97	95	92	92	100	(1)
48,100	3,600	1,733,000	1,553,000	97	94	92	92	99	(2)
…	…	…	…	nc	nc	nc	nc	nc	(3)
…	…	…	…	nc	nc	nc	nc	nc	(4)
…	…	…	…	nc	nc	nc	nc	nc	(5)
…	…	…	…	nc	nc	nc	nc	nc	(6)
…	…	…	…	nc	nc	nc	nc	nc	(7)
…	…	…	…	nc	nc	nc	nc	nc	(8)
…	…	…	…	nc	nc	nc	nc	nc	(9)
…	…	…	…	nc	nc	nc	nc	nc	(10)
…	…	…	…	nc	nc	nc	nc	nc	(11)
…	…	…	…	nc	nc	nc	nc	nc	(12)
48,100	3,600	1,733,000	1,553,000	97	94	92	92	99	(13)
672	2,170	14,600	11,200	102	92	94	95	95	(14)
…	…	…	…	nc	nc	nc	nc	nc	(15)
498	1,350	6,720	2,020	96	102	98	97	97	(16)
…	…	…	…	nc	nc	nc	nc	nc	(17)
…	…	…	…	nc	nc	nc	nc	nc	(18)
998	1,630	16,300	2,180	98	96	94	94	92	(19)
1,620	2,600	42,100	35,500	101	87	87	87	88	(20)
…	…	…	…	nc	nc	nc	nc	nc	(21)
…	…	…	…	nc	nc	nc	nc	nc	(22)
…	…	…	…	nc	nc	nc	nc	nc	(23)
1,160	2,420	28,100	23,300	98	97	95	95	102	(24)
…	…	…	…	nc	nc	nc	nc	nc	(25)
…	…	…	…	nc	nc	nc	nc	nc	(26)
…	…	…	…	nc	nc	nc	nc	nc	(27)
…	…	…	…	nc	nc	nc	nc	nc	(28)
…	…	…	…	nc	nc	nc	nc	nc	(29)
…	…	…	…	nc	nc	nc	nc	nc	(30)
…	…	…	…	nc	nc	nc	nc	nc	(31)
916	1,790	16,400	1,440	90	95	85	85	90	(32)
…	…	…	…	nc	nc	nc	nc	nc	(33)
520	2,230	11,600	9,900	96	83	79	80	96	(34)
…	…	…	…	nc	nc	nc	nc	nc	(35)
197	1,010	1,980	1,190	94	91	85	84	81	(36)
…	…	…	…	nc	nc	nc	nc	nc	(37)
…	…	…	…	nc	nc	nc	nc	nc	(38)
…	…	…	…	nc	nc	nc	nc	nc	(39)
…	…	…	…	nc	nc	nc	nc	nc	(40)
…	…	…	…	nc	nc	nc	nc	nc	(41)
…	…	…	…	nc	nc	nc	nc	nc	(42)
…	…	…	…	nc	nc	nc	nc	nc	(43)
…	…	…	…	nc	nc	nc	nc	nc	(44)
210	1,070	2,240	543	92	95	86	86	86	(45)
519	1,320	6,840	1,940	100	108	108	108	103	(46)
…	…	…	…	nc	nc	nc	nc	nc	(47)
…	…	…	…	nc	nc	nc	nc	nc	(48)
…	…	…	…	nc	nc	nc	nc	nc	(49)
…	…	…	…	nc	nc	nc	nc	nc	(50)
…	…	…	…	nc	nc	nc	nc	nc	(51)
…	…	…	…	nc	nc	nc	nc	nc	(52)
140	2,050	2,870	1,840	97	101	99	98	105	(53)
3,210	2,640	84,600	73,700	94	99	93	93	104	(54)
578	1,900	11,000	8,180	101	82	83	82	91	(55)
…	…	…	…	nc	nc	nc	nc	nc	(56)
447	2,510	11,200	10,500	99	101	99	101	106	(57)
4,270	2,000	85,400	78,600	93	97	90	90	100	(58)
…	…	…	…	nc	nc	nc	nc	nc	(59)
…	…	…	…	nc	nc	nc	nc	nc	(60)
…	…	…	…	nc	nc	nc	nc	nc	(61)
…	…	…	…	nc	nc	nc	nc	nc	(62)

3　令和２年産都道府県別の作付面積、10ａ当たり収量、収穫量及び出荷量　（続き）

(6)　ばれいしょ（じゃがいも）（続き）
イ　春植えばれいしょ

全国農業地域・都道府県		作付面積	10ａ当たり収量	収穫量	出荷量	対前年産比 作付面積	対前年産比 10ａ当たり収量	対前年産比 収穫量	対前年産比 出荷量	（参考）対平均収量比
		ha	kg	t	t	%	%	%	%	%
全国	(1)	69,600	3,110	2,167,000	1,827,000	97	95	92	92	100
（全国農業地域）										
北海道	(2)	48,100	3,600	1,733,000	1,553,000	97	94	92	92	99
都府県	(3)	21,400	2,010	429,300	274,900	96	96	92	92	nc
東北	(4)	…	…	…	…	nc	nc	nc	nc	nc
北陸	(5)	…	…	…	…	nc	nc	nc	nc	nc
関東・東山	(6)	…	…	…	…	nc	nc	nc	nc	nc
東海	(7)	…	…	…	…	nc	nc	nc	nc	nc
近畿	(8)	…	…	…	…	nc	nc	nc	nc	nc
中国	(9)	…	…	…	…	nc	nc	nc	nc	nc
四国	(10)	…	…	…	…	nc	nc	nc	nc	nc
九州	(11)	…	…	…	…	nc	nc	nc	nc	nc
沖縄	(12)	…	…	…	…	nc	nc	nc	nc	nc
（都道府県）										
北海道	(13)	48,100	3,600	1,733,000	1,553,000	97	94	92	92	99
青森	(14)	672	2,170	14,600	11,200	102	92	94	95	95
岩手	(15)	…	…	…	…	nc	nc	nc	nc	nc
宮城	(16)	498	1,350	6,720	2,020	96	102	98	97	97
秋田	(17)	…	…	…	…	nc	nc	nc	nc	nc
山形	(18)	…	…	…	…	nc	nc	nc	nc	nc
福島	(19)	998	1,630	16,300	2,180	98	96	94	94	92
茨城	(20)	1,620	2,590	42,000	35,500	101	86	87	87	88
栃木	(21)	…	…	…	…	nc	nc	nc	nc	nc
群馬	(22)	…	…	…	…	nc	nc	nc	nc	nc
埼玉	(23)	…	…	…	…	nc	nc	nc	nc	nc
千葉	(24)	1,160	2,420	28,100	23,300	98	97	95	95	102
東京	(25)	…	…	…	…	nc	nc	nc	nc	nc
神奈川	(26)	…	…	…	…	nc	nc	nc	nc	nc
新潟	(27)	…	…	…	…	nc	nc	nc	nc	nc
富山	(28)	…	…	…	…	nc	nc	nc	nc	nc
石川	(29)	…	…	…	…	nc	nc	nc	nc	nc
福井	(30)	…	…	…	…	nc	nc	nc	nc	nc
山梨	(31)	…	…	…	…	nc	nc	nc	nc	nc
長野	(32)	916	1,790	16,400	1,440	90	95	85	85	90
岐阜	(33)	…	…	…	…	nc	nc	nc	nc	nc
静岡	(34)	489	2,280	11,100	9,520	96	83	79	79	95
愛知	(35)	…	…	…	…	nc	nc	nc	nc	nc
三重	(36)	177	1,020	1,810	1,140	94	88	83	83	80
滋賀	(37)	…	…	…	…	nc	nc	nc	nc	nc
京都	(38)	…	…	…	…	nc	nc	nc	nc	nc
大阪	(39)	…	…	…	…	nc	nc	nc	nc	nc
兵庫	(40)	…	…	…	…	nc	nc	nc	nc	nc
奈良	(41)	…	…	…	…	nc	nc	nc	nc	nc
和歌山	(42)	…	…	…	…	nc	nc	nc	nc	nc
鳥取	(43)	…	…	…	…	nc	nc	nc	nc	nc
島根	(44)	…	…	…	…	nc	nc	nc	nc	nc
岡山	(45)	172	1,000	1,720	309	90	97	87	88	83
広島	(46)	347	1,420	4,930	1,310	101	109	110	110	102
山口	(47)	…	…	…	…	nc	nc	nc	nc	nc
徳島	(48)	…	…	…	…	nc	nc	nc	nc	nc
香川	(49)	…	…	…	…	nc	nc	nc	nc	nc
愛媛	(50)	…	…	…	…	nc	nc	nc	nc	nc
高知	(51)	…	…	…	…	nc	nc	nc	nc	nc
福岡	(52)	…	…	…	…	nc	nc	nc	nc	nc
佐賀	(53)	103	2,230	2,300	1,620	95	101	97	96	105
長崎	(54)	2,350	2,830	66,500	58,000	94	98	92	92	101
熊本	(55)	520	2,000	10,400	7,840	99	82	81	81	91
大分	(56)	…	…	…	…	nc	nc	nc	nc	nc
宮崎	(57)	394	2,660	10,500	9,930	99	101	100	100	107
鹿児島	(58)	3,780	2,010	76,000	70,600	94	97	91	91	101
沖縄	(59)	…	…	…	…	nc	nc	nc	nc	nc
関東農政局	(60)	…	…	…	…	nc	nc	nc	nc	nc
東海農政局	(61)	…	…	…	…	nc	nc	nc	nc	nc
中国四国農政局	(62)	…	…	…	…	nc	nc	nc	nc	nc

ウ　秋植えばれいしょ

作付面積	10a当たり収量	収穫量	出荷量	対前年産比 作付面積	対前年産比 10a当たり収量	対前年産比 収穫量	対前年産比 出荷量	(参考) 対平均収量比	
ha	kg	t	t	%	%	%	%	%	
2,310	1,680	38,900	29,100	96	97	93	93	103	(1)
–	–	–	–	nc	nc	nc	nc	nc	(2)
…	…	…	…	nc	nc	nc	nc	nc	(3)
…	…	…	…	nc	nc	nc	nc	nc	(4)
…	…	…	…	nc	nc	nc	nc	nc	(5)
…	…	…	…	nc	nc	nc	nc	nc	(6)
…	…	…	…	nc	nc	nc	nc	nc	(7)
…	…	…	…	nc	nc	nc	nc	nc	(8)
…	…	…	…	nc	nc	nc	nc	nc	(9)
…	…	…	…	nc	nc	nc	nc	nc	(10)
…	…	…	…	nc	nc	nc	nc	nc	(11)
…	…	…	…	nc	nc	nc	nc	nc	(12)
–	–	–	–	nc	nc	nc	nc	nc	(13)
–	–	–	–	nc	nc	nc	nc	nc	(14)
…	…	…	…	nc	nc	nc	nc	nc	(15)
–	–	–	–	nc	nc	nc	nc	nc	(16)
…	…	…	…	nc	nc	nc	nc	nc	(17)
…	…	…	…	nc	nc	nc	nc	nc	(18)
–	–	–	–	nc	nc	nc	nc	nc	(19)
6	1,020	56	32	100	104	104	103	91	(20)
…	…	…	…	nc	nc	nc	nc	nc	(21)
…	…	…	…	nc	nc	nc	nc	nc	(22)
…	…	…	…	nc	nc	nc	nc	nc	(23)
–	–	–	–	nc	nc	nc	nc	nc	(24)
…	…	…	…	nc	nc	nc	nc	nc	(25)
…	…	…	…	nc	nc	nc	nc	nc	(26)
…	…	…	…	nc	nc	nc	nc	nc	(27)
…	…	…	…	nc	nc	nc	nc	nc	(28)
…	…	…	…	nc	nc	nc	nc	nc	(29)
…	…	…	…	nc	nc	nc	nc	nc	(30)
…	…	…	…	nc	nc	nc	nc	nc	(31)
–	–	–	–	nc	nc	nc	nc	nc	(32)
…	…	…	…	nc	nc	nc	nc	nc	(33)
31	1,670	518	381	97	114	110	110	118	(34)
…	…	…	…	nc	nc	nc	nc	nc	(35)
20	860	172	48	100	126	126	126	102	(36)
…	…	…	…	nc	nc	nc	nc	nc	(37)
…	…	…	…	nc	nc	nc	nc	nc	(38)
…	…	…	…	nc	nc	nc	nc	nc	(39)
…	…	…	…	nc	nc	nc	nc	nc	(40)
…	…	…	…	nc	nc	nc	nc	nc	(41)
…	…	…	…	nc	nc	nc	nc	nc	(42)
…	…	…	…	nc	nc	nc	nc	nc	(43)
…	…	…	…	nc	nc	nc	nc	nc	(44)
38	1,370	521	234	100	84	84	84	93	(45)
172	1,110	1,910	626	100	104	104	104	103	(46)
…	…	…	…	nc	nc	nc	nc	nc	(47)
…	…	…	…	nc	nc	nc	nc	nc	(48)
…	…	…	…	nc	nc	nc	nc	nc	(49)
…	…	…	…	nc	nc	nc	nc	nc	(50)
…	…	…	…	nc	nc	nc	nc	nc	(51)
…	…	…	…	nc	nc	nc	nc	nc	(52)
37	1,550	574	218	103	106	109	109	110	(53)
864	2,090	18,100	15,700	97	101	98	99	111	(54)
58	1,060	615	343	112	103	115	122	102	(55)
…	…	…	…	nc	nc	nc	nc	nc	(56)
53	1,360	721	532	96	99	96	96	96	(57)
493	1,910	9,420	8,010	91	91	83	82	94	(58)
…	…	…	…	nc	nc	nc	nc	nc	(59)
…	…	…	…	nc	nc	nc	nc	nc	(60)
…	…	…	…	nc	nc	nc	nc	nc	(61)
…	…	…	…	nc	nc	nc	nc	nc	(62)

3　令和２年産都道府県別の作付面積、10ａ当たり収量、収穫量及び出荷量　（続き）

(7)　さといも

ア　計

全国農業地域・都道府県	作付面積	10ａ当たり収量	収穫量	出荷量	対前年産比				(参考)対平均収量比
					作付面積	10ａ当たり収量	収穫量	出荷量	
	ha	kg	t	t	%	%	%	%	%
全国 (1)	10,700	1,300	139,500	92,400	96	103	99	100	103
(全国農業地域)									
北海道 (2)	…	…	…	…	nc	nc	nc	nc	nc
都府県 (3)	…	…	…	…	nc	nc	nc	nc	nc
東北 (4)	…	…	…	…	nc	nc	nc	nc	nc
北陸 (5)	…	…	…	…	nc	nc	nc	nc	nc
関東・東山 (6)	…	…	…	…	nc	nc	nc	nc	nc
東海 (7)	1,050	1,200	12,600	6,710	99	103	102	103	111
近畿 (8)	…	…	…	…	nc	nc	nc	nc	nc
中国 (9)	…	…	…	…	nc	nc	nc	nc	nc
四国 (10)	…	…	…	…	nc	nc	nc	nc	nc
九州 (11)	…	…	…	…	nc	nc	nc	nc	nc
沖縄 (12)	9	553	50	42	90	101	91	88	101
(都道府県)									
北海道 (13)	…	…	…	…	nc	nc	nc	nc	nc
青森 (14)	…	…	…	…	nc	nc	nc	nc	nc
岩手 (15)	103	741	763	376	95	106	101	101	103
宮城 (16)	…	…	…	…	nc	nc	nc	nc	nc
秋田 (17)	…	…	…	…	nc	nc	nc	nc	nc
山形 (18)	180	1,050	1,890	917	100	109	109	110	112
福島 (19)	250	808	2,020	830	98	101	100	99	98
茨城 (20)	245	1,070	2,620	1,390	88	93	82	82	94
栃木 (21)	494	1,530	7,560	4,890	100	93	94	94	97
群馬 (22)	267	1,180	3,150	1,390	95	118	112	112	119
埼玉 (23)	781	2,260	17,700	13,000	97	99	96	98	104
千葉 (24)	1,060	1,390	14,700	12,100	91	125	114	114	108
東京 (25)	207	1,290	2,670	2,290	95	108	102	101	117
神奈川 (26)	391	1,280	5,000	3,510	100	96	96	96	93
新潟 (27)	570	896	5,110	3,070	98	100	98	98	81
富山 (28)	122	995	1,210	705	82	96	78	72	84
石川 (29)	…	…	…	…	nc	nc	nc	nc	nc
福井 (30)	212	1,260	2,670	1,380	98	99	97	95	100
山梨 (31)	…	…	…	…	nc	nc	nc	nc	nc
長野 (32)	…	…	…	…	nc	nc	nc	nc	nc
岐阜 (33)	307	1,070	3,280	1,180	99	109	108	108	112
静岡 (34)	266	1,420	3,780	2,440	98	99	97	97	101
愛知 (35)	296	1,230	3,640	2,360	100	106	106	109	123
三重 (36)	185	1,020	1,890	728	100	96	96	96	113
滋賀 (37)	…	…	…	…	nc	nc	nc	nc	nc
京都 (38)	…	…	…	…	nc	nc	nc	nc	nc
大阪 (39)	48	1,790	859	746	96	101	97	97	101
兵庫 (40)	…	…	…	…	nc	nc	nc	nc	nc
奈良 (41)	…	…	…	…	nc	nc	nc	nc	nc
和歌山 (42)	…	…	…	…	nc	nc	nc	nc	nc
鳥取 (43)	…	…	…	…	nc	nc	nc	nc	nc
島根 (44)	…	…	…	…	nc	nc	nc	nc	nc
岡山 (45)	…	…	…	…	nc	nc	nc	nc	nc
広島 (46)	…	…	…	…	nc	nc	nc	nc	nc
山口 (47)	159	701	1,110	870	98	97	95	97	95
徳島 (48)	…	…	…	…	nc	nc	nc	nc	nc
香川 (49)	…	…	…	…	nc	nc	nc	nc	nc
愛媛 (50)	428	2,270	9,720	7,050	100	95	95	95	101
高知 (51)	…	…	…	…	nc	nc	nc	nc	nc
福岡 (52)	219	689	1,510	852	99	99	99	97	97
佐賀 (53)	…	…	…	…	nc	nc	nc	nc	nc
長崎 (54)	…	…	…	…	nc	nc	nc	nc	nc
熊本 (55)	467	1,040	4,860	3,390	95	92	87	87	95
大分 (56)	258	1,010	2,610	1,560	98	94	92	92	111
宮崎 (57)	897	1,490	13,400	11,100	94	118	112	111	113
鹿児島 (58)	525	1,440	7,560	6,330	95	99	95	95	111
沖縄 (59)	9	553	50	42	90	101	91	88	101
関東農政局 (60)	…	…	…	…	nc	nc	nc	nc	nc
東海農政局 (61)	788	1,120	8,810	4,270	100	105	105	106	117
中国四国農政局 (62)	…	…	…	…	nc	nc	nc	nc	nc

イ 秋冬さといも

作付面積	10 a 当たり収量	収穫量	出荷量	対前年産比				(参考)対平均収量比	
				作付面積	10 a 当たり収量	収穫量	出荷量		
ha	kg	t	t	%	%	%	%	%	
10,700	1,300	139,400	92,300	96	103	99	100	103	(1)
…	…	…	…	nc	nc	nc	nc	nc	(2)
…	…	…	…	nc	nc	nc	nc	nc	(3)
…	…	…	…	nc	nc	nc	nc	nc	(4)
…	…	…	…	nc	nc	nc	nc	nc	(5)
…	…	…	…	nc	nc	nc	nc	nc	(6)
1,050	1,200	12,600	6,710	99	103	102	103	111	(7)
…	…	…	…	nc	nc	nc	nc	nc	(8)
…	…	…	…	nc	nc	nc	nc	nc	(9)
…	…	…	…	nc	nc	nc	nc	nc	(10)
…	…	…	…	nc	nc	nc	nc	nc	(11)
…	…	…	…	nc	nc	nc	nc	nc	(12)
…	…	…	…	nc	nc	nc	nc	nc	(13)
…	…	…	…	nc	nc	nc	nc	nc	(14)
103	741	763	376	95	106	101	101	103	(15)
…	…	…	…	nc	nc	nc	nc	nc	(16)
…	…	…	…	nc	nc	nc	nc	nc	(17)
180	1,050	1,890	917	100	109	109	110	112	(18)
250	808	2,020	830	98	101	100	99	98	(19)
245	1,070	2,620	1,390	88	93	82	82	94	(20)
494	1,530	7,560	4,890	100	93	94	94	97	(21)
267	1,180	3,150	1,390	95	118	112	112	119	(22)
781	2,260	17,700	13,000	97	99	96	98	104	(23)
1,060	1,390	14,700	12,100	91	125	114	114	108	(24)
207	1,290	2,670	2,290	95	108	102	101	117	(25)
391	1,280	5,000	3,510	100	96	96	96	93	(26)
570	896	5,110	3,070	98	100	98	98	81	(27)
122	995	1,210	705	82	96	78	72	84	(28)
…	…	…	…	nc	nc	nc	nc	nc	(29)
212	1,260	2,670	1,380	98	99	97	95	100	(30)
…	…	…	…	nc	nc	nc	nc	nc	(31)
…	…	…	…	nc	nc	nc	nc	nc	(32)
307	1,070	3,280	1,180	99	109	108	108	112	(33)
266	1,420	3,780	2,440	98	99	97	97	101	(34)
296	1,230	3,640	2,360	100	106	106	109	123	(35)
185	1,020	1,890	728	100	96	96	96	113	(36)
…	…	…	…	nc	nc	nc	nc	nc	(37)
…	…	…	…	nc	nc	nc	nc	nc	(38)
48	1,790	859	746	96	101	97	97	101	(39)
…	…	…	…	nc	nc	nc	nc	nc	(40)
…	…	…	…	nc	nc	nc	nc	nc	(41)
…	…	…	…	nc	nc	nc	nc	nc	(42)
…	…	…	…	nc	nc	nc	nc	nc	(43)
…	…	…	…	nc	nc	nc	nc	nc	(44)
…	…	…	…	nc	nc	nc	nc	nc	(45)
…	…	…	…	nc	nc	nc	nc	nc	(46)
159	701	1,110	870	98	97	95	97	95	(47)
…	…	…	…	nc	nc	nc	nc	nc	(48)
…	…	…	…	nc	nc	nc	nc	nc	(49)
428	2,270	9,720	7,050	100	95	95	95	99	(50)
…	…	…	…	nc	nc	nc	nc	nc	(51)
219	689	1,510	852	99	99	99	97	97	(52)
…	…	…	…	nc	nc	nc	nc	nc	(53)
…	…	…	…	nc	nc	nc	nc	nc	(54)
467	1,040	4,860	3,390	95	92	87	87	95	(55)
258	1,010	2,610	1,560	98	94	92	92	111	(56)
897	1,490	13,400	11,100	94	118	112	111	113	(57)
525	1,440	7,560	6,330	95	99	95	95	111	(58)
…	…	…	…	nc	nc	nc	nc	nc	(59)
…	…	…	…	nc	nc	nc	nc	nc	(60)
788	1,120	8,810	4,270	100	105	105	106	117	(61)
…	…	…	…	nc	nc	nc	nc	nc	(62)

3 令和２年産都道府県別の作付面積、10ａ当たり収量、収穫量及び出荷量 （続き）

(7) さといも（続き）

ウ その他さといも

全国農業地域・都道府県		作付面積	10ａ当たり収量	収穫量	出荷量	対前年産比 作付面積	対前年産比 10ａ当たり収量	対前年産比 収穫量	対前年産比 出荷量	（参考）対平均収量比
		ha	kg	t	t	%	%	%	%	%
全国	(1)	**9**	**553**	**50**	**42**	**90**	**101**	**91**	**88**	**81**
（全国農業地域）										
北海道	(2)	…	…	…	…	nc	nc	nc	nc	nc
都府県	(3)	…	…	…	…	nc	nc	nc	nc	nc
東北	(4)	…	…	…	…	nc	nc	nc	nc	nc
北陸	(5)	…	…	…	…	nc	nc	nc	nc	nc
関東・東山	(6)	…	…	…	…	nc	nc	nc	nc	nc
東海	(7)	…	…	…	…	nc	nc	nc	nc	nc
近畿	(8)	…	…	…	…	nc	nc	nc	nc	nc
中国	(9)	…	…	…	…	nc	nc	nc	nc	nc
四国	(10)	…	…	…	…	nc	nc	nc	nc	nc
九州	(11)	…	…	…	…	nc	nc	nc	nc	nc
沖縄	(12)	9	553	50	42	90	101	91	88	101
（都道府県）										
北海道	(13)	…	…	…	…	nc	nc	nc	nc	nc
青森	(14)	…	…	…	…	nc	nc	nc	nc	nc
岩手	(15)	…	…	…	…	nc	nc	nc	nc	nc
宮城	(16)	…	…	…	…	nc	nc	nc	nc	nc
秋田	(17)	…	…	…	…	nc	nc	nc	nc	nc
山形	(18)	…	…	…	…	nc	nc	nc	nc	nc
福島	(19)	…	…	…	…	nc	nc	nc	nc	nc
茨城	(20)	…	…	…	…	nc	nc	nc	nc	nc
栃木	(21)	…	…	…	…	nc	nc	nc	nc	nc
群馬	(22)	…	…	…	…	nc	nc	nc	nc	nc
埼玉	(23)	…	…	…	…	nc	nc	nc	nc	nc
千葉	(24)	…	…	…	…	nc	nc	nc	nc	nc
東京	(25)	…	…	…	…	nc	nc	nc	nc	nc
神奈川	(26)	…	…	…	…	nc	nc	nc	nc	nc
新潟	(27)	…	…	…	…	nc	nc	nc	nc	nc
富山	(28)	…	…	…	…	nc	nc	nc	nc	nc
石川	(29)	…	…	…	…	nc	nc	nc	nc	nc
福井	(30)	…	…	…	…	nc	nc	nc	nc	nc
山梨	(31)	…	…	…	…	nc	nc	nc	nc	nc
長野	(32)	…	…	…	…	nc	nc	nc	nc	nc
岐阜	(33)	…	…	…	…	nc	nc	nc	nc	nc
静岡	(34)	…	…	…	…	nc	nc	nc	nc	nc
愛知	(35)	…	…	…	…	nc	nc	nc	nc	nc
三重	(36)	…	…	…	…	nc	nc	nc	nc	nc
滋賀	(37)	…	…	…	…	nc	nc	nc	nc	nc
京都	(38)	…	…	…	…	nc	nc	nc	nc	nc
大阪	(39)	…	…	…	…	nc	nc	nc	nc	nc
兵庫	(40)	…	…	…	…	nc	nc	nc	nc	nc
奈良	(41)	…	…	…	…	nc	nc	nc	nc	nc
和歌山	(42)	…	…	…	…	nc	nc	nc	nc	nc
鳥取	(43)	…	…	…	…	nc	nc	nc	nc	nc
島根	(44)	…	…	…	…	nc	nc	nc	nc	nc
岡山	(45)	…	…	…	…	nc	nc	nc	nc	nc
広島	(46)	…	…	…	…	nc	nc	nc	nc	nc
山口	(47)	…	…	…	…	nc	nc	nc	nc	nc
徳島	(48)	…	…	…	…	nc	nc	nc	nc	nc
香川	(49)	…	…	…	…	nc	nc	nc	nc	nc
愛媛	(50)	…	…	…	…	nc	nc	nc	nc	nc
高知	(51)	…	…	…	…	nc	nc	nc	nc	nc
福岡	(52)	…	…	…	…	nc	nc	nc	nc	nc
佐賀	(53)	…	…	…	…	nc	nc	nc	nc	nc
長崎	(54)	…	…	…	…	nc	nc	nc	nc	nc
熊本	(55)	…	…	…	…	nc	nc	nc	nc	nc
大分	(56)	…	…	…	…	nc	nc	nc	nc	nc
宮崎	(57)	…	…	…	…	nc	nc	nc	nc	nc
鹿児島	(58)	…	…	…	…	nc	nc	nc	nc	nc
沖縄	(59)	9	553	50	42	90	101	91	88	101
関東農政局	(60)	…	…	…	…	nc	nc	nc	nc	nc
東海農政局	(61)	…	…	…	…	nc	nc	nc	nc	nc
中国四国農政局	(62)	…	…	…	…	nc	nc	nc	nc	nc

(8) やまのいも

ア 計

作付面積	10a当たり収量	収穫量	出荷量	対前年産比 作付面積	対前年産比 10a当たり収量	対前年産比 収穫量	対前年産比 出荷量	(参考)対平均収量比	
ha	kg	t	t	%	%	%	%	%	
6,930	2,460	170,500	144,300	97	102	99	99	111	(1)
1,990	3,690	73,400	63,000	96	103	99	100	114	(2)
…	…	…	…	nc	nc	nc	nc	nc	(3)
…	…	…	…	nc	nc	nc	nc	nc	(4)
…	…	…	…	nc	nc	nc	nc	nc	(5)
…	…	…	…	nc	nc	nc	nc	nc	(6)
…	…	…	…	nc	nc	nc	nc	nc	(7)
…	…	…	…	nc	nc	nc	nc	nc	(8)
…	…	…	…	nc	nc	nc	nc	nc	(9)
…	…	…	…	nc	nc	nc	nc	nc	(10)
…	…	…	…	nc	nc	nc	nc	nc	(11)
…	…	…	…	nc	nc	nc	nc	nc	(12)
1,990	3,690	73,400	63,000	96	103	99	100	114	(13)
2,260	2,560	57,900	52,300	99	104	103	102	104	(14)
181	1,980	3,580	2,980	96	104	100	100	111	(15)
…	…	…	…	nc	nc	nc	nc	nc	(16)
107	1,000	1,070	583	96	84	81	81	98	(17)
…	…	…	…	nc	nc	nc	nc	nc	(18)
…	…	…	…	nc	nc	nc	nc	nc	(19)
111	2,370	2,630	2,200	82	99	81	81	95	(20)
…	…	…	…	nc	nc	nc	nc	nc	(21)
463	1,110	5,140	3,960	96	83	79	78	98	(22)
168	1,000	1,680	1,350	98	99	97	97	98	(23)
489	1,180	5,770	4,240	98	89	88	88	91	(24)
…	…	…	…	nc	nc	nc	nc	nc	(25)
…	…	…	…	nc	nc	nc	nc	nc	(26)
…	…	…	…	nc	nc	nc	nc	nc	(27)
…	…	…	…	nc	nc	nc	nc	nc	(28)
…	…	…	…	nc	nc	nc	nc	nc	(29)
…	…	…	…	nc	nc	nc	nc	nc	(30)
46	1,110	511	390	98	80	79	81	73	(31)
277	2,390	6,620	4,980	97	101	98	99	97	(32)
…	…	…	…	nc	nc	nc	nc	nc	(33)
…	…	…	…	nc	nc	nc	nc	nc	(34)
…	…	…	…	nc	nc	nc	nc	nc	(35)
…	…	…	…	nc	nc	nc	nc	nc	(36)
…	…	…	…	nc	nc	nc	nc	nc	(37)
…	…	…	…	nc	nc	nc	nc	nc	(38)
…	…	…	…	nc	nc	nc	nc	nc	(39)
…	…	…	…	nc	nc	nc	nc	nc	(40)
…	…	…	…	nc	nc	nc	nc	nc	(41)
…	…	…	…	nc	nc	nc	nc	nc	(42)
56	2,840	1,590	1,320	102	92	93	96	115	(43)
…	…	…	…	nc	nc	nc	nc	nc	(44)
9	677	61	47	90	66	60	59	72	(45)
…	…	…	…	nc	nc	nc	nc	nc	(46)
…	…	…	…	nc	nc	nc	nc	nc	(47)
…	…	…	…	nc	nc	nc	nc	nc	(48)
…	…	…	…	nc	nc	nc	nc	nc	(49)
…	…	…	…	nc	nc	nc	nc	nc	(50)
…	…	…	…	nc	nc	nc	nc	nc	(51)
…	…	…	…	nc	nc	nc	nc	nc	(52)
…	…	…	…	nc	nc	nc	nc	nc	(53)
…	…	…	…	nc	nc	nc	nc	nc	(54)
…	…	…	…	nc	nc	nc	nc	nc	(55)
…	…	…	…	nc	nc	nc	nc	nc	(56)
…	…	…	…	nc	nc	nc	nc	nc	(57)
…	…	…	…	nc	nc	nc	nc	nc	(58)
…	…	…	…	nc	nc	nc	nc	nc	(59)
…	…	…	…	nc	nc	nc	nc	nc	(60)
…	…	…	…	nc	nc	nc	nc	nc	(61)
…	…	…	…	nc	nc	nc	nc	nc	(62)

3 令和2年産都道府県別の作付面積、10ａ当たり収量、収穫量及び出荷量 （続き）

(8) やまのいも（続き）

イ 計のうちながいも

全国農業地域・都道府県	作付面積	10ａ当たり収量	収穫量	出荷量	対前年産比				(参考)対平均収量比
					作付面積	10ａ当たり収量	収穫量	出荷量	
	ha	kg	t	t	%	%	%	%	%
全国 (1)	**5,170**	**2,890**	**149,500**	**128,700**	**97**	**102**	**100**	**100**	**109**
(全国農業地域)									
北海道 (2)	1,990	3,690	73,400	62,900	97	102	99	100	114
都府県 (3)	…	…	…	…	nc	nc	nc	nc	nc
東北 (4)	…	…	…	…	nc	nc	nc	nc	nc
北陸 (5)	…	…	…	…	nc	nc	nc	nc	nc
関東・東山 (6)	…	…	…	…	nc	nc	nc	nc	nc
東海 (7)	…	…	…	…	nc	nc	nc	nc	nc
近畿 (8)	…	…	…	…	nc	nc	nc	nc	nc
中国 (9)	…	…	…	…	nc	nc	nc	nc	nc
四国 (10)	…	…	…	…	nc	nc	nc	nc	nc
九州 (11)	…	…	…	…	nc	nc	nc	nc	nc
沖縄 (12)	…	…	…	…	nc	nc	nc	nc	nc
(都道府県)									
北海道 (13)	1,990	3,690	73,400	62,900	97	102	99	100	114
青森 (14)	2,230	2,570	57,300	51,800	99	104	103	102	104
岩手 (15)	180	1,980	3,560	2,970	96	104	100	100	110
宮城 (16)	…	…	…	…	nc	nc	nc	nc	nc
秋田 (17)	62	1,110	688	293	95	85	81	82	94
山形 (18)	…	…	…	…	nc	nc	nc	nc	nc
福島 (19)	…	…	…	…	nc	nc	nc	nc	nc
茨城 (20)	92	2,380	2,190	1,810	81	99	81	81	94
栃木 (21)	…	…	…	…	nc	nc	nc	nc	nc
群馬 (22)	－	－	－	－	nc	nc	nc	nc	－
埼玉 (23)	4	850	34	20	100	100	100	100	95
千葉 (24)	13	1,180	153	116	93	89	83	83	77
東京 (25)	…	…	…	…	nc	nc	nc	nc	nc
神奈川 (26)	…	…	…	…	nc	nc	nc	nc	nc
新潟 (27)	…	…	…	…	nc	nc	nc	nc	nc
富山 (28)	…	…	…	…	nc	nc	nc	nc	nc
石川 (29)	…	…	…	…	nc	nc	nc	nc	nc
福井 (30)	…	…	…	…	nc	nc	nc	nc	nc
山梨 (31)	42	1,170	491	374	98	84	82	83	70
長野 (32)	277	2,390	6,620	4,980	97	101	98	99	97
岐阜 (33)	…	…	…	…	nc	nc	nc	nc	nc
静岡 (34)	…	…	…	…	nc	nc	nc	nc	nc
愛知 (35)	…	…	…	…	nc	nc	nc	nc	nc
三重 (36)	…	…	…	…	nc	nc	nc	nc	nc
滋賀 (37)	…	…	…	…	nc	nc	nc	nc	nc
京都 (38)	…	…	…	…	nc	nc	nc	nc	nc
大阪 (39)	…	…	…	…	nc	nc	nc	nc	nc
兵庫 (40)	…	…	…	…	nc	nc	nc	nc	nc
奈良 (41)	…	…	…	…	nc	nc	nc	nc	nc
和歌山 (42)	…	…	…	…	nc	nc	nc	nc	nc
鳥取 (43)	52	2,970	1,540	1,280	102	97	99	99	111
島根 (44)	…	…	…	…	nc	nc	nc	nc	nc
岡山 (45)	－	－	－	－	x	x	x	x	nc
広島 (46)	…	…	…	…	nc	nc	nc	nc	nc
山口 (47)	…	…	…	…	nc	nc	nc	nc	nc
徳島 (48)	…	…	…	…	nc	nc	nc	nc	nc
香川 (49)	…	…	…	…	nc	nc	nc	nc	nc
愛媛 (50)	…	…	…	…	nc	nc	nc	nc	nc
高知 (51)	…	…	…	…	nc	nc	nc	nc	nc
福岡 (52)	…	…	…	…	nc	nc	nc	nc	nc
佐賀 (53)	…	…	…	…	nc	nc	nc	nc	nc
長崎 (54)	…	…	…	…	nc	nc	nc	nc	nc
熊本 (55)	…	…	…	…	nc	nc	nc	nc	nc
大分 (56)	…	…	…	…	nc	nc	nc	nc	nc
宮崎 (57)	…	…	…	…	nc	nc	nc	nc	nc
鹿児島 (58)	…	…	…	…	nc	nc	nc	nc	nc
沖縄 (59)	…	…	…	…	nc	nc	nc	nc	nc
関東農政局 (60)	…	…	…	…	nc	nc	nc	nc	nc
東海農政局 (61)	…	…	…	…	nc	nc	nc	nc	nc
中国四国農政局 (62)	…	…	…	…	nc	nc	nc	nc	nc

(9) はくさい
ア 計

作付面積	10a当たり収量	収穫量	出荷量	対前年産比				(参考)対平均収量比	
				作付面積	10a当たり収量	収穫量	出荷量		
ha	kg	t	t	%	%	%	%	%	
16,600	**5,380**	**892,300**	**741,100**	**99**	**103**	**102**	**102**	**105**	(1)
603	4,280	25,800	24,100	98	102	100	101	103	(2)
…	…	…	…	nc	nc	nc	nc	nc	(3)
1,920	2,710	52,100	21,500	99	104	104	105	105	(4)
…	…	…	…	nc	nc	nc	nc	nc	(5)
…	…	…	…	nc	nc	nc	nc	nc	(6)
…	…	…	…	nc	nc	nc	nc	nc	(7)
…	…	…	…	nc	nc	nc	nc	nc	(8)
…	…	…	…	nc	nc	nc	nc	nc	(9)
…	…	…	…	nc	nc	nc	nc	nc	(10)
…	…	…	…	nc	nc	nc	nc	nc	(11)
…	…	…	…	nc	nc	nc	nc	nc	(12)
603	4,280	25,800	24,100	98	102	100	101	103	(13)
229	2,410	5,510	3,650	108	90	97	104	92	(14)
300	2,470	7,410	3,680	100	102	102	105	103	(15)
416	2,260	9,410	3,560	96	118	113	112	121	(16)
239	2,830	6,770	2,380	98	104	102	103	117	(17)
206	3,220	6,640	2,610	100	102	102	103	96	(18)
529	3,100	16,400	5,600	99	104	103	104	105	(19)
3,350	7,280	243,900	230,900	102	106	107	107	102	(20)
437	4,780	20,900	15,400	90	111	100	103	98	(21)
504	6,070	30,600	23,500	98	105	103	103	120	(22)
482	4,850	23,400	18,100	101	100	101	105	106	(23)
234	3,210	7,510	5,550	95	124	117	121	88	(24)
…	…	…	…	nc	nc	nc	nc	nc	(25)
…	…	…	…	nc	nc	nc	nc	nc	(26)
350	2,340	8,180	4,320	98	116	114	117	119	(27)
85	1,890	1,610	980	91	95	87	98	98	(28)
…	…	…	…	nc	nc	nc	nc	nc	(29)
…	…	…	…	nc	nc	nc	nc	nc	(30)
…	…	…	…	nc	nc	nc	nc	nc	(31)
2,840	7,890	224,200	200,800	100	97	96	97	96	(32)
221	3,620	7,990	4,130	98	127	124	129	121	(33)
…	…	…	…	nc	nc	nc	nc	nc	(34)
402	5,550	22,300	19,600	98	105	103	102	119	(35)
200	3,870	7,730	5,650	108	86	92	92	94	(36)
133	3,110	4,140	3,080	98	97	95	94	102	(37)
…	…	…	…	nc	nc	nc	nc	nc	(38)
…	…	…	…	nc	nc	nc	nc	nc	(39)
450	4,510	20,300	16,000	96	100	96	96	103	(40)
…	…	…	…	nc	nc	nc	nc	nc	(41)
134	6,540	8,770	7,730	95	99	94	94	94	(42)
103	3,800	3,910	1,970	95	109	104	104	129	(43)
…	…	…	…	nc	nc	nc	nc	nc	(44)
246	5,610	13,800	11,200	96	104	100	101	104	(45)
231	2,380	5,500	1,380	100	103	103	101	95	(46)
208	2,480	5,160	3,250	98	103	102	103	110	(47)
76	4,170	3,170	2,770	95	85	80	80	83	(48)
…	…	…	…	nc	nc	nc	nc	nc	(49)
123	3,460	4,260	3,240	92	101	94	94	105	(50)
…	…	…	…	nc	nc	nc	nc	nc	(51)
202	3,400	6,860	5,490	104	99	103	104	99	(52)
…	…	…	…	nc	nc	nc	nc	nc	(53)
368	5,710	21,000	19,300	97	98	94	95	95	(54)
404	4,330	17,500	15,300	96	100	96	97	118	(55)
415	5,880	24,400	21,400	101	105	106	107	112	(56)
244	4,510	11,000	9,830	102	103	105	105	103	(57)
431	5,750	24,800	20,200	107	103	111	104	109	(58)
…	…	…	…	nc	nc	nc	nc	nc	(59)
…	…	…	…	nc	nc	nc	nc	nc	(60)
823	4,620	38,000	29,400	100	104	104	103	113	(61)
…	…	…	…	nc	nc	nc	nc	nc	(62)

3　令和２年産都道府県別の作付面積、10a当たり収量、収穫量及び出荷量　（続き）

(9)　はくさい（続き）

イ　春はくさい

全国農業地域・都道府県		作付面積	10a当たり収量	収穫量	出荷量	対前年産比 作付面積	対前年産比 10a当たり収量	対前年産比 収穫量	対前年産比 出荷量	(参考) 対平均収量比
		ha	kg	t	t	%	%	%	%	%
全国	(1)	1,800	6,460	116,200	107,200	99	100	99	100	104
(全国農業地域)										
北海道	(2)	35	5,660	1,980	1,870	130	95	124	126	103
都府県	(3)	…	…	…	…	nc	nc	nc	nc	nc
東北	(4)	…	…	…	…	nc	nc	nc	nc	nc
北陸	(5)	…	…	…	…	nc	nc	nc	nc	nc
関東・東山	(6)	…	…	…	…	nc	nc	nc	nc	nc
東海	(7)	…	…	…	…	nc	nc	nc	nc	nc
近畿	(8)	…	…	…	…	nc	nc	nc	nc	nc
中国	(9)	…	…	…	…	nc	nc	nc	nc	nc
四国	(10)	…	…	…	…	nc	nc	nc	nc	nc
九州	(11)	…	…	…	…	nc	nc	nc	nc	nc
沖縄	(12)	…	…	…	…	nc	nc	nc	nc	nc
(都道府県)										
北海道	(13)	35	5,660	1,980	1,870	130	95	124	126	103
青森	(14)	…	…	…	…	nc	nc	nc	nc	nc
岩手	(15)	…	…	…	…	nc	nc	nc	nc	nc
宮城	(16)	…	…	…	…	nc	nc	nc	nc	nc
秋田	(17)	…	…	…	…	nc	nc	nc	nc	nc
山形	(18)	…	…	…	…	nc	nc	nc	nc	nc
福島	(19)	…	…	…	…	nc	nc	nc	nc	nc
茨城	(20)	662	7,710	51,000	49,300	102	99	100	100	102
栃木	(21)	…	…	…	…	nc	nc	nc	nc	nc
群馬	(22)	…	…	…	…	nc	nc	nc	nc	nc
埼玉	(23)	…	…	…	…	nc	nc	nc	nc	nc
千葉	(24)	…	…	…	…	nc	nc	nc	nc	nc
東京	(25)	…	…	…	…	nc	nc	nc	nc	nc
神奈川	(26)	…	…	…	…	nc	nc	nc	nc	nc
新潟	(27)	…	…	…	…	nc	nc	nc	nc	nc
富山	(28)	…	…	…	…	nc	nc	nc	nc	nc
石川	(29)	…	…	…	…	nc	nc	nc	nc	nc
福井	(30)	…	…	…	…	nc	nc	nc	nc	nc
山梨	(31)	…	…	…	…	nc	nc	nc	nc	nc
長野	(32)	323	7,140	23,100	20,500	99	98	97	97	103
岐阜	(33)	…	…	…	…	nc	nc	nc	nc	nc
静岡	(34)	…	…	…	…	nc	nc	nc	nc	nc
愛知	(35)	30	4,890	1,470	1,310	100	91	91	89	102
三重	(36)	…	…	…	…	nc	nc	nc	nc	nc
滋賀	(37)	…	…	…	…	nc	nc	nc	nc	nc
京都	(38)	…	…	…	…	nc	nc	nc	nc	nc
大阪	(39)	…	…	…	…	nc	nc	nc	nc	nc
兵庫	(40)	…	…	…	…	nc	nc	nc	nc	nc
奈良	(41)	…	…	…	…	nc	nc	nc	nc	nc
和歌山	(42)	8	5,650	441	401	100	108	113	113	102
鳥取	(43)	…	…	…	…	nc	nc	nc	nc	nc
島根	(44)	…	…	…	…	nc	nc	nc	nc	nc
岡山	(45)	34	6,170	2,100	1,890	92	113	104	106	118
広島	(46)	…	…	…	…	nc	nc	nc	nc	nc
山口	(47)	11	3,170	349	232	92	123	113	101	114
徳島	(48)	…	…	…	…	nc	nc	nc	nc	nc
香川	(49)	…	…	…	…	nc	nc	nc	nc	nc
愛媛	(50)	…	…	…	…	nc	nc	nc	nc	nc
高知	(51)	…	…	…	…	nc	nc	nc	nc	nc
福岡	(52)	…	…	…	…	nc	nc	nc	nc	nc
佐賀	(53)	…	…	…	…	nc	nc	nc	nc	nc
長崎	(54)	181	7,110	12,900	12,200	96	98	94	95	95
熊本	(55)	146	5,000	7,300	6,900	98	98	96	96	110
大分	(56)	64	4,450	2,850	2,620	105	108	114	114	114
宮崎	(57)	…	…	…	…	nc	nc	nc	nc	nc
鹿児島	(58)	49	4,970	2,440	2,120	82	126	103	105	129
沖縄	(59)	…	…	…	…	nc	nc	nc	nc	nc
関東農政局	(60)	…	…	…	…	nc	nc	nc	nc	nc
東海農政局	(61)	…	…	…	…	nc	nc	nc	nc	nc
中国四国農政局	(62)	…	…	…	…	nc	nc	nc	nc	nc

ウ　夏はくさい

作付面積	10a当たり収量	収穫量	出荷量	対前年産比 作付面積	対前年産比 10a当たり収量	対前年産比 収穫量	対前年産比 出荷量	(参考) 対平均収量比	
ha	kg	t	t	%	%	%	%	%	
2,330	7,040	164,100	149,800	95	96	91	92	97	(1)
327	4,190	13,700	12,900	99	102	101	102	100	(2)
…	…	…	…	nc	nc	nc	nc	nc	(3)
…	…	…	…	nc	nc	nc	nc	nc	(4)
…	…	…	…	nc	nc	nc	nc	nc	(5)
…	…	…	…	nc	nc	nc	nc	nc	(6)
…	…	…	…	nc	nc	nc	nc	nc	(7)
…	…	…	…	nc	nc	nc	nc	nc	(8)
…	…	…	…	nc	nc	nc	nc	nc	(9)
…	…	…	…	nc	nc	nc	nc	nc	(10)
…	…	…	…	nc	nc	nc	nc	nc	(11)
…	…	…	…	nc	nc	nc	nc	nc	(12)
327	4,190	13,700	12,900	99	102	101	102	100	(13)
40	2,870	1,150	995	108	102	111	111	107	(14)
…	…	…	…	nc	nc	nc	nc	nc	(15)
…	…	…	…	nc	nc	nc	nc	nc	(16)
…	…	…	…	nc	nc	nc	nc	nc	(17)
…	…	…	…	nc	nc	nc	nc	nc	(18)
…	…	…	…	nc	nc	nc	nc	nc	(19)
…	…	…	…	nc	nc	nc	nc	nc	(20)
…	…	…	…	nc	nc	nc	nc	nc	(21)
121	7,390	8,940	7,870	98	110	107	108	138	(22)
…	…	…	…	nc	nc	nc	nc	nc	(23)
…	…	…	…	nc	nc	nc	nc	nc	(24)
…	…	…	…	nc	nc	nc	nc	nc	(25)
…	…	…	…	nc	nc	nc	nc	nc	(26)
…	…	…	…	nc	nc	nc	nc	nc	(27)
…	…	…	…	nc	nc	nc	nc	nc	(28)
…	…	…	…	nc	nc	nc	nc	nc	(29)
…	…	…	…	nc	nc	nc	nc	nc	(30)
…	…	…	…	nc	nc	nc	nc	nc	(31)
1,710	8,010	137,000	125,300	94	95	89	90	94	(32)
…	…	…	…	nc	nc	nc	nc	nc	(33)
…	…	…	…	nc	nc	nc	nc	nc	(34)
…	…	…	…	nc	nc	nc	nc	nc	(35)
…	…	…	…	nc	nc	nc	nc	nc	(36)
…	…	…	…	nc	nc	nc	nc	nc	(37)
…	…	…	…	nc	nc	nc	nc	nc	(38)
…	…	…	…	nc	nc	nc	nc	nc	(39)
…	…	…	…	nc	nc	nc	nc	nc	(40)
…	…	…	…	nc	nc	nc	nc	nc	(41)
…	…	…	…	nc	nc	nc	nc	nc	(42)
…	…	…	…	nc	nc	nc	nc	nc	(43)
…	…	…	…	nc	nc	nc	nc	nc	(44)
…	…	…	…	nc	nc	nc	nc	nc	(45)
…	…	…	…	nc	nc	nc	nc	nc	(46)
…	…	…	…	nc	nc	nc	nc	nc	(47)
…	…	…	…	nc	nc	nc	nc	nc	(48)
…	…	…	…	nc	nc	nc	nc	nc	(49)
…	…	…	…	nc	nc	nc	nc	nc	(50)
…	…	…	…	nc	nc	nc	nc	nc	(51)
…	…	…	…	nc	nc	nc	nc	nc	(52)
…	…	…	…	nc	nc	nc	nc	nc	(53)
…	…	…	…	nc	nc	nc	nc	nc	(54)
…	…	…	…	nc	nc	nc	nc	nc	(55)
…	…	…	…	nc	nc	nc	nc	nc	(56)
…	…	…	…	nc	nc	nc	nc	nc	(57)
…	…	…	…	nc	nc	nc	nc	nc	(58)
…	…	…	…	nc	nc	nc	nc	nc	(59)
…	…	…	…	nc	nc	nc	nc	nc	(60)
…	…	…	…	nc	nc	nc	nc	nc	(61)
…	…	…	…	nc	nc	nc	nc	nc	(62)

3　令和２年産都道府県別の作付面積、10ａ当たり収量、収穫量及び出荷量（続き）

(9)　はくさい（続き）

エ　秋冬はくさい

全国農業地域・都道府県	作付面積	10ａ当たり収量	収穫量	出荷量	対前年産比				(参考)対平均収量比
					作付面積	10ａ当たり収量	収穫量	出荷量	
	ha	kg	t	t	%	%	%	%	%
全国 (1)	**12,500**	**4,900**	**612,000**	**484,100**	**100**	**106**	**106**	**106**	**106**
（全国農業地域）									
北海道 (2)	241	4,200	10,100	9,290	95	101	95	96	105
都府県 (3)	…	…	…	…	nc	nc	nc	nc	nc
東北 (4)	…	…	…	…	nc	nc	nc	nc	nc
北陸 (5)	…	…	…	…	nc	nc	nc	nc	nc
関東・東山 (6)	…	…	…	…	nc	nc	nc	nc	nc
東海 (7)	…	…	…	…	nc	nc	nc	nc	nc
近畿 (8)	…	…	…	…	nc	nc	nc	nc	nc
中国 (9)	…	…	…	…	nc	nc	nc	nc	nc
四国 (10)	…	…	…	…	nc	nc	nc	nc	nc
九州 (11)	…	…	…	…	nc	nc	nc	nc	nc
沖縄 (12)	…	…	…	…	nc	nc	nc	nc	nc
（都道府県）									
北海道 (13)	241	4,200	10,100	9,290	95	101	95	96	105
青森 (14)	…	…	…	…	nc	nc	nc	nc	nc
岩手 (15)	249	2,470	6,150	2,770	100	102	101	102	103
宮城 (16)	385	2,210	8,510	3,050	96	118	113	111	120
秋田 (17)	233	2,790	6,500	2,220	98	102	100	100	115
山形 (18)	201	3,230	6,490	2,480	100	102	101	102	96
福島 (19)	510	3,160	16,100	5,360	99	104	104	104	105
茨城 (20)	2,690	7,170	192,900	181,600	102	107	109	109	102
栃木 (21)	412	4,710	19,400	13,900	90	113	102	106	98
群馬 (22)	370	5,730	21,200	15,300	98	103	101	101	116
埼玉 (23)	462	4,920	22,700	17,500	101	101	101	104	106
千葉 (24)	230	3,140	7,220	5,280	95	124	117	120	87
東京 (25)	…	…	…	…	nc	nc	nc	nc	nc
神奈川 (26)	…	…	…	…	nc	nc	nc	nc	nc
新潟 (27)	345	2,310	7,970	4,110	98	115	113	115	118
富山 (28)	84	1,890	1,590	965	91	95	86	97	98
石川 (29)	…	…	…	…	nc	nc	nc	nc	nc
福井 (30)	…	…	…	…	nc	nc	nc	nc	nc
山梨 (31)	…	…	…	…	nc	nc	nc	nc	nc
長野 (32)	807	7,940	64,100	55,000	116	100	116	117	101
岐阜 (33)	217	3,610	7,830	4,000	98	127	124	129	121
静岡 (34)	…	…	…	…	nc	nc	nc	nc	nc
愛知 (35)	372	5,590	20,800	18,300	97	106	103	103	119
三重 (36)	198	3,860	7,640	5,590	108	85	92	92	94
滋賀 (37)	128	3,120	3,990	2,960	98	98	95	95	102
京都 (38)	…	…	…	…	nc	nc	nc	nc	nc
大阪 (39)	…	…	…	…	nc	nc	nc	nc	nc
兵庫 (40)	445	4,540	20,200	15,900	96	100	96	96	103
奈良 (41)	…	…	…	…	nc	nc	nc	nc	nc
和歌山 (42)	126	6,600	8,320	7,320	95	99	93	93	94
鳥取 (43)	102	3,750	3,830	1,920	95	107	103	103	127
島根 (44)	…	…	…	…	nc	nc	nc	nc	nc
岡山 (45)	212	5,540	11,700	9,270	96	103	99	99	102
広島 (46)	215	2,400	5,160	1,200	100	104	104	103	95
山口 (47)	190	2,430	4,620	2,910	98	102	100	102	109
徳島 (48)	72	4,260	3,070	2,680	95	85	80	80	84
香川 (49)	…	…	…	…	nc	nc	nc	nc	nc
愛媛 (50)	116	3,530	4,090	3,140	93	102	94	95	106
高知 (51)	…	…	…	…	nc	nc	nc	nc	nc
福岡 (52)	184	3,450	6,350	5,100	104	100	104	105	100
佐賀 (53)	…	…	…	…	nc	nc	nc	nc	nc
長崎 (54)	186	4,320	8,040	7,070	97	97	94	94	96
熊本 (55)	242	3,920	9,490	7,690	96	99	95	97	122
大分 (56)	348	6,150	21,400	18,700	101	104	105	106	112
宮崎 (57)	208	4,540	9,440	8,450	101	102	103	103	102
鹿児島 (58)	382	5,840	22,300	18,100	111	100	112	103	106
沖縄 (59)	…	…	…	…	nc	nc	nc	nc	nc
関東農政局 (60)	…	…	…	…	nc	nc	nc	nc	nc
東海農政局 (61)	787	4,610	36,300	27,900	100	104	104	104	113
中国四国農政局 (62)	…	…	…	…	nc	nc	nc	nc	nc

(10)　こまつな

作付面積	10a当たり収量	収穫量	出荷量	対前年産比 作付面積	対前年産比 10a当たり収量	対前年産比 収穫量	対前年産比 出荷量	(参考)対平均収量比	
ha	kg	t	t	%	%	%	%	%	
7,550	**1,610**	**121,900**	**109,400**	**103**	**103**	**106**	**107**	**99**	(1)
163	1,480	2,410	2,230	106	103	110	110	107	(2)
…	…	…	…	nc	nc	nc	nc	nc	(3)
…	…	…	…	nc	nc	nc	nc	nc	(4)
…	…	…	…	nc	nc	nc	nc	nc	(5)
…	…	…	…	nc	nc	nc	nc	nc	(6)
…	…	…	…	nc	nc	nc	nc	nc	(7)
…	…	…	…	nc	nc	nc	nc	nc	(8)
…	…	…	…	nc	nc	nc	nc	nc	(9)
…	…	…	…	nc	nc	nc	nc	nc	(10)
…	…	…	…	nc	nc	nc	nc	nc	(11)
…	…	…	…	nc	nc	nc	nc	nc	(12)
163	1,480	2,410	2,230	106	103	110	110	107	(13)
…	…	…	…	nc	nc	nc	nc	nc	(14)
…	…	…	…	nc	nc	nc	nc	nc	(15)
132	1,280	1,690	1,330	104	102	106	107	98	(16)
…	…	…	…	nc	nc	nc	nc	nc	(17)
113	1,340	1,510	1,310	99	105	103	104	102	(18)
…	…	…	…	nc	nc	nc	nc	nc	(19)
1,330	1,860	24,700	23,000	122	99	121	125	92	(20)
…	…	…	…	nc	nc	nc	nc	nc	(21)
554	1,240	6,870	6,150	102	98	99	99	87	(22)
830	1,710	14,200	12,300	100	99	99	99	96	(23)
339	1,720	5,830	4,790	100	104	104	104	89	(24)
457	1,820	8,320	7,980	100	101	101	101	100	(25)
402	1,750	7,040	6,720	99	104	103	103	116	(26)
125	963	1,200	702	95	93	88	90	86	(27)
…	…	…	…	nc	nc	nc	nc	nc	(28)
103	1,120	1,150	1,030	102	97	99	100	95	(29)
…	…	…	…	nc	nc	nc	nc	nc	(30)
…	…	…	…	nc	nc	nc	nc	nc	(31)
…	…	…	…	nc	nc	nc	nc	nc	(32)
145	1,490	2,160	1,890	100	100	100	100	101	(33)
149	1,540	2,290	2,040	106	101	107	106	94	(34)
101	1,490	1,500	1,400	96	103	99	99	104	(35)
…	…	…	…	nc	nc	nc	nc	nc	(36)
…	…	…	…	nc	nc	nc	nc	nc	(37)
201	1,790	3,600	3,310	104	102	106	106	101	(38)
193	1,890	3,650	3,390	99	98	98	98	98	(39)
125	1,700	2,130	1,870	101	98	99	94	97	(40)
58	1,580	916	797	97	98	95	95	92	(41)
54	1,780	961	846	95	111	105	105	104	(42)
33	1,650	545	495	110	92	101	102	110	(43)
…	…	…	…	nc	nc	nc	nc	nc	(44)
…	…	…	…	nc	nc	nc	nc	nc	(45)
123	1,530	1,880	1,620	103	102	105	104	105	(46)
22	964	212	136	96	nc	nc	nc	nc	(47)
90	1,050	945	790	82	106	87	86	106	(48)
39	872	340	328	91	81	73	87	78	(49)
…	…	…	…	nc	nc	nc	nc	nc	(50)
…	…	…	…	nc	nc	nc	nc	nc	(51)
680	1,760	12,000	11,700	97	104	100	102	87	(52)
…	…	…	…	nc	nc	nc	nc	nc	(53)
57	1,310	747	667	100	99	99	99	92	(54)
…	…	…	…	nc	nc	nc	nc	nc	(55)
…	…	…	…	nc	nc	nc	nc	nc	(56)
…	…	…	…	nc	nc	nc	nc	nc	(57)
…	…	…	…	nc	nc	nc	nc	nc	(58)
…	…	…	…	nc	nc	nc	nc	nc	(59)
…	…	…	…	nc	nc	nc	nc	nc	(60)
…	…	…	…	nc	nc	nc	nc	nc	(61)
…	…	…	…	nc	nc	nc	nc	nc	(62)

3　令和２年産都道府県別の作付面積、10ａ当たり収量、収穫量及び出荷量　（続き）

(11)　キャベツ

ア　計

全国農業地域・都道府県		作付面積	10ａ当たり収量	収穫量	出荷量	対前年産比 作付面積	対前年産比 10ａ当たり収量	対前年産比 収穫量	対前年産比 出荷量	(参考) 対平均収量比
		ha	kg	t	t	%	%	%	%	%
全国	(1)	**34,000**	**4,220**	**1,434,000**	**1,293,000**	**98**	**99**	**97**	**98**	**100**
(全国農業地域)										
北海道	(2)	1,110	5,320	59,100	56,100	95	107	102	102	112
都府県	(3)	…	…	…	…	nc	nc	nc	nc	nc
東北	(4)	…	…	…	…	nc	nc	nc	nc	nc
北陸	(5)	…	…	…	…	nc	nc	nc	nc	nc
関東・東山	(6)	…	…	…	…	nc	nc	nc	nc	nc
東海	(7)	6,480	4,550	295,000	274,800	98	99	97	97	103
近畿	(8)	…	…	…	…	nc	nc	nc	nc	nc
中国	(9)	1,500	2,860	42,900	33,500	101	100	101	100	101
四国	(10)	…	…	…	…	nc	nc	nc	nc	nc
九州	(11)	5,830	3,350	195,500	175,900	97	97	94	94	97
沖縄	(12)	…	…	…	…	nc	nc	nc	nc	nc
(都道府県)										
北海道	(13)	1,110	5,320	59,100	56,100	95	107	102	102	112
青森	(14)	440	3,950	17,400	15,100	95	105	101	101	109
岩手	(15)	830	3,810	31,600	28,500	100	105	105	106	105
宮城	(16)	325	2,020	6,580	4,620	93	100	93	89	98
秋田	(17)	338	2,350	7,940	4,950	90	94	85	84	95
山形	(18)	…	…	…	…	nc	nc	nc	nc	nc
福島	(19)	249	2,190	5,450	3,290	98	96	94	92	97
茨城	(20)	2,370	4,460	105,800	99,800	100	100	100	101	98
栃木	(21)	…	…	…	…	nc	nc	nc	nc	nc
群馬	(22)	4,080	6,290	256,500	231,700	101	93	93	93	94
埼玉	(23)	451	4,080	18,400	14,800	100	104	105	107	107
千葉	(24)	2,780	4,300	119,500	111,800	101	107	108	108	99
東京	(25)	200	3,420	6,830	6,310	99	96	94	91	79
神奈川	(26)	1,440	4,630	66,600	63,300	100	104	104	103	102
新潟	(27)	…	…	…	…	nc	nc	nc	nc	nc
富山	(28)	131	1,860	2,440	1,830	98	74	72	80	83
石川	(29)	…	…	…	…	nc	nc	nc	nc	nc
福井	(30)	127	2,610	3,310	2,890	106	99	104	102	104
山梨	(31)	121	2,630	3,180	2,800	98	97	95	96	93
長野	(32)	1,440	4,290	61,800	56,300	93	94	88	88	96
岐阜	(33)	240	1,660	3,990	2,940	99	63	63	60	65
静岡	(34)	463	3,930	18,200	15,900	95	112	106	106	112
愛知	(35)	5,370	4,880	262,300	247,600	99	99	98	98	104
三重	(36)	411	2,550	10,500	8,310	98	94	92	92	90
滋賀	(37)	335	3,100	10,400	9,130	101	103	104	105	105
京都	(38)	246	2,730	6,720	5,430	96	98	95	95	95
大阪	(39)	236	4,320	10,200	9,400	97	100	97	97	102
兵庫	(40)	773	3,620	28,000	23,700	96	99	96	96	103
奈良	(41)	…	…	…	…	nc	nc	nc	nc	nc
和歌山	(42)	201	3,640	7,320	6,530	96	104	99	100	95
鳥取	(43)	190	2,760	5,250	2,850	98	120	118	115	111
島根	(44)	262	2,190	5,740	4,290	103	91	93	89	93
岡山	(45)	305	4,130	12,600	11,200	100	97	97	97	108
広島	(46)	442	2,620	11,600	8,540	106	107	113	113	109
山口	(47)	304	2,530	7,700	6,610	96	94	90	94	83
徳島	(48)	136	4,280	5,820	4,970	98	97	95	95	97
香川	(49)	237	4,260	10,100	8,930	98	103	101	99	106
愛媛	(50)	401	3,240	13,000	11,200	96	97	93	93	96
高知	(51)	…	…	…	…	nc	nc	nc	nc	nc
福岡	(52)	690	3,520	24,300	21,700	98	92	90	89	93
佐賀	(53)	286	3,050	8,730	7,350	98	95	94	93	92
長崎	(54)	434	2,700	11,700	9,900	100	97	97	96	93
熊本	(55)	1,370	3,010	41,200	37,900	98	94	92	93	99
大分	(56)	513	3,100	15,900	14,400	102	104	106	115	106
宮崎	(57)	613	3,510	21,500	19,700	99	94	93	92	92
鹿児島	(58)	1,920	3,760	72,200	64,900	94	100	94	93	100
沖縄	(59)	…	…	…	…	nc	nc	nc	nc	nc
関東農政局	(60)	…	…	…	…	nc	nc	nc	nc	nc
東海農政局	(61)	6,020	4,600	276,800	258,900	99	98	97	97	103
中国四国農政局	(62)	…	…	…	…	nc	nc	nc	nc	nc

イ 春キャベツ

作付面積	10a当たり収量	収穫量	出荷量	対前年産比				(参考)対平均収量比	
				作付面積	10a当たり収量	収穫量	出荷量		
ha	kg	t	t	%	%	%	%	%	
8,770	4,060	356,200	323,900	99	101	100	100	98	(1)
…	…	…	…	nc	nc	nc	nc	nc	(2)
…	…	…	…	nc	nc	nc	nc	nc	(3)
…	…	…	…	nc	nc	nc	nc	nc	(4)
…	…	…	…	nc	nc	nc	nc	nc	(5)
…	…	…	…	nc	nc	nc	nc	nc	(6)
1,630	4,450	72,500	67,800	97	105	102	102	97	(7)
…	…	…	…	nc	nc	nc	nc	nc	(8)
…	…	…	…	nc	nc	nc	nc	nc	(9)
…	…	…	…	nc	nc	nc	nc	nc	(10)
…	…	…	…	nc	nc	nc	nc	nc	(11)
…	…	…	…	nc	nc	nc	nc	nc	(12)
…	…	…	…	nc	nc	nc	nc	nc	(13)
…	…	…	…	nc	nc	nc	nc	nc	(14)
…	…	…	…	nc	nc	nc	nc	nc	(15)
107	1,660	1,780	1,060	95	106	101	96	105	(16)
…	…	…	…	nc	nc	nc	nc	nc	(17)
…	…	…	…	nc	nc	nc	nc	nc	(18)
113	2,340	2,640	1,400	98	101	99	98	100	(19)
915	4,880	44,700	42,700	100	96	96	96	95	(20)
…	…	…	…	nc	nc	nc	nc	nc	(21)
161	4,160	6,700	5,770	119	98	117	117	120	(22)
138	4,100	5,660	4,400	93	102	94	96	104	(23)
1,270	4,410	56,000	52,000	100	101	101	101	99	(24)
88	3,550	3,120	2,950	99	94	93	91	79	(25)
878	4,720	41,400	39,800	101	102	103	102	98	(26)
…	…	…	…	nc	nc	nc	nc	nc	(27)
43	2,330	1,000	606	98	83	81	73	106	(28)
…	…	…	…	nc	nc	nc	nc	nc	(29)
…	…	…	…	nc	nc	nc	nc	nc	(30)
…	…	…	…	nc	nc	nc	nc	nc	(31)
105	4,890	5,130	4,610	80	98	78	78	101	(32)
89	1,880	1,670	1,070	99	97	95	94	82	(33)
129	3,780	4,880	4,420	97	105	102	103	102	(34)
1,270	4,920	62,500	59,400	97	105	102	102	97	(35)
142	2,460	3,490	2,860	100	103	103	103	96	(36)
…	…	…	…	nc	nc	nc	nc	nc	(37)
136	3,010	4,090	3,560	96	102	98	98	96	(38)
43	3,850	1,660	1,600	96	103	99	99	96	(39)
312	3,500	10,900	9,290	97	100	97	97	102	(40)
…	…	…	…	nc	nc	nc	nc	nc	(41)
74	3,640	2,690	2,410	96	113	109	109	103	(42)
…	…	…	…	nc	nc	nc	nc	nc	(43)
…	…	…	…	nc	nc	nc	nc	nc	(44)
86	4,250	3,660	3,290	96	100	96	96	108	(45)
…	…	…	…	nc	nc	nc	nc	nc	(46)
105	2,420	2,540	2,210	95	95	89	94	85	(47)
52	4,600	2,390	2,190	100	100	100	100	100	(48)
97	4,950	4,800	4,240	98	108	106	103	106	(49)
129	2,900	3,740	3,160	98	93	91	92	92	(50)
…	…	…	…	nc	nc	nc	nc	nc	(51)
280	3,090	8,650	7,930	99	85	85	84	83	(52)
…	…	…	…	nc	nc	nc	nc	nc	(53)
136	3,220	4,380	3,720	98	99	97	97	96	(54)
310	3,570	11,100	10,300	99	95	94	94	101	(55)
150	4,030	6,050	5,320	102	106	108	117	110	(56)
183	3,680	6,730	6,040	96	103	98	99	97	(57)
471	4,050	19,100	17,500	105	100	106	106	102	(58)
…	…	…	…	nc	nc	nc	nc	nc	(59)
…	…	…	…	nc	nc	nc	nc	nc	(60)
1,500	4,510	67,700	63,300	97	105	102	102	97	(61)
…	…	…	…	nc	nc	nc	nc	nc	(62)

3　令和２年産都道府県別の作付面積、10ａ当たり収量、収穫量及び出荷量　（続き）

(11)　キャベツ（続き）

ウ　夏秋キャベツ

全国農業地域・都道府県		作付面積	10ａ当たり収量	収穫量	出荷量	対前年産比 作付面積	対前年産比 10ａ当たり収量	対前年産比 収穫量	対前年産比 出荷量	（参考）対平均収量比
		ha	kg	t	t	%	%	%	%	%
全国	(1)	10,100	4,740	478,600	429,900	98	98	96	96	101
（全国農業地域）										
北海道	(2)	883	5,140	45,400	43,200	96	104	100	100	111
都府県	(3)	…	…	…	…	nc	nc	nc	nc	nc
東北	(4)	…	…	…	…	nc	nc	nc	nc	nc
北陸	(5)	…	…	…	…	nc	nc	nc	nc	nc
関東・東山	(6)	…	…	…	…	nc	nc	nc	nc	nc
東海	(7)	…	…	…	…	nc	nc	nc	nc	nc
近畿	(8)	…	…	…	…	nc	nc	nc	nc	nc
中国	(9)	…	…	…	…	nc	nc	nc	nc	nc
四国	(10)	…	…	…	…	nc	nc	nc	nc	nc
九州	(11)	…	…	…	…	nc	nc	nc	nc	nc
沖縄	(12)	…	…	…	…	nc	nc	nc	nc	nc
（都道府県）										
北海道	(13)	883	5,140	45,400	43,200	96	104	100	100	111
青森	(14)	331	4,060	13,400	12,000	95	104	99	98	108
岩手	(15)	739	3,900	28,800	26,400	99	104	104	105	104
宮城	(16)	104	2,270	2,360	1,850	92	98	90	88	96
秋田	(17)	245	2,250	5,510	2,990	90	95	86	86	98
山形	(18)	…	…	…	…	nc	nc	nc	nc	nc
福島	(19)	…	…	…	…	nc	nc	nc	nc	nc
茨城	(20)	542	3,950	21,400	20,200	100	102	102	102	102
栃木	(21)	…	…	…	…	nc	nc	nc	nc	nc
群馬	(22)	3,600	6,780	244,100	221,400	100	94	94	94	96
埼玉	(23)	…	…	…	…	nc	nc	nc	nc	nc
千葉	(24)	84	3,660	3,070	2,720	112	138	154	155	107
東京	(25)	18	3,360	605	558	95	99	94	95	85
神奈川	(26)	65	3,060	1,990	1,860	100	97	97	96	99
新潟	(27)	…	…	…	…	nc	nc	nc	nc	nc
富山	(28)	…	…	…	…	nc	nc	nc	nc	nc
石川	(29)	…	…	…	…	nc	nc	nc	nc	nc
福井	(30)	…	…	…	…	nc	nc	nc	nc	nc
山梨	(31)	106	2,680	2,840	2,500	97	99	96	98	94
長野	(32)	1,330	4,260	56,700	51,700	94	95	89	89	97
岐阜	(33)	…	…	…	…	nc	nc	nc	nc	nc
静岡	(34)	…	…	…	…	nc	nc	nc	nc	nc
愛知	(35)	…	…	…	…	nc	nc	nc	nc	nc
三重	(36)	…	…	…	…	nc	nc	nc	nc	nc
滋賀	(37)	…	…	…	…	nc	nc	nc	nc	nc
京都	(38)	…	…	…	…	nc	nc	nc	nc	nc
大阪	(39)	…	…	…	…	nc	nc	nc	nc	nc
兵庫	(40)	…	…	…	…	nc	nc	nc	nc	nc
奈良	(41)	…	…	…	…	nc	nc	nc	nc	nc
和歌山	(42)	…	…	…	…	nc	nc	nc	nc	nc
鳥取	(43)	46	2,070	952	800	98	106	103	103	80
島根	(44)	52	1,400	728	580	100	84	84	81	85
岡山	(45)	62	3,770	2,340	2,050	90	99	89	90	112
広島	(46)	174	2,640	4,590	3,850	105	100	106	105	110
山口	(47)	…	…	…	…	nc	nc	nc	nc	nc
徳島	(48)	…	…	…	…	nc	nc	nc	nc	nc
香川	(49)	…	…	…	…	nc	nc	nc	nc	nc
愛媛	(50)	…	…	…	…	nc	nc	nc	nc	nc
高知	(51)	…	…	…	…	nc	nc	nc	nc	nc
福岡	(52)	…	…	…	…	nc	nc	nc	nc	nc
佐賀	(53)	…	…	…	…	nc	nc	nc	nc	nc
長崎	(54)	…	…	…	…	nc	nc	nc	nc	nc
熊本	(55)	496	2,370	11,800	11,100	99	99	98	98	104
大分	(56)	…	…	…	…	nc	nc	nc	nc	nc
宮崎	(57)	…	…	…	…	nc	nc	nc	nc	nc
鹿児島	(58)	…	…	…	…	nc	nc	nc	nc	nc
沖縄	(59)	…	…	…	…	nc	nc	nc	nc	nc
関東農政局	(60)	…	…	…	…	nc	nc	nc	nc	nc
東海農政局	(61)	…	…	…	…	nc	nc	nc	nc	nc
中国四国農政局	(62)	…	…	…	…	nc	nc	nc	nc	nc

エ　冬キャベツ

作付面積	10a当たり収量	収穫量	出荷量	対前年産比 作付面積	対前年産比 10a当たり収量	対前年産比 収穫量	対前年産比 出荷量	(参考)対平均収量比	
ha	kg	t	t	%	%	%	%	%	
15,100	**3,970**	**598,800**	**538,700**	**98**	**99**	**97**	**98**	**101**	(1)
179	5,510	9,860	9,160	92	101	92	92	104	(2)
…	…	…	…	nc	nc	nc	nc	nc	(3)
…	…	…	…	nc	nc	nc	nc	nc	(4)
…	…	…	…	nc	nc	nc	nc	nc	(5)
…	…	…	…	nc	nc	nc	nc	nc	(6)
…	…	…	…	nc	nc	nc	nc	nc	(7)
…	…	…	…	nc	nc	nc	nc	nc	(8)
746	3,000	22,400	17,100	103	100	103	101	99	(9)
…	…	…	…	nc	nc	nc	nc	nc	(10)
…	…	…	…	nc	nc	nc	nc	nc	(11)
…	…	…	…	nc	nc	nc	nc	nc	(12)
179	5,510	9,860	9,160	92	101	92	92	104	(13)
…	…	…	…	nc	nc	nc	nc	nc	(14)
…	…	…	…	nc	nc	nc	nc	nc	(15)
…	…	…	…	nc	nc	nc	nc	nc	(16)
…	…	…	…	nc	nc	nc	nc	nc	(17)
…	…	…	…	nc	nc	nc	nc	nc	(18)
…	…	…	…	nc	nc	nc	nc	nc	(19)
909	4,370	39,700	36,900	100	104	104	105	102	(20)
…	…	…	…	nc	nc	nc	nc	nc	(21)
…	…	…	…	nc	nc	nc	nc	nc	(22)
282	4,080	11,500	9,550	105	102	107	110	106	(23)
1,420	4,250	60,400	57,100	101	112	113	114	100	(24)
94	3,300	3,100	2,800	99	96	95	91	79	(25)
495	4,690	23,200	21,600	98	108	105	106	110	(26)
…	…	…	…	nc	nc	nc	nc	nc	(27)
…	…	…	…	nc	nc	nc	nc	nc	(28)
…	…	…	…	nc	nc	nc	nc	nc	(29)
90	2,670	2,400	2,100	106	98	104	98	104	(30)
…	…	…	…	nc	nc	nc	nc	nc	(31)
…	…	…	…	nc	nc	nc	nc	nc	(32)
…	…	…	…	nc	nc	nc	nc	nc	(33)
309	4,060	12,500	10,800	94	114	107	107	115	(34)
4,090	4,880	199,600	188,000	100	97	96	96	107	(35)
259	2,650	6,860	5,340	97	90	87	87	88	(36)
298	3,000	8,940	7,870	101	100	101	102	103	(37)
…	…	…	…	nc	nc	nc	nc	nc	(38)
190	4,430	8,420	7,750	97	99	96	96	102	(39)
425	3,830	16,300	13,900	96	99	94	95	104	(40)
…	…	…	…	nc	nc	nc	nc	nc	(41)
126	3,660	4,610	4,110	95	99	95	95	90	(42)
106	3,040	3,220	1,610	99	120	118	117	118	(43)
130	2,350	3,060	2,620	104	89	92	88	92	(44)
157	4,190	6,580	5,860	107	95	101	101	103	(45)
180	2,560	4,610	2,810	106	111	118	118	108	(46)
173	2,820	4,880	4,200	97	94	91	94	81	(47)
67	4,040	2,710	2,240	96	98	94	93	92	(48)
128	3,890	4,980	4,430	98	97	96	96	107	(49)
187	3,720	6,960	5,920	94	101	95	95	100	(50)
…	…	…	…	nc	nc	nc	nc	nc	(51)
370	3,980	14,700	13,200	98	95	92	92	98	(52)
224	3,060	6,850	5,960	98	93	92	92	89	(53)
252	2,600	6,550	5,590	101	95	96	96	89	(54)
567	3,220	18,300	16,500	97	90	88	89	93	(55)
…	…	…	…	nc	nc	nc	nc	nc	(56)
337	3,650	12,300	11,400	100	91	92	91	91	(57)
1,420	3,700	52,500	46,900	90	99	90	89	98	(58)
…	…	…	…	nc	nc	nc	nc	nc	(59)
…	…	…	…	nc	nc	nc	nc	nc	(60)
…	…	…	…	nc	nc	nc	nc	nc	(61)
…	…	…	…	nc	nc	nc	nc	nc	(62)

3　令和２年産都道府県別の作付面積、10ａ当たり収量、収穫量及び出荷量　(続き)

(12)　ちんげんさい

全国農業地域・都道府県	作付面積	10ａ当たり収量	収穫量	出荷量	対前年産比 作付面積	対前年産比 10ａ当たり収量	対前年産比 収穫量	対前年産比 出荷量	(参考)対平均収量比
	ha	kg	t	t	%	%	%	%	%
全国 (1)	2,150	1,930	41,400	36,800	100	101	101	102	98
(全国農業地域)									
北海道 (2)	40	2,180	872	801	95	109	104	105	107
都府県 (3)	…	…	…	…	nc	nc	nc	nc	nc
東北 (4)	…	…	…	…	nc	nc	nc	nc	nc
北陸 (5)	…	…	…	…	nc	nc	nc	nc	nc
関東・東山 (6)	…	…	…	…	nc	nc	nc	nc	nc
東海 (7)	…	…	…	…	nc	nc	nc	nc	nc
近畿 (8)	…	…	…	…	nc	nc	nc	nc	nc
中国 (9)	…	…	…	…	nc	nc	nc	nc	nc
四国 (10)	…	…	…	…	nc	nc	nc	nc	nc
九州 (11)	…	…	…	…	nc	nc	nc	nc	nc
沖縄 (12)	69	1,310	904	763	92	103	95	95	100
(都道府県)									
北海道 (13)	40	2,180	872	801	95	109	104	105	107
青森 (14)	…	…	…	…	nc	nc	nc	nc	nc
岩手 (15)	…	…	…	…	nc	nc	nc	nc	nc
宮城 (16)	55	1,310	721	550	106	102	108	111	101
秋田 (17)	…	…	…	…	nc	nc	nc	nc	nc
山形 (18)	…	…	…	…	nc	nc	nc	nc	nc
福島 (19)	35	1,600	560	370	97	99	96	96	99
茨城 (20)	512	2,310	11,800	10,700	103	100	102	104	99
栃木 (21)	…	…	…	…	nc	nc	nc	nc	nc
群馬 (22)	141	1,420	2,000	1,770	98	111	109	109	77
埼玉 (23)	107	2,240	2,400	2,120	103	100	103	103	102
千葉 (24)	77	1,550	1,190	958	100	97	98	97	92
東京 (25)	…	…	…	…	nc	nc	nc	nc	nc
神奈川 (26)	…	…	…	…	nc	nc	nc	nc	nc
新潟 (27)	…	…	…	…	nc	nc	nc	nc	nc
富山 (28)	…	…	…	…	nc	nc	nc	nc	nc
石川 (29)	…	…	…	…	nc	nc	nc	nc	nc
福井 (30)	…	…	…	…	nc	nc	nc	nc	nc
山梨 (31)	…	…	…	…	nc	nc	nc	nc	nc
長野 (32)	80	2,140	1,710	1,590	91	103	94	97	103
岐阜 (33)	…	…	…	…	nc	nc	nc	nc	nc
静岡 (34)	295	2,450	7,230	6,840	95	102	96	96	103
愛知 (35)	135	2,170	2,930	2,740	102	104	105	105	100
三重 (36)	…	…	…	…	nc	nc	nc	nc	nc
滋賀 (37)	…	…	…	…	nc	nc	nc	nc	nc
京都 (38)	…	…	…	…	nc	nc	nc	nc	nc
大阪 (39)	…	…	…	…	nc	nc	nc	nc	nc
兵庫 (40)	50	1,650	825	723	100	99	99	99	99
奈良 (41)	…	…	…	…	nc	nc	nc	nc	nc
和歌山 (42)	…	…	…	…	nc	nc	nc	nc	nc
鳥取 (43)	26	1,710	445	418	100	87	87	87	89
島根 (44)	…	…	…	…	nc	nc	nc	nc	nc
岡山 (45)	…	…	…	…	nc	nc	nc	nc	nc
広島 (46)	…	…	…	…	nc	nc	nc	nc	nc
山口 (47)	…	…	…	…	nc	nc	nc	nc	nc
徳島 (48)	39	1,130	441	393	103	94	97	96	87
香川 (49)	…	…	…	…	nc	nc	nc	nc	nc
愛媛 (50)	…	…	…	…	nc	nc	nc	nc	nc
高知 (51)	…	…	…	…	nc	nc	nc	nc	nc
福岡 (52)	79	1,340	1,060	980	132	92	121	122	89
佐賀 (53)	…	…	…	…	nc	nc	nc	nc	nc
長崎 (54)	…	…	…	…	nc	nc	nc	nc	nc
熊本 (55)	39	2,070	807	742	108	98	106	105	105
大分 (56)	…	…	…	…	nc	nc	nc	nc	nc
宮崎 (57)	…	…	…	…	nc	nc	nc	nc	nc
鹿児島 (58)	30	1,560	468	419	100	99	99	98	108
沖縄 (59)	69	1,310	904	763	92	103	95	95	100
関東農政局 (60)	…	…	…	…	nc	nc	nc	nc	nc
東海農政局 (61)	…	…	…	…	nc	nc	nc	nc	nc
中国四国農政局 (62)	…	…	…	…	nc	nc	nc	nc	nc

(13) ほうれんそう

作付面積	10a当たり収量	収穫量	出荷量	対前年産比 作付面積	対前年産比 10a当たり収量	対前年産比 収穫量	対前年産比 出荷量	(参考) 対平均収量比	
ha	kg	t	t	%	%	%	%	%	
19,600	1,090	213,900	182,700	98	100	98	99	94	(1)
447	1,010	4,510	4,190	93	97	90	90	102	(2)
…	…	…	…	nc	nc	nc	nc	nc	(3)
…	…	…	…	nc	nc	nc	nc	nc	(4)
…	…	…	…	nc	nc	nc	nc	nc	(5)
…	…	…	…	nc	nc	nc	nc	nc	(6)
…	…	…	…	nc	nc	nc	nc	nc	(7)
…	…	…	…	nc	nc	nc	nc	nc	(8)
…	…	…	…	nc	nc	nc	nc	nc	(9)
…	…	…	…	nc	nc	nc	nc	nc	(10)
…	…	…	…	nc	nc	nc	nc	nc	(11)
…	…	…	…	nc	nc	nc	nc	nc	(12)
447	1,010	4,510	4,190	93	97	90	90	102	(13)
…	…	…	…	nc	nc	nc	nc	nc	(14)
675	483	3,260	2,620	93	100	93	92	99	(15)
350	855	2,990	1,780	100	117	117	119	100	(16)
190	695	1,320	1,010	96	96	92	93	105	(17)
…	…	…	…	nc	nc	nc	nc	nc	(18)
295	980	2,890	1,930	99	103	101	102	102	(19)
1,290	1,280	16,500	14,800	104	98	102	103	87	(20)
602	964	5,800	4,930	100	98	98	101	93	(21)
1,980	1,130	22,400	20,500	105	106	111	111	102	(22)
1,890	1,200	22,700	19,000	94	101	95	95	99	(23)
1,810	1,070	19,400	17,800	95	109	103	103	73	(24)
348	1,180	4,110	3,750	98	118	116	116	106	(25)
661	1,230	8,130	7,540	100	101	101	100	103	(26)
…	…	…	…	nc	nc	nc	nc	nc	(27)
52	900	468	313	87	103	89	112	117	(28)
…	…	…	…	nc	nc	nc	nc	nc	(29)
73	989	722	564	97	92	89	98	106	(30)
…	…	…	…	nc	nc	nc	nc	nc	(31)
409	834	3,410	2,420	95	99	94	96	97	(32)
1,210	985	11,900	10,600	99	104	103	104	108	(33)
…	…	…	…	nc	nc	nc	nc	nc	(34)
438	1,100	4,820	4,260	100	97	97	97	85	(35)
…	…	…	…	nc	nc	nc	nc	nc	(36)
105	1,150	1,210	794	99	99	98	98	105	(37)
334	1,590	5,310	4,570	102	101	103	103	103	(38)
…	…	…	…	nc	nc	nc	nc	nc	(39)
272	1,320	3,590	2,220	99	98	96	97	102	(40)
290	1,230	3,570	3,000	99	107	106	106	103	(41)
77	1,130	870	706	97	91	89	89	90	(42)
139	1,020	1,420	1,010	100	89	89	89	97	(43)
…	…	…	…	nc	nc	nc	nc	nc	(44)
…	…	…	…	nc	nc	nc	nc	nc	(45)
392	1,150	4,510	3,540	101	97	98	98	104	(46)
204	855	1,740	1,380	99	101	99	106	92	(47)
388	760	2,950	2,640	95	80	76	76	84	(48)
…	…	…	…	nc	nc	nc	nc	nc	(49)
157	859	1,350	1,010	95	101	96	96	98	(50)
…	…	…	…	nc	nc	nc	nc	nc	(51)
795	1,280	10,200	9,300	112	96	108	107	95	(52)
120	684	821	585	99	98	98	98	85	(53)
175	904	1,580	1,290	99	89	88	88	83	(54)
466	1,080	5,030	4,480	92	96	89	89	89	(55)
…	…	…	…	nc	nc	nc	nc	nc	(56)
870	1,580	13,700	12,300	87	98	85	86	92	(57)
…	…	…	…	nc	nc	nc	nc	nc	(58)
…	…	…	…	nc	nc	nc	nc	nc	(59)
…	…	…	…	nc	nc	nc	nc	nc	(60)
…	…	…	…	nc	nc	nc	nc	nc	(61)
…	…	…	…	nc	nc	nc	nc	nc	(62)

3　令和２年産都道府県別の作付面積、10ａ当たり収量、収穫量及び出荷量　（続き）

(14)　ふき

全国農業地域・都道府県		作付面積	10ａ当たり収量	収穫量	出荷量	対前年産比 作付面積	対前年産比 10ａ当たり収量	対前年産比 収穫量	対前年産比 出荷量	(参考) 対平均収量比
		ha	kg	t	t	%	%	%	%	%
全国	**(1)**	**498**	**1,800**	**8,980**	**7,660**	**96**	**100**	**97**	**98**	**93**
(全国農業地域)										
北海道	(2)	22	1,920	422	399	96	101	97	96	116
都府県	(3)	…	…	…	…	nc	nc	nc	nc	nc
東北	(4)	…	…	…	…	nc	nc	nc	nc	nc
北陸	(5)	…	…	…	…	nc	nc	nc	nc	nc
関東・東山	(6)	…	…	…	…	nc	nc	nc	nc	nc
東海	(7)	…	…	…	…	nc	nc	nc	nc	nc
近畿	(8)	…	…	…	…	nc	nc	nc	nc	nc
中国	(9)	…	…	…	…	nc	nc	nc	nc	nc
四国	(10)	…	…	…	…	nc	nc	nc	nc	nc
九州	(11)	…	…	…	…	nc	nc	nc	nc	nc
沖縄	(12)	…	…	…	…	nc	nc	nc	nc	nc
(都道府県)										
北海道	(13)	22	1,920	422	399	96	101	97	96	116
青森	(14)	4	675	27	8	100	102	104	100	121
岩手	(15)	18	539	97	48	95	97	92	92	95
宮城	(16)	…	…	…	…	nc	nc	nc	nc	nc
秋田	(17)	32	934	299	211	97	107	104	103	100
山形	(18)	11	506	56	38	100	100	100	100	103
福島	(19)	16	538	86	73	94	99	93	94	98
茨城	(20)	…	…	…	…	nc	nc	nc	nc	nc
栃木	(21)	7	829	58	39	88	100	88	89	107
群馬	(22)	96	1,200	1,150	937	99	103	102	105	95
埼玉	(23)	…	…	…	…	nc	nc	nc	nc	nc
千葉	(24)	4	1,500	60	41	50	95	48	47	89
東京	(25)	…	…	…	…	nc	nc	nc	nc	nc
神奈川	(26)	…	…	…	…	nc	nc	nc	nc	nc
新潟	(27)	18	456	82	60	95	110	104	105	106
富山	(28)	…	…	…	…	nc	nc	nc	nc	nc
石川	(29)	…	…	…	…	nc	nc	nc	nc	nc
福井	(30)	…	…	…	…	nc	nc	nc	nc	nc
山梨	(31)	…	…	…	…	nc	nc	nc	nc	nc
長野	(32)	24	758	182	72	92	99	92	95	99
岐阜	(33)	…	…	…	…	nc	nc	nc	nc	nc
静岡	(34)	10	780	78	58	83	98	82	83	94
愛知	(35)	68	5,250	3,570	3,350	97	101	98	98	86
三重	(36)	…	…	…	…	nc	nc	nc	nc	nc
滋賀	(37)	…	…	…	…	nc	nc	nc	nc	nc
京都	(38)	11	573	63	56	110	97	107	106	101
大阪	(39)	11	7,570	833	783	100	96	96	96	94
兵庫	(40)	…	…	…	…	nc	nc	nc	nc	nc
奈良	(41)	…	…	…	…	nc	nc	nc	nc	nc
和歌山	(42)	…	…	…	…	nc	nc	nc	nc	nc
鳥取	(43)	…	…	…	…	nc	nc	nc	nc	nc
島根	(44)	…	…	…	…	nc	nc	nc	nc	nc
岡山	(45)	…	…	…	…	nc	nc	nc	nc	nc
広島	(46)	10	1,240	124	107	100	100	100	100	96
山口	(47)	…	…	…	…	nc	nc	nc	nc	nc
徳島	(48)	25	1,450	363	303	100	103	103	104	78
香川	(49)	…	…	…	…	nc	nc	nc	nc	nc
愛媛	(50)	16	638	102	62	100	82	82	94	67
高知	(51)	…	…	…	…	nc	nc	nc	nc	nc
福岡	(52)	…	…	…	…	nc	nc	nc	nc	nc
佐賀	(53)	…	…	…	…	nc	nc	nc	nc	nc
長崎	(54)	…	…	…	…	nc	nc	nc	nc	nc
熊本	(55)	…	…	…	…	nc	nc	nc	nc	nc
大分	(56)	…	…	…	…	nc	nc	nc	nc	nc
宮崎	(57)	…	…	…	…	nc	nc	nc	nc	nc
鹿児島	(58)	…	…	…	…	nc	nc	nc	nc	nc
沖縄	(59)	…	…	…	…	nc	nc	nc	nc	nc
関東農政局	(60)	…	…	…	…	nc	nc	nc	nc	nc
東海農政局	(61)	…	…	…	…	nc	nc	nc	nc	nc
中国四国農政局	(62)	…	…	…	…	nc	nc	nc	nc	nc

(15)　みつば

作付面積	10a当たり収量	収穫量	出荷量	対前年産比 作付面積	対前年産比 10a当たり収量	対前年産比 収穫量	対前年産比 出荷量	(参考)対平均収量比	
ha	kg	t	t	%	%	%	%	%	
874	1,530	13,400	12,400	98	97	96	94	98	(1)
43	676	291	268	93	129	120	124	111	(2)
…	…	…	…	nc	nc	nc	nc	nc	(3)
…	…	…	…	nc	nc	nc	nc	nc	(4)
…	…	…	…	nc	nc	nc	nc	nc	(5)
…	…	…	…	nc	nc	nc	nc	nc	(6)
…	…	…	…	nc	nc	nc	nc	nc	(7)
…	…	…	…	nc	nc	nc	nc	nc	(8)
…	…	…	…	nc	nc	nc	nc	nc	(9)
…	…	…	…	nc	nc	nc	nc	nc	(10)
…	…	…	…	nc	nc	nc	nc	nc	(11)
…	…	…	…	nc	nc	nc	nc	nc	(12)
43	676	291	268	93	129	120	124	111	(13)
…	…	…	…	nc	nc	nc	nc	nc	(14)
…	…	…	…	nc	nc	nc	nc	nc	(15)
…	…	…	…	nc	nc	nc	nc	nc	(16)
…	…	…	…	nc	nc	nc	nc	nc	(17)
…	…	…	…	nc	nc	nc	nc	nc	(18)
39	1,340	523	462	100	104	104	104	102	(19)
166	1,030	1,710	1,560	100	99	99	99	122	(20)
…	…	…	…	nc	nc	nc	nc	nc	(21)
…	…	…	…	nc	nc	nc	nc	nc	(22)
50	2,580	1,290	1,210	91	102	93	92	97	(23)
150	1,740	2,610	2,500	99	97	96	96	97	(24)
…	…	…	…	nc	nc	nc	nc	nc	(25)
…	…	…	…	nc	nc	nc	nc	nc	(26)
…	…	…	…	nc	nc	nc	nc	nc	(27)
…	…	…	…	nc	nc	nc	nc	nc	(28)
…	…	…	…	nc	nc	nc	nc	nc	(29)
…	…	…	…	nc	nc	nc	nc	nc	(30)
…	…	…	…	nc	nc	nc	nc	nc	(31)
…	…	…	…	nc	nc	nc	nc	nc	(32)
…	…	…	…	nc	nc	nc	nc	nc	(33)
79	1,630	1,290	1,210	99	93	91	92	95	(34)
92	1,790	1,650	1,550	98	88	86	86	76	(35)
…	…	…	…	nc	nc	nc	nc	nc	(36)
…	…	…	…	nc	nc	nc	nc	nc	(37)
…	…	…	…	nc	nc	nc	nc	nc	(38)
27	2,200	594	577	100	99	99	99	97	(39)
…	…	…	…	nc	nc	nc	nc	nc	(40)
…	…	…	…	nc	nc	nc	nc	nc	(41)
…	…	…	…	nc	nc	nc	nc	nc	(42)
…	…	…	…	nc	nc	nc	nc	nc	(43)
…	…	…	…	nc	nc	nc	nc	nc	(44)
…	…	…	…	nc	nc	nc	nc	nc	(45)
…	…	…	…	nc	nc	nc	nc	nc	(46)
…	…	…	…	nc	nc	nc	nc	nc	(47)
…	…	…	…	nc	nc	nc	nc	nc	(48)
…	…	…	…	nc	nc	nc	nc	nc	(49)
…	…	…	…	nc	nc	nc	nc	nc	(50)
…	…	…	…	nc	nc	nc	nc	nc	(51)
20	1,420	284	271	95	104	99	98	101	(52)
…	…	…	…	nc	nc	nc	nc	nc	(53)
…	…	…	…	nc	nc	nc	nc	nc	(54)
…	…	…	…	nc	nc	nc	nc	nc	(55)
63	1,470	926	916	100	97	97	97	88	(56)
…	…	…	…	nc	nc	nc	nc	nc	(57)
…	…	…	…	nc	nc	nc	nc	nc	(58)
…	…	…	…	nc	nc	nc	nc	nc	(59)
…	…	…	…	nc	nc	nc	nc	nc	(60)
…	…	…	…	nc	nc	nc	nc	nc	(61)
…	…	…	…	nc	nc	nc	nc	nc	(62)

3 令和2年産都道府県別の作付面積、10a当たり収量、収穫量及び出荷量 （続き）

(16) しゅんぎく

全国農業地域・都道府県	作付面積	10a当たり収量	収穫量	出荷量	対前年産比 作付面積	対前年産比 10a当たり収量	対前年産比 収穫量	対前年産比 出荷量	(参考) 対平均収量比
	ha	kg	t	t	%	%	%	%	%
全国 (1)	**1,830**	**1,500**	**27,400**	**22,600**	**100**	**102**	**102**	**104**	**99**
(全国農業地域)									
北海道 (2)	…	…	…	…	nc	nc	nc	nc	nc
都府県 (3)	…	…	…	…	nc	nc	nc	nc	nc
東北 (4)	…	…	…	…	nc	nc	nc	nc	nc
北陸 (5)	…	…	…	…	nc	nc	nc	nc	nc
関東・東山 (6)	…	…	…	…	nc	nc	nc	nc	nc
東海 (7)	…	…	…	…	nc	nc	nc	nc	nc
近畿 (8)	406	1,550	6,280	5,460	97	102	99	100	98
中国 (9)	…	…	…	…	nc	nc	nc	nc	nc
四国 (10)	…	…	…	…	nc	nc	nc	nc	nc
九州 (11)	…	…	…	…	nc	nc	nc	nc	nc
沖縄 (12)	…	…	…	…	nc	nc	nc	nc	nc
(都道府県)									
北海道 (13)	…	…	…	…	nc	nc	nc	nc	nc
青森 (14)	28	757	212	133	97	98	95	95	94
岩手 (15)	34	871	296	209	83	108	89	91	110
宮城 (16)	54	1,350	729	621	104	112	116	116	105
秋田 (17)	…	…	…	…	nc	nc	nc	nc	nc
山形 (18)	…	…	…	…	nc	nc	nc	nc	nc
福島 (19)	73	1,220	891	695	103	105	108	109	106
茨城 (20)	121	1,910	2,310	1,840	104	104	108	108	88
栃木 (21)	51	2,370	1,210	1,010	100	98	98	104	95
群馬 (22)	116	2,090	2,420	2,040	101	101	102	101	119
埼玉 (23)	70	1,450	1,020	772	96	104	100	106	103
千葉 (24)	160	1,710	2,740	2,410	99	99	98	98	80
東京 (25)	…	…	…	…	nc	nc	nc	nc	nc
神奈川 (26)	…	…	…	…	nc	nc	nc	nc	nc
新潟 (27)	30	910	273	181	94	106	99	105	93
富山 (28)	…	…	…	…	nc	nc	nc	nc	nc
石川 (29)	…	…	…	…	nc	nc	nc	nc	nc
福井 (30)	…	…	…	…	nc	nc	nc	nc	nc
山梨 (31)	…	…	…	…	nc	nc	nc	nc	nc
長野 (32)	33	1,100	363	252	92	101	93	93	102
岐阜 (33)	23	1,870	430	380	100	115	115	116	119
静岡 (34)	…	…	…	…	nc	nc	nc	nc	nc
愛知 (35)	32	1,850	592	426	100	95	95	95	93
三重 (36)	…	…	…	…	nc	nc	nc	nc	nc
滋賀 (37)	38	1,350	513	427	95	101	96	100	100
京都 (38)	30	1,660	498	398	94	101	95	95	101
大阪 (39)	187	1,740	3,250	3,090	100	104	104	104	99
兵庫 (40)	105	1,290	1,350	996	95	101	96	96	98
奈良 (41)	29	1,330	386	317	97	96	93	93	91
和歌山 (42)	17	1,650	281	233	94	102	96	96	92
鳥取 (43)	…	…	…	…	nc	nc	nc	nc	nc
島根 (44)	…	…	…	…	nc	nc	nc	nc	nc
岡山 (45)	20	1,010	202	150	95	81	78	77	83
広島 (46)	64	1,670	1,070	795	100	101	101	101	121
山口 (47)	23	1,270	292	184	92	122	112	122	127
徳島 (48)	…	…	…	…	nc	nc	nc	nc	nc
香川 (49)	…	…	…	…	nc	nc	nc	nc	nc
愛媛 (50)	23	1,180	271	187	96	101	96	97	97
高知 (51)	…	…	…	…	nc	nc	nc	nc	nc
福岡 (52)	179	1,370	2,450	2,200	115	102	117	119	98
佐賀 (53)	…	…	…	…	nc	nc	nc	nc	nc
長崎 (54)	…	…	…	…	nc	nc	nc	nc	nc
熊本 (55)	23	1,000	230	190	100	99	99	99	122
大分 (56)	…	…	…	…	nc	nc	nc	nc	nc
宮崎 (57)	…	…	…	…	nc	nc	nc	nc	nc
鹿児島 (58)	…	…	…	…	nc	nc	nc	nc	nc
沖縄 (59)	…	…	…	…	nc	nc	nc	nc	nc
関東農政局 (60)	…	…	…	…	nc	nc	nc	nc	nc
東海農政局 (61)	…	…	…	…	nc	nc	nc	nc	nc
中国四国農政局 (62)	…	…	…	…	nc	nc	nc	nc	nc

(17)　みずな

作付面積	10a当たり収量	収穫量	出荷量	対前年産比 作付面積	対前年産比 10a当たり収量	対前年産比 収穫量	対前年産比 出荷量	(参考)対平均収量比	
ha	kg	t	t	%	%	%	%	%	
2,490	1,760	43,800	38,900	100	98	99	98	102	(1)
34	2,460	836	753	92	100	92	92	111	(2)
…	…	…	…	nc	nc	nc	nc	nc	(3)
…	…	…	…	nc	nc	nc	nc	nc	(4)
…	…	…	…	nc	nc	nc	nc	nc	(5)
…	…	…	…	nc	nc	nc	nc	nc	(6)
…	…	…	…	nc	nc	nc	nc	nc	(7)
…	…	…	…	nc	nc	nc	nc	nc	(8)
…	…	…	…	nc	nc	nc	nc	nc	(9)
…	…	…	…	nc	nc	nc	nc	nc	(10)
…	…	…	…	nc	nc	nc	nc	nc	(11)
…	…	…	…	nc	nc	nc	nc	nc	(12)
34	2,460	836	753	92	100	92	92	111	(13)
…	…	…	…	nc	nc	nc	nc	nc	(14)
…	…	…	…	nc	nc	nc	nc	nc	(15)
52	1,220	634	549	104	85	89	89	82	(16)
…	…	…	…	nc	nc	nc	nc	nc	(17)
…	…	…	…	nc	nc	nc	nc	nc	(18)
…	…	…	…	nc	nc	nc	nc	nc	(19)
1,040	2,160	22,500	20,300	103	96	99	98	103	(20)
…	…	…	…	nc	nc	nc	nc	nc	(21)
62	1,320	818	708	100	91	91	92	71	(22)
125	1,240	1,550	1,410	96	102	97	98	101	(23)
…	…	…	…	nc	nc	nc	nc	nc	(24)
…	…	…	…	nc	nc	nc	nc	nc	(25)
…	…	…	…	nc	nc	nc	nc	nc	(26)
…	…	…	…	nc	nc	nc	nc	nc	(27)
…	…	…	…	nc	nc	nc	nc	nc	(28)
…	…	…	…	nc	nc	nc	nc	nc	(29)
…	…	…	…	nc	nc	nc	nc	nc	(30)
…	…	…	…	nc	nc	nc	nc	nc	(31)
…	…	…	…	nc	nc	nc	nc	nc	(32)
…	…	…	…	nc	nc	nc	nc	nc	(33)
…	…	…	…	nc	nc	nc	nc	nc	(34)
…	…	…	…	nc	nc	nc	nc	nc	(35)
…	…	…	…	nc	nc	nc	nc	nc	(36)
103	1,410	1,450	1,310	100	99	99	101	97	(37)
142	1,600	2,270	2,070	97	99	96	96	101	(38)
45	2,070	932	878	100	95	95	95	99	(39)
110	1,480	1,630	1,420	97	87	84	85	87	(40)
31	1,410	437	422	97	97	94	94	95	(41)
…	…	…	…	nc	nc	nc	nc	nc	(42)
…	…	…	…	nc	nc	nc	nc	nc	(43)
…	…	…	…	nc	nc	nc	nc	nc	(44)
…	…	…	…	nc	nc	nc	nc	nc	(45)
45	1,780	801	468	100	100	100	100	109	(46)
…	…	…	…	nc	nc	nc	nc	nc	(47)
…	…	…	…	nc	nc	nc	nc	nc	(48)
…	…	…	…	nc	nc	nc	nc	nc	(49)
…	…	…	…	nc	nc	nc	nc	nc	(50)
…	…	…	…	nc	nc	nc	nc	nc	(51)
226	1,590	3,590	3,400	101	105	106	106	95	(52)
…	…	…	…	nc	nc	nc	nc	nc	(53)
…	…	…	…	nc	nc	nc	nc	nc	(54)
…	…	…	…	nc	nc	nc	nc	nc	(55)
…	…	…	…	nc	nc	nc	nc	nc	(56)
…	…	…	…	nc	nc	nc	nc	nc	(57)
43	1,410	606	531	84	101	85	84	99	(58)
…	…	…	…	nc	nc	nc	nc	nc	(59)
…	…	…	…	nc	nc	nc	nc	nc	(60)
…	…	…	…	nc	nc	nc	nc	nc	(61)
…	…	…	…	nc	nc	nc	nc	nc	(62)

3 令和２年産都道府県別の作付面積、10ａ当たり収量、収穫量及び出荷量 （続き）

(18) セルリー

全国農業地域・都道府県		作付面積	10ａ当たり収量	収穫量	出荷量	対前年産比 作付面積	対前年産比 10ａ当たり収量	対前年産比 収穫量	対前年産比 出荷量	(参考) 対平均収量比
		ha	kg	t	t	%	%	%	%	%
全国	(1)	540	5,460	29,500	28,100	98	96	94	94	98
(全国農業地域)										
北海道	(2)	21	4,430	930	870	117	112	131	126	120
都府県	(3)	…	…	…	…	nc	nc	nc	nc	nc
東北	(4)	…	…	…	…	nc	nc	nc	nc	nc
北陸	(5)	…	…	…	…	nc	nc	nc	nc	nc
関東・東山	(6)	…	…	…	…	nc	nc	nc	nc	nc
東海	(7)	…	…	…	…	nc	nc	nc	nc	nc
近畿	(8)	…	…	…	…	nc	nc	nc	nc	nc
中国	(9)	…	…	…	…	nc	nc	nc	nc	nc
四国	(10)	…	…	…	…	nc	nc	nc	nc	nc
九州	(11)	…	…	…	…	nc	nc	nc	nc	nc
沖縄	(12)	…	…	…	…	nc	nc	nc	nc	nc
(都道府県)										
北海道	(13)	21	4,430	930	870	117	112	131	126	120
青森	(14)	…	…	…	…	nc	nc	nc	nc	nc
岩手	(15)	…	…	…	…	nc	nc	nc	nc	nc
宮城	(16)	…	…	…	…	nc	nc	nc	nc	nc
秋田	(17)	…	…	…	…	nc	nc	nc	nc	nc
山形	(18)	…	…	…	…	nc	nc	nc	nc	nc
福島	(19)	…	…	…	…	nc	nc	nc	nc	nc
茨城	(20)	…	…	…	…	nc	nc	nc	nc	nc
栃木	(21)	…	…	…	…	nc	nc	nc	nc	nc
群馬	(22)	…	…	…	…	nc	nc	nc	nc	nc
埼玉	(23)	…	…	…	…	nc	nc	nc	nc	nc
千葉	(24)	19	4,540	863	804	100	106	106	106	104
東京	(25)	…	…	…	…	nc	nc	nc	nc	nc
神奈川	(26)	…	…	…	…	nc	nc	nc	nc	nc
新潟	(27)	…	…	…	…	nc	nc	nc	nc	nc
富山	(28)	…	…	…	…	nc	nc	nc	nc	nc
石川	(29)	…	…	…	…	nc	nc	nc	nc	nc
福井	(30)	…	…	…	…	nc	nc	nc	nc	nc
山梨	(31)	…	…	…	…	nc	nc	nc	nc	nc
長野	(32)	231	5,210	12,000	11,800	95	94	90	90	92
岐阜	(33)	…	…	…	…	nc	nc	nc	nc	nc
静岡	(34)	89	6,420	5,710	5,470	98	96	94	94	99
愛知	(35)	41	6,910	2,830	2,690	100	97	97	97	106
三重	(36)	…	…	…	…	nc	nc	nc	nc	nc
滋賀	(37)	…	…	…	…	nc	nc	nc	nc	nc
京都	(38)	…	…	…	…	nc	nc	nc	nc	nc
大阪	(39)	…	…	…	…	nc	nc	nc	nc	nc
兵庫	(40)	…	…	…	…	nc	nc	nc	nc	nc
奈良	(41)	…	…	…	…	nc	nc	nc	nc	nc
和歌山	(42)	…	…	…	…	nc	nc	nc	nc	nc
鳥取	(43)	…	…	…	…	nc	nc	nc	nc	nc
島根	(44)	…	…	…	…	nc	nc	nc	nc	nc
岡山	(45)	…	…	…	…	nc	nc	nc	nc	nc
広島	(46)	…	…	…	…	nc	nc	nc	nc	nc
山口	(47)	…	…	…	…	nc	nc	nc	nc	nc
徳島	(48)	…	…	…	…	nc	nc	nc	nc	nc
香川	(49)	11	9,220	1,010	816	100	106	106	97	134
愛媛	(50)	…	…	…	…	nc	nc	nc	nc	nc
高知	(51)	…	…	…	…	nc	nc	nc	nc	nc
福岡	(52)	45	7,350	3,310	3,150	100	96	96	95	110
佐賀	(53)	…	…	…	…	nc	nc	nc	nc	nc
長崎	(54)	…	…	…	…	nc	nc	nc	nc	nc
熊本	(55)	…	…	…	…	nc	nc	nc	nc	nc
大分	(56)	…	…	…	…	nc	nc	nc	nc	nc
宮崎	(57)	…	…	…	…	nc	nc	nc	nc	nc
鹿児島	(58)	…	…	…	…	nc	nc	nc	nc	nc
沖縄	(59)	…	…	…	…	nc	nc	nc	nc	nc
関東農政局	(60)	…	…	…	…	nc	nc	nc	nc	nc
東海農政局	(61)	…	…	…	…	nc	nc	nc	nc	nc
中国四国農政局	(62)	…	…	…	…	nc	nc	nc	nc	nc

(19)　アスパラガス

作付面積	10a当たり収量	収穫量	出荷量	対前年産比 作付面積	対前年産比 10a当たり収量	対前年産比 収穫量	対前年産比 出荷量	(参考) 対平均収量比	
ha	kg	t	t	%	%	%	%	%	
4,800	**556**	**26,700**	**23,600**	**96**	**104**	**100**	**100**	**107**	(1)
1,180	323	3,810	3,460	94	121	114	114	112	(2)
…	…	…	…	nc	nc	nc	nc	nc	(3)
…	…	…	…	nc	nc	nc	nc	nc	(4)
…	…	…	…	nc	nc	nc	nc	nc	(5)
…	…	…	…	nc	nc	nc	nc	nc	(6)
…	…	…	…	nc	nc	nc	nc	nc	(7)
…	…	…	…	nc	nc	nc	nc	nc	(8)
…	…	…	…	nc	nc	nc	nc	nc	(9)
…	…	…	…	nc	nc	nc	nc	nc	(10)
…	…	…	…	nc	nc	nc	nc	nc	(11)
…	…	…	…	nc	nc	nc	nc	nc	(12)
1,180	323	3,810	3,460	94	121	114	114	112	(13)
137	447	612	458	99	102	100	101	112	(14)
285	179	510	430	95	105	99	100	94	(15)
…	…	…	…	nc	nc	nc	nc	nc	(16)
362	380	1,380	1,120	96	103	99	99	110	(17)
363	487	1,770	1,510	100	102	103	103	107	(18)
343	401	1,380	1,190	96	102	99	98	101	(19)
…	…	…	…	nc	nc	nc	nc	nc	(20)
108	1,570	1,700	1,450	104	96	100	99	98	(21)
…	…	…	…	nc	nc	nc	nc	nc	(22)
…	…	…	…	nc	nc	nc	nc	nc	(23)
…	…	…	…	nc	nc	nc	nc	nc	(24)
…	…	…	…	nc	nc	nc	nc	nc	(25)
…	…	…	…	nc	nc	nc	nc	nc	(26)
212	291	617	564	94	98	92	99	94	(27)
…	…	…	…	nc	nc	nc	nc	nc	(28)
…	…	…	…	nc	nc	nc	nc	nc	(29)
…	…	…	…	nc	nc	nc	nc	nc	(30)
…	…	…	…	nc	nc	nc	nc	nc	(31)
763	240	1,830	1,650	92	96	88	92	90	(32)
…	…	…	…	nc	nc	nc	nc	nc	(33)
…	…	…	…	nc	nc	nc	nc	nc	(34)
…	…	…	…	nc	nc	nc	nc	nc	(35)
…	…	…	…	nc	nc	nc	nc	nc	(36)
…	…	…	…	nc	nc	nc	nc	nc	(37)
…	…	…	…	nc	nc	nc	nc	nc	(38)
…	…	…	…	nc	nc	nc	nc	nc	(39)
…	…	…	…	nc	nc	nc	nc	nc	(40)
…	…	…	…	nc	nc	nc	nc	nc	(41)
…	…	…	…	nc	nc	nc	nc	nc	(42)
…	…	…	…	nc	nc	nc	nc	nc	(43)
26	662	172	135	100	101	101	100	123	(44)
59	562	332	286	97	106	102	101	90	(45)
113	902	1,020	829	100	100	100	99	150	(46)
…	…	…	…	nc	nc	nc	nc	nc	(47)
…	…	…	…	nc	nc	nc	nc	nc	(48)
84	951	799	757	99	97	96	101	97	(49)
47	1,190	559	478	96	102	98	98	101	(50)
…	…	…	…	nc	nc	nc	nc	nc	(51)
89	1,980	1,760	1,620	103	88	91	90	88	(52)
127	1,910	2,430	2,260	98	86	85	85	86	(53)
115	1,680	1,930	1,840	96	111	106	106	107	(54)
99	2,220	2,200	2,060	100	104	104	105	111	(55)
13	800	104	98	93	90	84	84	83	(56)
…	…	…	…	nc	nc	nc	nc	nc	(57)
…	…	…	…	nc	nc	nc	nc	nc	(58)
…	…	…	…	nc	nc	nc	nc	nc	(59)
…	…	…	…	nc	nc	nc	nc	nc	(60)
…	…	…	…	nc	nc	nc	nc	nc	(61)
…	…	…	…	nc	nc	nc	nc	nc	(62)

3 令和２年産都道府県別の作付面積、10ａ当たり収量、収穫量及び出荷量 （続き）

(20) カリフラワー

全国農業地域・都道府県	作付面積	10ａ当たり収量	収穫量	出荷量	対前年産比 作付面積	対前年産比 10ａ当たり収量	対前年産比 収穫量	対前年産比 出荷量	(参考) 対平均収量比
	ha	kg	t	t	%	%	%	%	%
全国 (1)	1,220	1,720	21,000	18,000	99	99	98	98	101
(全国農業地域)									
北海道 (2)	21	1,420	298	278	84	115	97	95	115
都府県 (3)	…	…	…	…	nc	nc	nc	nc	nc
東北 (4)	…	…	…	…	nc	nc	nc	nc	nc
北陸 (5)	…	…	…	…	nc	nc	nc	nc	nc
関東・東山 (6)	…	…	…	…	nc	nc	nc	nc	nc
東海 (7)	…	…	…	…	nc	nc	nc	nc	nc
近畿 (8)	…	…	…	…	nc	nc	nc	nc	nc
中国 (9)	…	…	…	…	nc	nc	nc	nc	nc
四国 (10)	…	…	…	…	nc	nc	nc	nc	nc
九州 (11)	…	…	…	…	nc	nc	nc	nc	nc
沖縄 (12)	…	…	…	…	nc	nc	nc	nc	nc
(都道府県)									
北海道 (13)	21	1,420	298	278	84	115	97	95	115
青森 (14)	17	971	165	116	94	102	96	96	103
岩手 (15)	…	…	…	…	nc	nc	nc	nc	nc
宮城 (16)	…	…	…	…	nc	nc	nc	nc	nc
秋田 (17)	26	930	242	141	96	92	89	89	103
山形 (18)	23	952	219	122	96	96	92	93	99
福島 (19)	25	864	216	109	96	100	96	96	101
茨城 (20)	113	2,250	2,540	2,400	103	99	102	102	108
栃木 (21)	…	…	…	…	nc	nc	nc	nc	nc
群馬 (22)	…	…	…	…	nc	nc	nc	nc	nc
埼玉 (23)	98	1,870	1,830	1,610	100	101	101	101	102
千葉 (24)	36	1,430	515	468	100	130	130	130	89
東京 (25)	29	2,010	583	563	97	121	117	117	100
神奈川 (26)	37	1,630	603	563	100	107	107	109	112
新潟 (27)	91	1,340	1,220	997	100	106	105	105	98
富山 (28)	…	…	…	…	nc	nc	nc	nc	nc
石川 (29)	…	…	…	…	nc	nc	nc	nc	nc
福井 (30)	…	…	…	…	nc	nc	nc	nc	nc
山梨 (31)	…	…	…	…	nc	nc	nc	nc	nc
長野 (32)	90	2,040	1,840	1,660	107	97	105	104	100
岐阜 (33)	…	…	…	…	nc	nc	nc	nc	nc
静岡 (34)	33	1,690	558	438	97	100	97	97	96
愛知 (35)	97	2,050	1,990	1,790	100	88	88	88	110
三重 (36)	…	…	…	…	nc	nc	nc	nc	nc
滋賀 (37)	…	…	…	…	nc	nc	nc	nc	nc
京都 (38)	…	…	…	…	nc	nc	nc	nc	nc
大阪 (39)	7	2,260	158	147	100	105	105	105	99
兵庫 (40)	…	…	…	…	nc	nc	nc	nc	nc
奈良 (41)	…	…	…	…	nc	nc	nc	nc	nc
和歌山 (42)	…	…	…	…	nc	nc	nc	nc	nc
鳥取 (43)	…	…	…	…	nc	nc	nc	nc	nc
島根 (44)	…	…	…	…	nc	nc	nc	nc	nc
岡山 (45)	10	1,650	165	140	100	104	104	104	102
広島 (46)	…	…	…	…	nc	nc	nc	nc	nc
山口 (47)	…	…	…	…	nc	nc	nc	nc	nc
徳島 (48)	82	2,150	1,760	1,610	96	93	90	89	91
香川 (49)	…	…	…	…	nc	nc	nc	nc	nc
愛媛 (50)	…	…	…	…	nc	nc	nc	nc	nc
高知 (51)	…	…	…	…	nc	nc	nc	nc	nc
福岡 (52)	53	1,850	981	878	102	105	107	108	101
佐賀 (53)	…	…	…	…	nc	nc	nc	nc	nc
長崎 (54)	…	…	…	…	nc	nc	nc	nc	nc
熊本 (55)	108	2,210	2,390	2,070	94	94	89	89	94
大分 (56)	…	…	…	…	nc	nc	nc	nc	nc
宮崎 (57)	…	…	…	…	nc	nc	nc	nc	nc
鹿児島 (58)	…	…	…	…	nc	nc	nc	nc	nc
沖縄 (59)	…	…	…	…	nc	nc	nc	nc	nc
関東農政局 (60)	…	…	…	…	nc	nc	nc	nc	nc
東海農政局 (61)	…	…	…	…	nc	nc	nc	nc	nc
中国四国農政局 (62)	…	…	…	…	nc	nc	nc	nc	nc

(21) ブロッコリー

作付面積	10a当たり収量	収穫量	出荷量	対前年産比 作付面積	対前年産比 10a当たり収量	対前年産比 収穫量	対前年産比 出荷量	(参考)対平均収量比	
ha	kg	t	t	%	%	%	%	%	
16,600	1,050	174,500	158,200	104	99	103	103	104	(1)
2,890	1,020	29,500	28,000	107	103	110	109	109	(2)
…	…	…	…	nc	nc	nc	nc	nc	(3)
…	…	…	…	nc	nc	nc	nc	nc	(4)
…	…	…	…	nc	nc	nc	nc	nc	(5)
…	…	…	…	nc	nc	nc	nc	nc	(6)
…	…	…	…	nc	nc	nc	nc	nc	(7)
…	…	…	…	nc	nc	nc	nc	nc	(8)
1,150	807	9,280	8,490	101	88	88	88	103	(9)
2,560	1,130	28,800	26,700	100	99	99	99	105	(10)
…	…	…	…	nc	nc	nc	nc	nc	(11)
…	…	…	…	nc	nc	nc	nc	nc	(12)
2,890	1,020	29,500	28,000	107	103	110	109	109	(13)
173	703	1,220	1,080	99	101	100	100	100	(14)
98	787	771	669	92	102	94	94	110	(15)
…	…	…	…	nc	nc	nc	nc	nc	(16)
…	…	…	…	nc	nc	nc	nc	nc	(17)
…	…	…	…	nc	nc	nc	nc	nc	(18)
440	869	3,820	3,320	99	103	102	102	97	(19)
220	887	1,950	1,630	101	105	106	106	97	(20)
158	1,020	1,610	1,370	105	101	106	113	97	(21)
644	1,040	6,700	5,790	102	100	102	102	101	(22)
1,270	1,270	16,100	13,900	101	105	106	106	111	(23)
328	907	2,970	2,540	103	125	127	128	127	(24)
168	1,220	2,050	1,880	97	106	103	103	110	(25)
110	1,280	1,410	1,260	100	107	107	107	109	(26)
…	…	…	…	nc	nc	nc	nc	nc	(27)
…	…	…	…	nc	nc	nc	nc	nc	(28)
287	617	1,770	1,620	103	113	116	117	107	(29)
71	806	572	400	100	nc	nc	nc	nc	(30)
…	…	…	…	nc	nc	nc	nc	nc	(31)
1,050	995	10,400	10,100	104	95	98	99	100	(32)
…	…	…	…	nc	nc	nc	nc	nc	(33)
230	1,170	2,690	2,510	127	100	127	129	89	(34)
955	1,640	15,700	14,600	100	100	100	100	106	(35)
91	697	634	376	106	100	106	106	106	(36)
…	…	…	…	nc	nc	nc	nc	nc	(37)
40	760	304	216	103	105	108	108	102	(38)
32	1,490	477	446	97	101	98	99	98	(39)
197	1,010	1,990	1,640	144	98	141	141	103	(40)
…	…	…	…	nc	nc	nc	nc	nc	(41)
124	756	937	823	91	92	84	84	87	(42)
725	838	6,080	5,660	99	84	84	83	104	(43)
130	697	906	815	115	96	110	110	96	(44)
146	839	1,220	1,070	101	94	95	96	104	(45)
36	853	307	249	106	103	109	109	107	(46)
113	679	767	700	94	101	95	94	98	(47)
955	1,180	11,300	10,500	102	93	95	95	103	(48)
1,380	1,140	15,700	14,700	99	103	102	102	107	(49)
144	710	1,020	813	99	100	98	100	94	(50)
83	918	762	722	99	95	94	94	93	(51)
553	795	4,400	4,030	101	86	87	87	87	(52)
72	872	628	472	104	94	98	99	97	(53)
931	1,030	9,590	8,890	103	98	101	101	100	(54)
492	1,010	4,970	4,390	110	91	100	100	89	(55)
40	1,080	432	337	100	96	96	95	92	(56)
…	…	…	…	nc	nc	nc	nc	nc	(57)
450	1,070	4,820	4,270	114	98	112	117	98	(58)
…	…	…	…	nc	nc	nc	nc	nc	(59)
…	…	…	…	nc	nc	nc	nc	nc	(60)
…	…	…	…	nc	nc	nc	nc	nc	(61)
3,710	1,030	38,100	35,200	100	96	96	96	104	(62)

3　令和２年産都道府県別の作付面積、10ａ当たり収量、収穫量及び出荷量　（続き）

(22)　レタス

ア　計

全国農業地域・都道府県	作付面積	10ａ当たり収量	収穫量	出荷量	対前年産比 作付面積	対前年産比 10ａ当たり収量	対前年産比 収穫量	対前年産比 出荷量	（参考）対平均収量比
	ha	kg	t	t	%	%	%	%	%
全　国 (1)	**20,700**	**2,720**	**563,900**	**531,600**	**98**	**100**	**98**	**97**	**101**
（全国農業地域）									
北海道 (2)	492	3,070	15,100	14,000	103	115	119	119	112
都府県 (3)	…	…	…	…	nc	nc	nc	nc	nc
東北 (4)	…	…	…	…	nc	nc	nc	nc	nc
北陸 (5)	…	…	…	…	nc	nc	nc	nc	nc
関東・東山 (6)	…	…	…	…	nc	nc	nc	nc	nc
東海 (7)	…	…	…	…	nc	nc	nc	nc	nc
近畿 (8)	…	…	…	…	nc	nc	nc	nc	nc
中国 (9)	…	…	…	…	nc	nc	nc	nc	nc
四国 (10)	…	…	…	…	nc	nc	nc	nc	nc
九州 (11)	…	…	…	…	nc	nc	nc	nc	nc
沖縄 (12)	259	1,880	4,860	4,230	98	99	97	99	94
（都道府県）									
北海道 (13)	492	3,070	15,100	14,000	103	115	119	119	112
青森 (14)	98	2,260	2,210	2,030	111	96	106	107	107
岩手 (15)	427	2,390	10,200	9,280	97	102	98	98	104
宮城 (16)	…	…	…	…	nc	nc	nc	nc	nc
秋田 (17)	…	…	…	…	nc	nc	nc	nc	nc
山形 (18)	…	…	…	…	nc	nc	nc	nc	nc
福島 (19)	…	…	…	…	nc	nc	nc	nc	nc
茨城 (20)	3,490	2,630	91,700	88,200	101	105	106	106	111
栃木 (21)	195	2,710	5,280	4,930	95	109	103	102	110
群馬 (22)	1,340	4,090	54,800	52,100	100	107	106	107	107
埼玉 (23)	161	2,380	3,830	3,260	98	100	97	96	101
千葉 (24)	485	1,720	8,320	7,530	100	104	104	104	93
東京 (25)	…	…	…	…	nc	nc	nc	nc	nc
神奈川 (26)	…	…	…	…	nc	nc	nc	nc	nc
新潟 (27)	…	…	…	…	nc	nc	nc	nc	nc
富山 (28)	…	…	…	…	nc	nc	nc	nc	nc
石川 (29)	…	…	…	…	nc	nc	nc	nc	nc
福井 (30)	…	…	…	…	nc	nc	nc	nc	nc
山梨 (31)	…	…	…	…	nc	nc	nc	nc	nc
長野 (32)	5,760	3,160	182,200	175,600	95	97	92	92	94
岐阜 (33)	…	…	…	…	nc	nc	nc	nc	nc
静岡 (34)	924	2,800	25,900	24,900	101	104	105	105	110
愛知 (35)	323	1,650	5,330	4,880	98	100	98	98	102
三重 (36)	…	…	…	…	nc	nc	nc	nc	nc
滋賀 (37)	…	…	…	…	nc	nc	nc	nc	nc
京都 (38)	…	…	…	…	nc	nc	nc	nc	nc
大阪 (39)	22	2,130	468	441	129	93	120	121	99
兵庫 (40)	1,200	2,440	29,300	27,800	98	99	97	97	100
奈良 (41)	29	1,950	565	403	100	106	106	107	108
和歌山 (42)	…	…	…	…	nc	nc	nc	nc	nc
鳥取 (43)	…	…	…	…	nc	nc	nc	nc	nc
島根 (44)	…	…	…	…	nc	nc	nc	nc	nc
岡山 (45)	84	2,020	1,700	1,500	102	109	112	111	123
広島 (46)	…	…	…	…	nc	nc	nc	nc	nc
山口 (47)	…	…	…	…	nc	nc	nc	nc	nc
徳島 (48)	276	2,160	5,960	5,430	95	100	95	95	109
香川 (49)	734	2,250	16,500	15,200	90	101	91	90	105
愛媛 (50)	113	1,490	1,680	1,470	99	82	81	81	76
高知 (51)	…	…	…	…	nc	nc	nc	nc	nc
福岡 (52)	1,040	1,650	17,200	16,500	95	101	97	97	95
佐賀 (53)	90	1,910	1,720	1,480	99	96	96	97	92
長崎 (54)	973	3,690	35,900	32,500	102	98	100	100	104
熊本 (55)	605	2,640	16,000	15,000	99	91	90	90	96
大分 (56)	121	1,840	2,230	1,910	99	97	97	96	96
宮崎 (57)	…	…	…	…	nc	nc	nc	nc	nc
鹿児島 (58)	232	2,000	4,630	3,990	97	82	79	79	80
沖縄 (59)	259	1,880	4,860	4,230	98	99	97	99	94
関東農政局 (60)	…	…	…	…	nc	nc	nc	nc	nc
東海農政局 (61)	…	…	…	…	nc	nc	nc	nc	nc
中国四国農政局 (62)	…	…	…	…	nc	nc	nc	nc	nc

イ 計のうちサラダ菜

作付面積	10a当たり収量	収穫量	出荷量	対前年産比				(参考)対平均収量比	
				作付面積	10a当たり収量	収穫量	出荷量		
ha	kg	t	t	%	%	%	%	%	
428	2,050	8,790	8,390	97	109	105	109	113	(1)
11	2,490	274	246	100	124	124	129	121	(2)
…	…	…	…	nc	nc	nc	nc	nc	(3)
…	…	…	…	nc	nc	nc	nc	nc	(4)
…	…	…	…	nc	nc	nc	nc	nc	(5)
…	…	…	…	nc	nc	nc	nc	nc	(6)
…	…	…	…	nc	nc	nc	nc	nc	(7)
…	…	…	…	nc	nc	nc	nc	nc	(8)
…	…	…	…	nc	nc	nc	nc	nc	(9)
…	…	…	…	nc	nc	nc	nc	nc	(10)
…	…	…	…	nc	nc	nc	nc	nc	(11)
6	1,050	63	54	100	83	83	82	93	(12)
11	2,490	274	246	100	124	124	129	121	(13)
x	x	x	x	x	x	x	x	x	(14)
0	…	3	3	nc	nc	75	75	nc	(15)
…	…	…	…	nc	nc	nc	nc	nc	(16)
…	…	…	…	nc	nc	nc	nc	nc	(17)
…	…	…	…	nc	nc	nc	nc	nc	(18)
…	…	…	…	nc	nc	nc	nc	nc	(19)
-	-	-	-	nc	nc	nc	nc	-	(20)
x	x	x	x	x	x	x	x	x	(21)
x	x	x	x	x	x	x	x	x	(22)
26	1,860	483	438	100	90	90	95	90	(23)
84	1,710	1,440	1,390	100	97	97	99	98	(24)
…	…	…	…	nc	nc	nc	nc	nc	(25)
…	…	…	…	nc	nc	nc	nc	nc	(26)
…	…	…	…	nc	nc	nc	nc	nc	(27)
…	…	…	…	nc	nc	nc	nc	nc	(28)
…	…	…	…	nc	nc	nc	nc	nc	(29)
…	…	…	…	nc	nc	nc	nc	nc	(30)
…	…	…	…	nc	nc	nc	nc	nc	(31)
x	x	x	x	x	x	x	x	x	(32)
…	…	…	…	nc	nc	nc	nc	nc	(33)
68	1,600	1,090	1,050	100	87	87	88	94	(34)
6	1,550	93	84	100	85	85	85	103	(35)
…	…	…	…	nc	nc	nc	nc	nc	(36)
…	…	…	…	nc	nc	nc	nc	nc	(37)
…	…	…	…	nc	nc	nc	nc	nc	(38)
1	2,200	22	19	100	88	88	86	90	(39)
5	1,060	53	37	100	77	77	80	89	(40)
7	914	64	55	100	82	82	82	86	(41)
…	…	…	…	nc	nc	nc	nc	nc	(42)
…	…	…	…	nc	nc	nc	nc	nc	(43)
…	…	…	…	nc	nc	nc	nc	nc	(44)
0	…	9	9	nc	nc	180	180	nc	(45)
…	…	…	…	nc	nc	nc	nc	nc	(46)
…	…	…	…	nc	nc	nc	nc	nc	(47)
-	-	-	-	nc	nc	nc	nc	nc	(48)
2	1,550	31	19	67	93	62	46	95	(49)
4	1,350	54	39	100	87	87	91	87	(50)
…	…	…	…	nc	nc	nc	nc	nc	(51)
62	1,770	1,100	1,050	77	96	74	74	96	(52)
x	x	x	x	x	x	x	x	x	(53)
0	…	0	0	0	nc	0	0	nc	(54)
2	2,500	50	42	100	109	109	111	143	(55)
2	2,850	57	50	100	173	173	179	140	(56)
…	…	…	…	nc	nc	nc	nc	nc	(57)
9	1,990	179	164	69	78	54	56	101	(58)
6	1,050	63	54	100	83	83	82	93	(59)
…	…	…	…	nc	nc	nc	nc	nc	(60)
…	…	…	…	nc	nc	nc	nc	nc	(61)
…	…	…	…	nc	nc	nc	nc	nc	(62)

3　令和２年産都道府県別の作付面積、10ａ当たり収量、収穫量及び出荷量　(続き)

(22)　レタス (続き)

ウ　春レタス

全国農業地域・都道府県		作付面積	10ａ当たり収量	収穫量	出荷量	対前年産比 作付面積	対前年産比 10ａ当たり収量	対前年産比 収穫量	対前年産比 出荷量	(参考) 対平均収量比
		ha	kg	t	t	%	%	%	%	%
全国	(1)	4,150	2,780	115,200	108,000	96	101	97	97	103
(全国農業地域)										
北海道	(2)	…	…	…	…	nc	nc	nc	nc	nc
都府県	(3)	…	…	…	…	nc	nc	nc	nc	nc
東北	(4)	…	…	…	…	nc	nc	nc	nc	nc
北陸	(5)	…	…	…	…	nc	nc	nc	nc	nc
関東・東山	(6)	…	…	…	…	nc	nc	nc	nc	nc
東海	(7)	…	…	…	…	nc	nc	nc	nc	nc
近畿	(8)	…	…	…	…	nc	nc	nc	nc	nc
中国	(9)	…	…	…	…	nc	nc	nc	nc	nc
四国	(10)	…	…	…	…	nc	nc	nc	nc	nc
九州	(11)	…	…	…	…	nc	nc	nc	nc	nc
沖縄	(12)	47	2,090	982	850	102	100	103	103	93
(都道府県)										
北海道	(13)	…	…	…	…	nc	nc	nc	nc	nc
青森	(14)	…	…	…	…	nc	nc	nc	nc	nc
岩手	(15)	38	2,540	965	792	103	106	109	110	102
宮城	(16)	…	…	…	…	nc	nc	nc	nc	nc
秋田	(17)	…	…	…	…	nc	nc	nc	nc	nc
山形	(18)	…	…	…	…	nc	nc	nc	nc	nc
福島	(19)	…	…	…	…	nc	nc	nc	nc	nc
茨城	(20)	1,380	2,740	37,800	36,700	97	98	95	95	104
栃木	(21)	58	2,450	1,420	1,330	91	103	93	92	99
群馬	(22)	271	4,020	10,900	10,300	97	132	129	132	116
埼玉	(23)	64	2,390	1,530	1,280	96	103	99	98	100
千葉	(24)	82	1,820	1,490	1,340	100	104	103	104	96
東京	(25)	…	…	…	…	nc	nc	nc	nc	nc
神奈川	(26)	…	…	…	…	nc	nc	nc	nc	nc
新潟	(27)	…	…	…	…	nc	nc	nc	nc	nc
富山	(28)	…	…	…	…	nc	nc	nc	nc	nc
石川	(29)	…	…	…	…	nc	nc	nc	nc	nc
福井	(30)	…	…	…	…	nc	nc	nc	nc	nc
山梨	(31)	…	…	…	…	nc	nc	nc	nc	nc
長野	(32)	478	3,540	16,900	16,100	93	96	89	89	99
岐阜	(33)	…	…	…	…	nc	nc	nc	nc	nc
静岡	(34)	…	…	…	…	nc	nc	nc	nc	nc
愛知	(35)	…	…	…	…	nc	nc	nc	nc	nc
三重	(36)	…	…	…	…	nc	nc	nc	nc	nc
滋賀	(37)	…	…	…	…	nc	nc	nc	nc	nc
京都	(38)	…	…	…	…	nc	nc	nc	nc	nc
大阪	(39)	…	…	…	…	nc	nc	nc	nc	nc
兵庫	(40)	319	2,090	6,670	6,320	97	96	93	92	87
奈良	(41)	17	2,310	393	283	100	105	105	105	105
和歌山	(42)	…	…	…	…	nc	nc	nc	nc	nc
鳥取	(43)	…	…	…	…	nc	nc	nc	nc	nc
島根	(44)	…	…	…	…	nc	nc	nc	nc	nc
岡山	(45)	26	2,640	686	560	108	149	161	161	176
広島	(46)	…	…	…	…	nc	nc	nc	nc	nc
山口	(47)	…	…	…	…	nc	nc	nc	nc	nc
徳島	(48)	55	2,290	1,260	1,150	100	100	101	101	103
香川	(49)	95	2,100	2,000	1,820	74	90	66	66	91
愛媛	(50)	…	…	…	…	nc	nc	nc	nc	nc
高知	(51)	…	…	…	…	nc	nc	nc	nc	nc
福岡	(52)	239	1,840	4,400	4,110	93	101	94	94	95
佐賀	(53)	20	2,240	448	363	100	88	88	88	91
長崎	(54)	222	4,390	9,750	9,070	108	104	112	114	111
熊本	(55)	84	3,120	2,620	2,430	101	101	102	103	108
大分	(56)	54	2,260	1,220	1,040	100	90	90	90	89
宮崎	(57)	…	…	…	…	nc	nc	nc	nc	nc
鹿児島	(58)	…	…	…	…	nc	nc	nc	nc	nc
沖縄	(59)	47	2,090	982	850	102	100	103	103	93
関東農政局	(60)	…	…	…	…	nc	nc	nc	nc	nc
東海農政局	(61)	…	…	…	…	nc	nc	nc	nc	nc
中国四国農政局	(62)	…	…	…	…	nc	nc	nc	nc	nc

エ 春レタスのうちサラダ菜

作付面積	10a当たり収量	収穫量	出荷量	対前年産比 作付面積	対前年産比 10a当たり収量	対前年産比 収穫量	対前年産比 出荷量	(参考)対平均収量比	
ha	kg	t	t	%	%	%	%	%	
85	1,860	1,580	1,500	86	102	88	90	102	(1)
…	…	…	…	nc	nc	nc	nc	nc	(2)
…	…	…	…	nc	nc	nc	nc	nc	(3)
…	…	…	…	nc	nc	nc	nc	nc	(4)
…	…	…	…	nc	nc	nc	nc	nc	(5)
…	…	…	…	nc	nc	nc	nc	nc	(6)
…	…	…	…	nc	nc	nc	nc	nc	(7)
…	…	…	…	nc	nc	nc	nc	nc	(8)
…	…	…	…	nc	nc	nc	nc	nc	(9)
…	…	…	…	nc	nc	nc	nc	nc	(10)
…	…	…	…	nc	nc	nc	nc	nc	(11)
1	1,080	13	11	100	100	93	92	99	(12)
…	…	…	…	nc	nc	nc	nc	nc	(13)
…	…	…	…	nc	nc	nc	nc	nc	(14)
0	600	2	2	nc	120	100	100	124	(15)
…	…	…	…	nc	nc	nc	nc	nc	(16)
…	…	…	…	nc	nc	nc	nc	nc	(17)
…	…	…	…	nc	nc	nc	nc	nc	(18)
…	…	…	…	nc	nc	nc	nc	nc	(19)
–	–	–	–	nc	nc	nc	nc	–	(20)
x	x	x	x	x	x	x	x	x	(21)
x	x	x	x	x	x	x	x	x	(22)
7	2,160	151	141	100	101	101	116	92	(23)
20	1,900	380	362	100	103	103	103	101	(24)
…	…	…	…	nc	nc	nc	nc	nc	(25)
…	…	…	…	nc	nc	nc	nc	nc	(26)
…	…	…	…	nc	nc	nc	nc	nc	(27)
…	…	…	…	nc	nc	nc	nc	nc	(28)
…	…	…	…	nc	nc	nc	nc	nc	(29)
…	…	…	…	nc	nc	nc	nc	nc	(30)
…	…	…	…	nc	nc	nc	nc	nc	(31)
x	x	x	x	x	x	x	x	x	(32)
…	…	…	…	nc	nc	nc	nc	nc	(33)
…	…	…	…	nc	nc	nc	nc	nc	(34)
…	…	…	…	nc	nc	nc	nc	nc	(35)
…	…	…	…	nc	nc	nc	nc	nc	(36)
…	…	…	…	nc	nc	nc	nc	nc	(37)
…	…	…	…	nc	nc	nc	nc	nc	(38)
…	…	…	…	nc	nc	nc	nc	nc	(39)
1	1,020	14	13	100	99	100	100	94	(40)
2	1,400	22	18	100	103	100	100	105	(41)
…	…	…	…	nc	nc	nc	nc	nc	(42)
…	…	…	…	nc	nc	nc	nc	nc	(43)
…	…	…	…	nc	nc	nc	nc	nc	(44)
0	1,400	3	3	nc	102	75	75	112	(45)
…	…	…	…	nc	nc	nc	nc	nc	(46)
…	…	…	…	nc	nc	nc	nc	nc	(47)
–	–	–	–	nc	nc	nc	nc	nc	(48)
0	1,000	1	0	0	56	11	0	56	(49)
…	…	…	…	nc	nc	nc	nc	nc	(50)
…	…	…	…	nc	nc	nc	nc	nc	(51)
12	1,720	208	197	67	92	62	62	96	(52)
x	x	x	x	x	x	x	x	x	(53)
0	123	0	0	nc	nc	nc	nc	nc	(54)
x	x	x	x	x	x	x	x	x	(55)
x	x	x	x	x	x	x	x	x	(56)
…	…	…	…	nc	nc	nc	nc	nc	(57)
…	…	…	…	nc	nc	nc	nc	nc	(58)
1	1,080	13	11	100	100	93	92	99	(59)
…	…	…	…	nc	nc	nc	nc	nc	(60)
…	…	…	…	nc	nc	nc	nc	nc	(61)
…	…	…	…	nc	nc	nc	nc	nc	(62)

3　令和２年産都道府県別の作付面積、10ａ当たり収量、収穫量及び出荷量　（続き）

(22)　レタス（続き）

オ　夏秋レタス

全国農業地域・都道府県		作付面積	10ａ当たり収量	収穫量	出荷量	対前年産比				(参考)対平均収量比
						作付面積	10ａ当たり収量	収穫量	出荷量	
		ha	kg	t	t	%	%	%	%	%
全国	(1)	**8,840**	**2,990**	**264,200**	**252,200**	**97**	**99**	**97**	**96**	**98**
(全国農業地域)										
北海道	(2)	422	2,600	11,000	10,200	103	107	111	110	105
都府県	(3)	…	…	…	…	nc	nc	nc	nc	nc
東北	(4)	…	…	…	…	nc	nc	nc	nc	nc
北陸	(5)	…	…	…	…	nc	nc	nc	nc	nc
関東・東山	(6)	…	…	…	…	nc	nc	nc	nc	nc
東海	(7)	…	…	…	…	nc	nc	nc	nc	nc
近畿	(8)	…	…	…	…	nc	nc	nc	nc	nc
中国	(9)	…	…	…	…	nc	nc	nc	nc	nc
四国	(10)	…	…	…	…	nc	nc	nc	nc	nc
九州	(11)	…	…	…	…	nc	nc	nc	nc	nc
沖縄	(12)	…	…	…	…	nc	nc	nc	nc	nc
(都道府県)										
北海道	(13)	422	2,600	11,000	10,200	103	107	111	110	105
青森	(14)	90	2,260	2,030	1,850	111	97	107	107	108
岩手	(15)	386	2,370	9,150	8,420	96	101	97	97	104
宮城	(16)	…	…	…	…	nc	nc	nc	nc	nc
秋田	(17)	…	…	…	…	nc	nc	nc	nc	nc
山形	(18)	…	…	…	…	nc	nc	nc	nc	nc
福島	(19)	…	…	…	…	nc	nc	nc	nc	nc
茨城	(20)	750	2,670	20,000	19,400	101	117	117	117	120
栃木	(21)	46	2,570	1,180	1,090	85	nc	nc	nc	114
群馬	(22)	1,020	4,190	42,700	40,800	101	100	101	102	106
埼玉	(23)	…	…	…	…	nc	nc	nc	nc	nc
千葉	(24)	…	…	…	…	nc	nc	nc	nc	nc
東京	(25)	…	…	…	…	nc	nc	nc	nc	nc
神奈川	(26)	…	…	…	…	nc	nc	nc	nc	nc
新潟	(27)	…	…	…	…	nc	nc	nc	nc	nc
富山	(28)	…	…	…	…	nc	nc	nc	nc	nc
石川	(29)	…	…	…	…	nc	nc	nc	nc	nc
福井	(30)	…	…	…	…	nc	nc	nc	nc	nc
山梨	(31)	…	…	…	…	nc	nc	nc	nc	nc
長野	(32)	5,280	3,130	165,300	159,500	96	97	92	92	94
岐阜	(33)	…	…	…	…	nc	nc	nc	nc	nc
静岡	(34)	…	…	…	…	nc	nc	nc	nc	nc
愛知	(35)	…	…	…	…	nc	nc	nc	nc	nc
三重	(36)	…	…	…	…	nc	nc	nc	nc	nc
滋賀	(37)	…	…	…	…	nc	nc	nc	nc	nc
京都	(38)	…	…	…	…	nc	nc	nc	nc	nc
大阪	(39)	…	…	…	…	nc	nc	nc	nc	nc
兵庫	(40)	…	…	…	…	nc	nc	nc	nc	nc
奈良	(41)	…	…	…	…	nc	nc	nc	nc	nc
和歌山	(42)	…	…	…	…	nc	nc	nc	nc	nc
鳥取	(43)	…	…	…	…	nc	nc	nc	nc	nc
島根	(44)	…	…	…	…	nc	nc	nc	nc	nc
岡山	(45)	…	…	…	…	nc	nc	nc	nc	nc
広島	(46)	…	…	…	…	nc	nc	nc	nc	nc
山口	(47)	…	…	…	…	nc	nc	nc	nc	nc
徳島	(48)	…	…	…	…	nc	nc	nc	nc	nc
香川	(49)	…	…	…	…	nc	nc	nc	nc	nc
愛媛	(50)	…	…	…	…	nc	nc	nc	nc	nc
高知	(51)	…	…	…	…	nc	nc	nc	nc	nc
福岡	(52)	…	…	…	…	nc	nc	nc	nc	nc
佐賀	(53)	…	…	…	…	nc	nc	nc	nc	nc
長崎	(54)	…	…	…	…	nc	nc	nc	nc	nc
熊本	(55)	…	…	…	…	nc	nc	nc	nc	nc
大分	(56)	54	1,390	751	690	98	108	106	106	108
宮崎	(57)	…	…	…	…	nc	nc	nc	nc	nc
鹿児島	(58)	…	…	…	…	nc	nc	nc	nc	nc
沖縄	(59)	…	…	…	…	nc	nc	nc	nc	nc
関東農政局	(60)	…	…	…	…	nc	nc	nc	nc	nc
東海農政局	(61)	…	…	…	…	nc	nc	nc	nc	nc
中国四国農政局	(62)	…	…	…	…	nc	nc	nc	nc	nc

カ　夏秋レタスのうちサラダ菜

作付面積	10a当たり収量	収穫量	出荷量	対前年産比				(参考)対平均収量比	
				作付面積	10a当たり収量	収穫量	出荷量		
ha	kg	t	t	%	%	%	%	%	
173	2,530	4,370	4,270	107	124	133	139	143	(1)
8	2,250	180	155	100	101	101	103	105	(2)
…	…	…	…	nc	nc	nc	nc	nc	(3)
…	…	…	…	nc	nc	nc	nc	nc	(4)
…	…	…	…	nc	nc	nc	nc	nc	(5)
…	…	…	…	nc	nc	nc	nc	nc	(6)
…	…	…	…	nc	nc	nc	nc	nc	(7)
…	…	…	…	nc	nc	nc	nc	nc	(8)
…	…	…	…	nc	nc	nc	nc	nc	(9)
…	…	…	…	nc	nc	nc	nc	nc	(10)
…	…	…	…	nc	nc	nc	nc	nc	(11)
…	…	…	…	nc	nc	nc	nc	nc	(12)
8	2,250	180	155	100	101	101	103	105	(13)
x	x	x	x	x	x	x	x	x	(14)
0	600	1	1	nc	109	50	50	130	(15)
…	…	…	…	nc	nc	nc	nc	nc	(16)
…	…	…	…	nc	nc	nc	nc	nc	(17)
…	…	…	…	nc	nc	nc	nc	nc	(18)
…	…	…	…	nc	nc	nc	nc	nc	(19)
−	−	−	−	nc	nc	nc	nc	−	(20)
x	x	x	x	x	nc	nc	nc	x	(21)
x	x	x	x	x	x	x	x	x	(22)
…	…	…	…	nc	nc	nc	nc	nc	(23)
…	…	…	…	nc	nc	nc	nc	nc	(24)
…	…	…	…	nc	nc	nc	nc	nc	(25)
…	…	…	…	nc	nc	nc	nc	nc	(26)
…	…	…	…	nc	nc	nc	nc	nc	(27)
…	…	…	…	nc	nc	nc	nc	nc	(28)
…	…	…	…	nc	nc	nc	nc	nc	(29)
…	…	…	…	nc	nc	nc	nc	nc	(30)
…	…	…	…	nc	nc	nc	nc	nc	(31)
x	x	x	x	x	x	x	x	x	(32)
…	…	…	…	nc	nc	nc	nc	nc	(33)
…	…	…	…	nc	nc	nc	nc	nc	(34)
…	…	…	…	nc	nc	nc	nc	nc	(35)
…	…	…	…	nc	nc	nc	nc	nc	(36)
…	…	…	…	nc	nc	nc	nc	nc	(37)
…	…	…	…	nc	nc	nc	nc	nc	(38)
…	…	…	…	nc	nc	nc	nc	nc	(39)
…	…	…	…	nc	nc	nc	nc	nc	(40)
…	…	…	…	nc	nc	nc	nc	nc	(41)
…	…	…	…	nc	nc	nc	nc	nc	(42)
…	…	…	…	nc	nc	nc	nc	nc	(43)
…	…	…	…	nc	nc	nc	nc	nc	(44)
…	…	…	…	nc	nc	nc	nc	nc	(45)
…	…	…	…	nc	nc	nc	nc	nc	(46)
…	…	…	…	nc	nc	nc	nc	nc	(47)
…	…	…	…	nc	nc	nc	nc	nc	(48)
…	…	…	…	nc	nc	nc	nc	nc	(49)
…	…	…	…	nc	nc	nc	nc	nc	(50)
…	…	…	…	nc	nc	nc	nc	nc	(51)
…	…	…	…	nc	nc	nc	nc	nc	(52)
…	…	…	…	nc	nc	nc	nc	nc	(53)
…	…	…	…	nc	nc	nc	nc	nc	(54)
…	…	…	…	nc	nc	nc	nc	nc	(55)
x	x	x	x	x	x	x	x	x	(56)
…	…	…	…	nc	nc	nc	nc	nc	(57)
…	…	…	…	nc	nc	nc	nc	nc	(58)
…	…	…	…	nc	nc	nc	nc	nc	(59)
…	…	…	…	nc	nc	nc	nc	nc	(60)
…	…	…	…	nc	nc	nc	nc	nc	(61)
…	…	…	…	nc	nc	nc	nc	nc	(62)

3　令和２年産都道府県別の作付面積、10ａ当たり収量、収穫量及び出荷量　（続き）

(22)　レタス（続き）

キ　冬レタス

全国農業地域・都道府県	作付面積	10ａ当たり収量	収穫量	出荷量	対前年産比				(参考)対平均収量比
					作付面積	10ａ当たり収量	収穫量	出荷量	
	ha	kg	t	t	%	%	%	%	%
全国 (1)	**7,740**	**2,390**	**184,600**	**171,300**	**99**	**100**	**99**	**99**	**103**
(全国農業地域)									
北海道 (2)	…	…	…	…	nc	nc	nc	nc	nc
都府県 (3)	…	…	…	…	nc	nc	nc	nc	nc
東北 (4)	…	…	…	…	nc	nc	nc	nc	nc
北陸 (5)	…	…	…	…	nc	nc	nc	nc	nc
関東・東山 (6)	…	…	…	…	nc	nc	nc	nc	nc
東海 (7)	…	…	…	…	nc	nc	nc	nc	nc
近畿 (8)	…	…	…	…	nc	nc	nc	nc	nc
中国 (9)	…	…	…	…	nc	nc	nc	nc	nc
四国 (10)	…	…	…	…	nc	nc	nc	nc	nc
九州 (11)	…	…	…	…	nc	nc	nc	nc	nc
沖縄 (12)	201	1,860	3,740	3,260	98	99	97	99	95
(都道府県)									
北海道 (13)	…	…	…	…	nc	nc	nc	nc	nc
青森 (14)	…	…	…	…	nc	nc	nc	nc	nc
岩手 (15)	…	…	…	…	nc	nc	nc	nc	nc
宮城 (16)	…	…	…	…	nc	nc	nc	nc	nc
秋田 (17)	…	…	…	…	nc	nc	nc	nc	nc
山形 (18)	…	…	…	…	nc	nc	nc	nc	nc
福島 (19)	…	…	…	…	nc	nc	nc	nc	nc
茨城 (20)	1,360	2,490	33,900	32,100	105	108	114	114	111
栃木 (21)	91	2,950	2,680	2,510	103	107	110	111	113
群馬 (22)	…	…	…	…	nc	nc	nc	nc	nc
埼玉 (23)	89	2,470	2,200	1,900	99	98	97	97	101
千葉 (24)	332	1,770	5,880	5,320	100	107	107	107	94
東京 (25)	…	…	…	…	nc	nc	nc	nc	nc
神奈川 (26)	…	…	…	…	nc	nc	nc	nc	nc
新潟 (27)	…	…	…	…	nc	nc	nc	nc	nc
富山 (28)	…	…	…	…	nc	nc	nc	nc	nc
石川 (29)	…	…	…	…	nc	nc	nc	nc	nc
福井 (30)	…	…	…	…	nc	nc	nc	nc	nc
山梨 (31)	…	…	…	…	nc	nc	nc	nc	nc
長野 (32)	…	…	…	…	nc	nc	nc	nc	nc
岐阜 (33)	…	…	…	…	nc	nc	nc	nc	nc
静岡 (34)	818	2,850	23,300	22,400	101	103	104	104	110
愛知 (35)	271	1,640	4,440	4,070	98	101	99	99	103
三重 (36)	…	…	…	…	nc	nc	nc	nc	nc
滋賀 (37)	…	…	…	…	nc	nc	nc	nc	nc
京都 (38)	…	…	…	…	nc	nc	nc	nc	nc
大阪 (39)	9	1,910	164	157	129	99	122	123	101
兵庫 (40)	873	2,580	22,500	21,500	99	100	99	99	105
奈良 (41)	…	…	…	…	nc	nc	nc	nc	nc
和歌山 (42)	…	…	…	…	nc	nc	nc	nc	nc
鳥取 (43)	…	…	…	…	nc	nc	nc	nc	nc
島根 (44)	…	…	…	…	nc	nc	nc	nc	nc
岡山 (45)	50	1,640	820	755	100	86	86	86	95
広島 (46)	…	…	…	…	nc	nc	nc	nc	nc
山口 (47)	…	…	…	…	nc	nc	nc	nc	nc
徳島 (48)	217	2,150	4,670	4,260	94	100	94	94	110
香川 (49)	635	2,270	14,400	13,300	93	102	95	95	108
愛媛 (50)	79	1,650	1,300	1,170	99	92	90	89	80
高知 (51)	…	…	…	…	nc	nc	nc	nc	nc
福岡 (52)	690	1,600	11,000	10,600	97	99	96	96	94
佐賀 (53)	69	1,760	1,210	1,050	99	97	95	95	89
長崎 (54)	694	3,570	24,800	22,300	100	94	95	94	101
熊本 (55)	511	2,610	13,300	12,500	98	90	89	89	95
大分 (56)	…	…	…	…	nc	nc	nc	nc	nc
宮崎 (57)	…	…	…	…	nc	nc	nc	nc	nc
鹿児島 (58)	205	2,180	4,470	3,880	98	84	82	82	84
沖縄 (59)	201	1,860	3,740	3,260	98	99	97	99	95
関東農政局 (60)	…	…	…	…	nc	nc	nc	nc	nc
東海農政局 (61)	…	…	…	…	nc	nc	nc	nc	nc
中国四国農政局 (62)	…	…	…	…	nc	nc	nc	nc	nc

ク　冬レタスのうちサラダ菜

作付面積	10a当たり収量	収穫量	出荷量	対前年産比				(参考)対平均収量比	
				作付面積	10a当たり収量	収穫量	出荷量		
ha	kg	t	t	%	%	%	%	%	
170	1,670	2,840	2,630	93	94	87	89	91	(1)
…	…	…	…	nc	nc	nc	nc	nc	(2)
…	…	…	…	nc	nc	nc	nc	nc	(3)
…	…	…	…	nc	nc	nc	nc	nc	(4)
…	…	…	…	nc	nc	nc	nc	nc	(5)
…	…	…	…	nc	nc	nc	nc	nc	(6)
…	…	…	…	nc	nc	nc	nc	nc	(7)
…	…	…	…	nc	nc	nc	nc	nc	(8)
…	…	…	…	nc	nc	nc	nc	nc	(9)
…	…	…	…	nc	nc	nc	nc	nc	(10)
…	…	…	…	nc	nc	nc	nc	nc	(11)
4	950	38	31	100	97	97	97	92	(12)
…	…	…	…	nc	nc	nc	nc	nc	(13)
…	…	…	…	nc	nc	nc	nc	nc	(14)
…	…	…	…	nc	nc	nc	nc	nc	(15)
…	…	…	…	nc	nc	nc	nc	nc	(16)
…	…	…	…	nc	nc	nc	nc	nc	(17)
…	…	…	…	nc	nc	nc	nc	nc	(18)
…	…	…	…	nc	nc	nc	nc	nc	(19)
–	–	–	–	nc	nc	nc	nc	–	(20)
–	–	–	–	nc	nc	nc	nc	–	(21)
…	…	…	…	nc	nc	nc	nc	nc	(22)
16	1,990	318	286	100	95	95	96	96	(23)
28	1,780	498	472	100	113	113	113	97	(24)
…	…	…	…	nc	nc	nc	nc	nc	(25)
…	…	…	…	nc	nc	nc	nc	nc	(26)
…	…	…	…	nc	nc	nc	nc	nc	(27)
…	…	…	…	nc	nc	nc	nc	nc	(28)
…	…	…	…	nc	nc	nc	nc	nc	(29)
…	…	…	…	nc	nc	nc	nc	nc	(30)
…	…	…	…	nc	nc	nc	nc	nc	(31)
…	…	…	…	nc	nc	nc	nc	nc	(32)
…	…	…	…	nc	nc	nc	nc	nc	(33)
27	1,700	459	417	100	94	94	94	92	(34)
2	1,250	25	22	100	100	100	100	102	(35)
…	…	…	…	nc	nc	nc	nc	nc	(36)
…	…	…	…	nc	nc	nc	nc	nc	(37)
…	…	…	…	nc	nc	nc	nc	nc	(38)
1	1,800	14	12	100	101	100	100	99	(39)
3	1,350	35	21	100	96	83	81	100	(40)
…	…	…	…	nc	nc	nc	nc	nc	(41)
…	…	…	…	nc	nc	nc	nc	nc	(42)
…	…	…	…	nc	nc	nc	nc	nc	(43)
…	…	…	…	nc	nc	nc	nc	nc	(44)
0	1,660	5	5	nc	92	100	100	97	(45)
…	…	…	…	nc	nc	nc	nc	nc	(46)
…	…	…	…	nc	nc	nc	nc	nc	(47)
…	…	…	…	nc	nc	nc	nc	nc	(48)
1	1,840	18	11	100	102	100	100	112	(49)
3	1,370	41	27	100	93	93	96	90	(50)
…	…	…	…	nc	nc	nc	nc	nc	(51)
25	1,740	435	416	83	122	101	101	93	(52)
0	1,000	3	3	nc	100	100	300	76	(53)
–	–	–	–	nc	nc	nc	nc	nc	(54)
x	x	x	x	x	x	x	x	x	(55)
…	…	…	…	nc	nc	nc	nc	nc	(56)
…	…	…	…	nc	nc	nc	nc	nc	(57)
9	1,970	177	163	69	78	54	56	99	(58)
4	950	38	31	100	97	97	97	92	(59)
…	…	…	…	nc	nc	nc	nc	nc	(60)
…	…	…	…	nc	nc	nc	nc	nc	(61)
…	…	…	…	nc	nc	nc	nc	nc	(62)

3 令和２年産都道府県別の作付面積、10ａ当たり収量、収穫量及び出荷量 （続き）

(23) ねぎ

ア 計

全国農業地域・都道府県		作付面積	10ａ当たり収量	収穫量	出荷量	対前年産比 作付面積	対前年産比 10ａ当たり収量	対前年産比 収穫量	対前年産比 出荷量	(参考) 対平均収量比
		ha	kg	t	t	%	%	%	%	%
全国	**(1)**	**22,000**	**2,010**	**441,100**	**364,100**	**98**	**97**	**95**	**95**	**97**
(全国農業地域)										
北海道	(2)	641	3,430	22,000	20,500	103	104	107	107	112
都府県	(3)	…	…	…	…	nc	nc	nc	nc	nc
東北	(4)	3,240	1,920	62,300	45,800	100	101	101	101	101
北陸	(5)	1,050	1,330	14,000	10,600	95	90	86	87	81
関東・東山	(6)	…	…	…	…	nc	nc	nc	nc	nc
東海	(7)	1,310	1,760	23,000	17,300	97	97	94	94	95
近畿	(8)	…	…	…	…	nc	nc	nc	nc	nc
中国	(9)	…	…	…	…	nc	nc	nc	nc	nc
四国	(10)	885	1,300	11,500	9,730	96	97	93	93	94
九州	(11)	2,810	1,530	43,000	38,000	98	106	104	104	103
沖縄	(12)	…	…	…	…	nc	nc	nc	nc	nc
(都道府県)										
北海道	(13)	641	3,430	22,000	20,500	103	104	107	107	112
青森	(14)	487	2,510	12,200	9,450	98	102	99	98	100
岩手	(15)	438	1,640	7,190	5,430	100	105	105	105	103
宮城	(16)	612	1,590	9,720	6,890	101	114	116	115	112
秋田	(17)	598	2,390	14,300	11,500	102	102	104	105	103
山形	(18)	434	2,090	9,050	6,330	99	95	94	94	98
福島	(19)	666	1,480	9,870	6,170	99	91	91	89	91
茨城	(20)	1,960	2,500	49,000	43,000	98	95	94	94	97
栃木	(21)	631	1,820	11,500	9,300	100	98	98	103	96
群馬	(22)	1,020	1,920	19,600	15,000	99	94	93	93	100
埼玉	(23)	2,230	2,270	50,600	42,400	93	95	89	90	92
千葉	(24)	2,130	2,670	56,900	51,500	99	89	88	88	94
東京	(25)	…	…	…	…	nc	nc	nc	nc	nc
神奈川	(26)	399	1,980	7,890	6,940	100	93	92	92	86
新潟	(27)	631	1,390	8,760	6,420	98	90	88	90	79
富山	(28)	189	1,280	2,420	1,880	86	94	81	79	87
石川	(29)	96	906	870	600	96	81	78	74	76
福井	(30)	134	1,430	1,910	1,700	99	89	88	89	85
山梨	(31)	…	…	…	…	nc	nc	nc	nc	nc
長野	(32)	722	2,200	15,900	9,930	102	98	100	102	108
岐阜	(33)	199	1,240	2,470	1,300	96	118	113	117	117
静岡	(34)	471	1,890	8,920	7,810	97	96	94	94	90
愛知	(35)	402	1,880	7,550	5,640	98	93	91	90	97
三重	(36)	241	1,700	4,090	2,560	98	93	91	91	93
滋賀	(37)	…	…	…	…	nc	nc	nc	nc	nc
京都	(38)	299	2,590	7,730	6,750	93	112	104	106	114
大阪	(39)	259	2,410	6,240	5,900	98	96	94	94	95
兵庫	(40)	313	1,580	4,960	3,120	98	85	84	85	85
奈良	(41)	136	2,220	3,020	2,410	100	103	103	104	103
和歌山	(42)	…	…	…	…	nc	nc	nc	nc	nc
鳥取	(43)	607	1,930	11,700	10,700	96	94	90	91	104
島根	(44)	144	1,330	1,920	1,300	101	90	91	88	92
岡山	(45)	151	1,370	2,070	1,610	98	88	87	88	89
広島	(46)	433	1,800	7,800	6,500	102	99	101	101	102
山口	(47)	…	…	…	…	nc	nc	nc	nc	nc
徳島	(48)	220	1,470	3,230	2,770	98	101	98	99	97
香川	(49)	269	1,290	3,460	2,890	92	98	90	88	97
愛媛	(50)	154	1,320	2,040	1,520	101	96	98	97	89
高知	(51)	242	1,150	2,790	2,550	97	92	90	89	90
福岡	(52)	535	1,240	6,650	6,060	99	103	102	103	101
佐賀	(53)	265	955	2,530	1,980	97	106	103	103	103
長崎	(54)	168	1,580	2,650	2,320	93	104	97	97	97
熊本	(55)	242	1,830	4,440	3,540	103	108	111	113	112
大分	(56)	973	1,790	17,400	15,900	101	108	109	109	104
宮崎	(57)	137	1,640	2,240	1,910	96	126	120	119	114
鹿児島	(58)	493	1,450	7,130	6,250	92	100	92	91	96
沖縄	(59)	…	…	…	…	nc	nc	nc	nc	nc
関東農政局	(60)	…	…	…	…	nc	nc	nc	nc	nc
東海農政局	(61)	842	1,670	14,100	9,500	97	97	94	93	98
中国四国農政局	(62)	…	…	…	…	nc	nc	nc	nc	nc

イ　春ねぎ

作付面積	10a当たり収量	収穫量	出荷量	対前年産比 作付面積	対前年産比 10a当たり収量	対前年産比 収穫量	対前年産比 出荷量	(参考)対平均収量比	
ha	kg	t	t	%	%	%	%	%	
3,370	**2,370**	**80,000**	**71,300**	**99**	**100**	**99**	**99**	**99**	(1)
…	…	…	…	nc	nc	nc	nc	nc	(2)
…	…	…	…	nc	nc	nc	nc	nc	(3)
…	…	…	…	nc	nc	nc	nc	nc	(4)
…	…	…	…	nc	nc	nc	nc	nc	(5)
…	…	…	…	nc	nc	nc	nc	nc	(6)
…	…	…	…	nc	nc	nc	nc	nc	(7)
…	…	…	…	nc	nc	nc	nc	nc	(8)
…	…	…	…	nc	nc	nc	nc	nc	(9)
…	…	…	…	nc	nc	nc	nc	nc	(10)
…	…	…	…	nc	nc	nc	nc	nc	(11)
…	…	…	…	nc	nc	nc	nc	nc	(12)
…	…	…	…	nc	nc	nc	nc	nc	(13)
…	…	…	…	nc	nc	nc	nc	nc	(14)
…	…	…	…	nc	nc	nc	nc	nc	(15)
98	1,600	1,570	1,260	103	103	107	107	108	(16)
…	…	…	…	nc	nc	nc	nc	nc	(17)
…	…	…	…	nc	nc	nc	nc	nc	(18)
…	…	…	…	nc	nc	nc	nc	nc	(19)
493	3,170	15,600	14,700	103	100	103	104	97	(20)
…	…	…	…	nc	nc	nc	nc	nc	(21)
128	2,530	3,240	2,760	101	99	100	100	96	(22)
169	3,550	6,000	5,210	92	100	93	94	98	(23)
585	3,200	18,700	16,500	100	96	95	95	95	(24)
…	…	…	…	nc	nc	nc	nc	nc	(25)
…	…	…	…	nc	nc	nc	nc	nc	(26)
…	…	…	…	nc	nc	nc	nc	nc	(27)
…	…	…	…	nc	nc	nc	nc	nc	(28)
…	…	…	…	nc	nc	nc	nc	nc	(29)
…	…	…	…	nc	nc	nc	nc	nc	(30)
…	…	…	…	nc	nc	nc	nc	nc	(31)
…	…	…	…	nc	nc	nc	nc	nc	(32)
…	…	…	…	nc	nc	nc	nc	nc	(33)
96	2,390	2,290	2,190	100	103	102	102	100	(34)
62	2,180	1,350	1,160	95	90	86	87	96	(35)
31	1,600	496	370	91	83	76	76	78	(36)
…	…	…	…	nc	nc	nc	nc	nc	(37)
67	2,310	1,550	1,350	93	102	95	96	104	(38)
55	2,920	1,610	1,530	98	96	94	94	96	(39)
58	1,920	1,110	889	95	94	89	90	93	(40)
…	…	…	…	nc	nc	nc	nc	nc	(41)
…	…	…	…	nc	nc	nc	nc	nc	(42)
114	2,520	2,870	2,670	102	104	106	106	116	(43)
…	…	…	…	nc	nc	nc	nc	nc	(44)
21	1,650	347	288	95	105	101	102	114	(45)
97	1,800	1,750	1,420	100	104	104	104	105	(46)
…	…	…	…	nc	nc	nc	nc	nc	(47)
57	1,700	969	870	100	104	104	104	97	(48)
70	1,220	854	707	91	98	89	85	95	(49)
…	…	…	…	nc	nc	nc	nc	nc	(50)
82	1,030	845	780	96	94	90	90	90	(51)
137	1,270	1,740	1,600	98	104	102	102	104	(52)
73	852	622	500	96	104	100	99	96	(53)
36	2,180	785	719	97	109	106	106	110	(54)
…	…	…	…	nc	nc	nc	nc	nc	(55)
202	2,070	4,180	3,970	104	107	111	112	100	(56)
…	…	…	…	nc	nc	nc	nc	nc	(57)
104	1,440	1,500	1,300	95	97	93	92	101	(58)
…	…	…	…	nc	nc	nc	nc	nc	(59)
…	…	…	…	nc	nc	nc	nc	nc	(60)
…	…	…	…	nc	nc	nc	nc	nc	(61)
…	…	…	…	nc	nc	nc	nc	nc	(62)

3 令和２年産都道府県別の作付面積、10ａ当たり収量、収穫量及び出荷量 （続き）

(23) ねぎ（続き）

ウ 夏ねぎ

全国農業地域・都道府県		作付面積	10ａ当たり収量	収穫量	出荷量	対前年産比 作付面積	対前年産比 10ａ当たり収量	対前年産比 収穫量	対前年産比 出荷量	（参考）対平均収量比
		ha	kg	t	t	%	%	%	%	%
全国	**(1)**	**4,800**	**1,840**	**88,100**	**78,900**	**98**	**100**	**97**	**98**	**102**
（全国農業地域）										
北海道	(2)	345	3,180	11,000	10,300	106	100	106	105	108
都府県	(3)	…	…	…	…	nc	nc	nc	nc	nc
東北	(4)	…	…	…	…	nc	nc	nc	nc	nc
北陸	(5)	253	1,170	2,960	2,290	95	95	91	96	86
関東・東山	(6)	…	…	…	…	nc	nc	nc	nc	nc
東海	(7)	…	…	…	…	nc	nc	nc	nc	nc
近畿	(8)	…	…	…	…	nc	nc	nc	nc	nc
中国	(9)	…	…	…	…	nc	nc	nc	nc	nc
四国	(10)	…	…	…	…	nc	nc	nc	nc	nc
九州	(11)	…	…	…	…	nc	nc	nc	nc	nc
沖縄	(12)	…	…	…	…	nc	nc	nc	nc	nc
（都道府県）										
北海道	(13)	345	3,180	11,000	10,300	106	100	106	105	108
青森	(14)	172	2,400	4,130	3,590	92	97	89	89	98
岩手	(15)	150	1,640	2,460	1,930	96	100	96	94	99
宮城	(16)	124	1,440	1,790	1,460	102	101	103	104	111
秋田	(17)	181	2,200	3,980	3,660	106	106	112	113	106
山形	(18)	114	2,030	2,310	1,930	99	95	94	95	96
福島	(19)	…	…	…	…	nc	nc	nc	nc	nc
茨城	(20)	681	2,150	14,600	13,800	97	93	90	91	94
栃木	(21)	116	1,410	1,640	1,410	104	102	106	104	97
群馬	(22)	97	1,890	1,830	1,570	102	141	144	145	134
埼玉	(23)	285	2,120	6,040	5,260	95	99	94	96	101
千葉	(24)	274	3,000	8,220	7,820	100	103	103	103	118
東京	(25)	…	…	…	…	nc	nc	nc	nc	nc
神奈川	(26)	…	…	…	…	nc	nc	nc	nc	nc
新潟	(27)	150	1,180	1,770	1,330	96	95	91	100	86
富山	(28)	48	1,320	634	465	96	104	100	99	88
石川	(29)	25	824	206	173	96	91	88	86	80
福井	(30)	30	1,170	351	320	94	88	82	85	87
山梨	(31)	…	…	…	…	nc	nc	nc	nc	nc
長野	(32)	115	2,710	3,120	2,760	96	93	89	89	96
岐阜	(33)	…	…	…	…	nc	nc	nc	nc	nc
静岡	(34)	93	1,650	1,530	1,410	95	92	87	87	95
愛知	(35)	84	1,440	1,210	968	95	85	81	81	91
三重	(36)	40	973	389	308	95	93	88	88	82
滋賀	(37)	…	…	…	…	nc	nc	nc	nc	nc
京都	(38)	…	…	…	…	nc	nc	nc	nc	nc
大阪	(39)	77	1,900	1,460	1,400	99	97	96	96	96
兵庫	(40)	…	…	…	…	nc	nc	nc	nc	nc
奈良	(41)	…	…	…	…	nc	nc	nc	nc	nc
和歌山	(42)	…	…	…	…	nc	nc	nc	nc	nc
鳥取	(43)	171	1,300	2,220	2,090	96	104	99	99	109
島根	(44)	…	…	…	…	nc	nc	nc	nc	nc
岡山	(45)	23	1,540	354	308	96	97	93	94	112
広島	(46)	126	1,350	1,700	1,450	104	101	105	105	99
山口	(47)	…	…	…	…	nc	nc	nc	nc	nc
徳島	(48)	…	…	…	…	nc	nc	nc	nc	nc
香川	(49)	81	1,190	964	777	89	92	82	76	94
愛媛	(50)	…	…	…	…	nc	nc	nc	nc	nc
高知	(51)	…	…	…	…	nc	nc	nc	nc	nc
福岡	(52)	141	870	1,230	1,150	97	96	94	94	94
佐賀	(53)	…	…	…	…	nc	nc	nc	nc	nc
長崎	(54)	42	812	341	290	82	83	68	68	78
熊本	(55)	…	…	…	…	nc	nc	nc	nc	nc
大分	(56)	242	1,390	3,360	3,130	94	113	106	108	112
宮崎	(57)	…	…	…	…	nc	nc	nc	nc	nc
鹿児島	(58)	85	1,190	1,010	840	97	100	96	96	106
沖縄	(59)	…	…	…	…	nc	nc	nc	nc	nc
関東農政局	(60)	…	…	…	…	nc	nc	nc	nc	nc
東海農政局	(61)	…	…	…	…	nc	nc	nc	nc	nc
中国四国農政局	(62)	…	…	…	…	nc	nc	nc	nc	nc

エ 秋冬ねぎ

作付面積	10a当たり収量	収穫量	出荷量	対前年産比				(参考)対平均収量比	
				作付面積	10a当たり収量	収穫量	出荷量		
ha	kg	t	t	%	%	%	%	%	
13,800	1,980	273,000	213,900	98	95	93	93	95	(1)
268	3,490	9,350	8,760	100	102	102	102	110	(2)
…	…	…	…	nc	nc	nc	nc	nc	(3)
2,150	2,000	43,000	29,400	100	104	103	104	102	(4)
735	1,390	10,200	7,620	95	89	85	84	79	(5)
…	…	…	…	nc	nc	nc	nc	nc	(6)
867	1,750	15,200	10,400	98	98	96	95	96	(7)
…	…	…	…	nc	nc	nc	nc	nc	(8)
…	…	…	…	nc	nc	nc	nc	nc	(9)
416	1,450	6,050	5,050	97	98	96	95	93	(10)
1,560	1,650	25,800	22,400	99	104	103	103	99	(11)
…	…	…	…	nc	nc	nc	nc	nc	(12)
268	3,490	9,350	8,760	100	102	102	102	110	(13)
301	2,580	7,770	5,610	101	103	104	103	100	(14)
258	1,650	4,260	3,240	102	107	110	112	104	(15)
390	1,630	6,360	4,170	100	122	122	123	113	(16)
392	2,530	9,920	7,470	101	101	102	102	104	(17)
298	2,130	6,350	4,070	99	94	93	93	97	(18)
514	1,620	8,330	4,870	99	99	98	98	98	(19)
786	2,390	18,800	14,500	96	93	90	90	98	(20)
473	1,810	8,560	6,700	99	95	94	99	94	(21)
794	1,830	14,500	10,700	98	89	87	88	98	(22)
1,780	2,170	38,600	31,900	93	94	88	89	90	(23)
1,270	2,360	30,000	27,200	98	83	82	82	89	(24)
…	…	…	…	nc	nc	nc	nc	nc	(25)
348	2,010	6,990	6,100	100	91	91	91	83	(26)
448	1,470	6,590	4,750	99	89	87	88	77	(27)
129	1,230	1,590	1,260	83	92	76	74	87	(28)
68	940	639	402	96	79	76	70	76	(29)
90	1,520	1,370	1,210	100	90	90	90	84	(30)
…	…	…	…	nc	nc	nc	nc	nc	(31)
594	2,120	12,600	6,890	103	101	104	108	113	(32)
159	1,190	1,890	800	96	118	113	116	117	(33)
282	1,810	5,100	4,210	97	96	93	93	85	(34)
256	1,950	4,990	3,510	99	96	95	95	99	(35)
170	1,880	3,200	1,880	100	95	95	95	97	(36)
…	…	…	…	nc	nc	nc	nc	nc	(37)
…	…	…	…	nc	nc	nc	nc	nc	(38)
…	…	…	…	nc	nc	nc	nc	nc	(39)
190	1,600	3,040	1,690	99	83	82	82	83	(40)
80	2,220	1,780	1,280	100	99	99	99	99	(41)
…	…	…	…	nc	nc	nc	nc	nc	(42)
322	2,040	6,570	5,940	94	87	82	82	96	(43)
98	1,340	1,310	850	101	88	89	86	91	(44)
107	1,280	1,370	1,010	99	83	83	83	81	(45)
210	2,070	4,350	3,630	102	97	99	99	104	(46)
…	…	…	…	nc	nc	nc	nc	nc	(47)
110	1,530	1,680	1,360	97	99	97	97	96	(48)
118	1,390	1,640	1,410	94	102	96	97	97	(49)
86	1,530	1,320	1,010	101	99	101	101	93	(50)
102	1,380	1,410	1,270	98	91	89	88	85	(51)
257	1,430	3,680	3,310	100	105	106	106	101	(52)
118	1,220	1,440	1,070	98	108	106	106	105	(53)
90	1,690	1,520	1,310	98	104	101	102	94	(54)
167	1,910	3,190	2,430	103	98	102	102	102	(55)
529	1,860	9,840	8,830	103	105	109	108	102	(56)
94	1,650	1,550	1,330	96	120	116	115	109	(57)
304	1,520	4,620	4,110	90	101	91	90	92	(58)
…	…	…	…	nc	nc	nc	nc	nc	(59)
…	…	…	…	nc	nc	nc	nc	nc	(60)
585	1,730	10,100	6,190	98	100	98	97	102	(61)
…	…	…	…	nc	nc	nc	nc	nc	(62)

3　令和２年産都道府県別の作付面積、10ａ当たり収量、収穫量及び出荷量　(続き)

(24)　にら

全国農業地域・都道府県		作付面積	10ａ当たり収量	収穫量	出荷量	対前年産比 作付面積	対前年産比 10ａ当たり収量	対前年産比 収穫量	対前年産比 出荷量	(参考) 対平均収量比
		ha	kg	t	t	%	%	%	%	%
全国	(1)	1,980	2,880	57,000	51,500	99	99	98	97	100
(全国農業地域)										
北海道	(2)	66	4,750	3,140	3,000	100	106	106	106	106
都府県	(3)	…	…	…	…	nc	nc	nc	nc	nc
東北	(4)	…	…	…	…	nc	nc	nc	nc	nc
北陸	(5)	…	…	…	…	nc	nc	nc	nc	nc
関東・東山	(6)	…	…	…	…	nc	nc	nc	nc	nc
東海	(7)	…	…	…	…	nc	nc	nc	nc	nc
近畿	(8)	…	…	…	…	nc	nc	nc	nc	nc
中国	(9)	…	…	…	…	nc	nc	nc	nc	nc
四国	(10)	…	…	…	…	nc	nc	nc	nc	nc
九州	(11)	…	…	…	…	nc	nc	nc	nc	nc
沖縄	(12)	…	…	…	…	nc	nc	nc	nc	nc
(都道府県)										
北海道	(13)	66	4,750	3,140	3,000	100	106	106	106	106
青森	(14)	…	…	…	…	nc	nc	nc	nc	nc
岩手	(15)	…	…	…	…	nc	nc	nc	nc	nc
宮城	(16)	…	…	…	…	nc	nc	nc	nc	nc
秋田	(17)	…	…	…	…	nc	nc	nc	nc	nc
山形	(18)	202	1,250	2,530	2,200	100	87	88	90	89
福島	(19)	151	1,690	2,550	2,110	97	107	104	104	105
茨城	(20)	202	3,690	7,450	6,700	95	101	96	96	104
栃木	(21)	352	2,890	10,200	9,070	97	97	94	93	104
群馬	(22)	163	1,870	3,050	2,830	101	109	111	111	104
埼玉	(23)	…	…	…	…	nc	nc	nc	nc	nc
千葉	(24)	117	1,870	2,190	1,900	100	101	100	100	97
東京	(25)	…	…	…	…	nc	nc	nc	nc	nc
神奈川	(26)	…	…	…	…	nc	nc	nc	nc	nc
新潟	(27)	…	…	…	…	nc	nc	nc	nc	nc
富山	(28)	…	…	…	…	nc	nc	nc	nc	nc
石川	(29)	…	…	…	…	nc	nc	nc	nc	nc
福井	(30)	…	…	…	…	nc	nc	nc	nc	nc
山梨	(31)	…	…	…	…	nc	nc	nc	nc	nc
長野	(32)	…	…	…	…	nc	nc	nc	nc	nc
岐阜	(33)	…	…	…	…	nc	nc	nc	nc	nc
静岡	(34)	…	…	…	…	nc	nc	nc	nc	nc
愛知	(35)	…	…	…	…	nc	nc	nc	nc	nc
三重	(36)	…	…	…	…	nc	nc	nc	nc	nc
滋賀	(37)	…	…	…	…	nc	nc	nc	nc	nc
京都	(38)	…	…	…	…	nc	nc	nc	nc	nc
大阪	(39)	…	…	…	…	nc	nc	nc	nc	nc
兵庫	(40)	6	3,270	196	163	100	105	105	105	101
奈良	(41)	…	…	…	…	nc	nc	nc	nc	nc
和歌山	(42)	…	…	…	…	nc	nc	nc	nc	nc
鳥取	(43)	…	…	…	…	nc	nc	nc	nc	nc
島根	(44)	…	…	…	…	nc	nc	nc	nc	nc
岡山	(45)	…	…	…	…	nc	nc	nc	nc	nc
広島	(46)	…	…	…	…	nc	nc	nc	nc	nc
山口	(47)	…	…	…	…	nc	nc	nc	nc	nc
徳島	(48)	…	…	…	…	nc	nc	nc	nc	nc
香川	(49)	…	…	…	…	nc	nc	nc	nc	nc
愛媛	(50)	…	…	…	…	nc	nc	nc	nc	nc
高知	(51)	246	5,570	13,700	13,200	99	95	94	94	93
福岡	(52)	19	4,850	922	771	100	98	98	95	106
佐賀	(53)	…	…	…	…	nc	nc	nc	nc	nc
長崎	(54)	28	1,870	524	473	100	91	91	91	88
熊本	(55)	44	2,770	1,220	1,140	100	97	97	97	97
大分	(56)	59	5,010	2,960	2,880	98	112	110	110	102
宮崎	(57)	96	3,760	3,610	3,350	101	101	102	102	93
鹿児島	(58)	…	…	…	…	nc	nc	nc	nc	nc
沖縄	(59)	…	…	…	…	nc	nc	nc	nc	nc
関東農政局	(60)	…	…	…	…	nc	nc	nc	nc	nc
東海農政局	(61)	…	…	…	…	nc	nc	nc	nc	nc
中国四国農政局	(62)	…	…	…	…	nc	nc	nc	nc	nc

(25) たまねぎ

作付面積	10a当たり収量	収穫量	出荷量	対前年産比				(参考)対平均収量比	
				作付面積	10a当たり収量	収穫量	出荷量		
ha	kg	t	t	%	%	%	%	%	
25,500	**5,320**	**1,357,000**	**1,218,000**	**98**	**103**	**102**	**101**	**113**	(1)
14,600	6,110	892,100	839,600	100	106	106	106	113	(2)
…	…	…	…	nc	nc	nc	nc	nc	(3)
…	…	…	…	nc	nc	nc	nc	nc	(4)
…	…	…	…	nc	nc	nc	nc	nc	(5)
…	…	…	…	nc	nc	nc	nc	nc	(6)
1,070	4,310	46,100	40,100	96	102	99	100	104	(7)
…	…	…	…	nc	nc	nc	nc	nc	(8)
…	…	…	…	nc	nc	nc	nc	nc	(9)
…	…	…	…	nc	nc	nc	nc	nc	(10)
…	…	…	…	nc	nc	nc	nc	nc	(11)
…	…	…	…	nc	nc	nc	nc	nc	(12)
14,600	6,110	892,100	839,600	100	106	106	106	113	(13)
…	…	…	…	nc	nc	nc	nc	nc	(14)
…	…	…	…	nc	nc	nc	nc	nc	(15)
…	…	…	…	nc	nc	nc	nc	nc	(16)
…	…	…	…	nc	nc	nc	nc	nc	(17)
…	…	…	…	nc	nc	nc	nc	nc	(18)
…	…	…	…	nc	nc	nc	nc	nc	(19)
187	3,170	5,930	4,140	99	93	92	92	104	(20)
258	4,770	12,300	10,600	97	105	103	102	95	(21)
192	4,220	8,100	7,400	89	110	98	98	102	(22)
153	3,820	5,840	3,950	106	105	111	125	110	(23)
184	3,690	6,790	4,220	99	94	93	93	121	(24)
…	…	…	…	nc	nc	nc	nc	nc	(25)
…	…	…	…	nc	nc	nc	nc	nc	(26)
…	…	…	…	nc	nc	nc	nc	nc	(27)
211	3,720	7,850	7,120	90	87	79	77	99	(28)
…	…	…	…	nc	nc	nc	nc	nc	(29)
…	…	…	…	nc	nc	nc	nc	nc	(30)
…	…	…	…	nc	nc	nc	nc	nc	(31)
150	2,860	4,290	2,460	96	99	95	101	100	(32)
110	2,860	3,150	1,700	95	103	98	88	112	(33)
324	3,860	12,500	11,400	100	101	101	101	101	(34)
520	5,310	27,600	25,400	95	105	100	101	107	(35)
118	2,450	2,890	1,630	99	88	87	87	86	(36)
…	…	…	…	nc	nc	nc	nc	nc	(37)
…	…	…	…	nc	nc	nc	nc	nc	(38)
108	3,570	3,860	3,490	96	99	94	95	94	(39)
1,630	6,040	98,500	89,700	97	101	98	99	111	(40)
…	…	…	…	nc	nc	nc	nc	nc	(41)
115	4,250	4,890	3,970	97	99	95	95	103	(42)
…	…	…	…	nc	nc	nc	nc	nc	(43)
119	2,280	2,710	1,600	107	78	84	86	80	(44)
130	4,880	6,340	4,760	82	119	98	99	151	(45)
…	…	…	…	nc	nc	nc	nc	nc	(46)
187	3,020	5,650	3,940	95	88	83	83	100	(47)
…	…	…	…	nc	nc	nc	nc	nc	(48)
185	4,520	8,360	7,300	83	102	84	82	102	(49)
317	2,910	9,220	7,230	98	85	84	81	88	(50)
…	…	…	…	nc	nc	nc	nc	nc	(51)
145	3,120	4,520	2,590	94	91	85	84	100	(52)
2,130	5,850	124,600	101,000	92	98	90	78	119	(53)
827	3,970	32,800	29,700	94	99	93	93	105	(54)
318	4,050	12,900	10,900	100	96	96	96	120	(55)
…	…	…	…	nc	nc	nc	nc	nc	(56)
59	2,590	1,530	1,340	109	101	111	111	93	(57)
…	…	…	…	nc	nc	nc	nc	nc	(58)
…	…	…	…	nc	nc	nc	nc	nc	(59)
…	…	…	…	nc	nc	nc	nc	nc	(60)
748	4,490	33,600	28,700	96	103	98	99	105	(61)
…	…	…	…	nc	nc	nc	nc	nc	(62)

3　令和２年産都道府県別の作付面積、10ａ当たり収量、収穫量及び出荷量　（続き）

(26)　にんにく

全国農業地域・都道府県		作付面積	10ａ当たり収量	収穫量	出荷量	対前年産比 作付面積	対前年産比 10ａ当たり収量	対前年産比 収穫量	対前年産比 出荷量	(参考) 対平均収量比
		ha	kg	t	t	%	%	%	%	%
全国	(1)	2,530	838	21,200	15,000	101	101	102	100	97
(全国農業地域)										
北海道	(2)	147	565	831	668	108	98	106	107	92
都府県	(3)	…	…	…	…	nc	nc	nc	nc	nc
東北	(4)	…	…	…	…	nc	nc	nc	nc	nc
北陸	(5)	…	…	…	…	nc	nc	nc	nc	nc
関東・東山	(6)	…	…	…	…	nc	nc	nc	nc	nc
東海	(7)	…	…	…	…	nc	nc	nc	nc	nc
近畿	(8)	…	…	…	…	nc	nc	nc	nc	nc
中国	(9)	…	…	…	…	nc	nc	nc	nc	nc
四国	(10)	…	…	…	…	nc	nc	nc	nc	nc
九州	(11)	…	…	…	…	nc	nc	nc	nc	nc
沖縄	(12)	…	…	…	…	nc	nc	nc	nc	nc
(都道府県)										
北海道	(13)	147	565	831	668	108	98	106	107	92
青森	(14)	1,460	980	14,300	10,500	101	102	103	101	99
岩手	(15)	56	641	359	220	98	104	102	103	101
宮城	(16)	…	…	…	…	nc	nc	nc	nc	nc
秋田	(17)	58	470	273	153	107	71	77	88	81
山形	(18)	…	…	…	…	nc	nc	nc	nc	nc
福島	(19)	46	641	295	35	100	99	99	97	99
茨城	(20)	…	…	…	…	nc	nc	nc	nc	nc
栃木	(21)	…	…	…	…	nc	nc	nc	nc	nc
群馬	(22)	…	…	…	…	nc	nc	nc	nc	nc
埼玉	(23)	…	…	…	…	nc	nc	nc	nc	nc
千葉	(24)	…	…	…	…	nc	nc	nc	nc	nc
東京	(25)	…	…	…	…	nc	nc	nc	nc	nc
神奈川	(26)	…	…	…	…	nc	nc	nc	nc	nc
新潟	(27)	…	…	…	…	nc	nc	nc	nc	nc
富山	(28)	…	…	…	…	nc	nc	nc	nc	nc
石川	(29)	…	…	…	…	nc	nc	nc	nc	nc
福井	(30)	…	…	…	…	nc	nc	nc	nc	nc
山梨	(31)	…	…	…	…	nc	nc	nc	nc	nc
長野	(32)	…	…	…	…	nc	nc	nc	nc	nc
岐阜	(33)	…	…	…	…	nc	nc	nc	nc	nc
静岡	(34)	…	…	…	…	nc	nc	nc	nc	nc
愛知	(35)	…	…	…	…	nc	nc	nc	nc	nc
三重	(36)	…	…	…	…	nc	nc	nc	nc	nc
滋賀	(37)	…	…	…	…	nc	nc	nc	nc	nc
京都	(38)	…	…	…	…	nc	nc	nc	nc	nc
大阪	(39)	…	…	…	…	nc	nc	nc	nc	nc
兵庫	(40)	…	…	…	…	nc	nc	nc	nc	nc
奈良	(41)	…	…	…	…	nc	nc	nc	nc	nc
和歌山	(42)	…	…	…	…	nc	nc	nc	nc	nc
鳥取	(43)	…	…	…	…	nc	nc	nc	nc	nc
島根	(44)	…	…	…	…	nc	nc	nc	nc	nc
岡山	(45)	…	…	…	…	nc	nc	nc	nc	nc
広島	(46)	…	…	…	…	nc	nc	nc	nc	nc
山口	(47)	…	…	…	…	nc	nc	nc	nc	nc
徳島	(48)	17	880	150	115	100	96	96	97	96
香川	(49)	103	819	844	681	101	113	114	103	113
愛媛	(50)	…	…	…	…	nc	nc	nc	nc	nc
高知	(51)	…	…	…	…	nc	nc	nc	nc	nc
福岡	(52)	…	…	…	…	nc	nc	nc	nc	nc
佐賀	(53)	…	…	…	…	nc	nc	nc	nc	nc
長崎	(54)	…	…	…	…	nc	nc	nc	nc	nc
熊本	(55)	37	620	229	172	97	74	72	72	76
大分	(56)	49	410	201	158	104	80	83	81	68
宮崎	(57)	42	455	191	185	76	97	74	76	76
鹿児島	(58)	47	670	315	212	100	84	84	79	76
沖縄	(59)	…	…	…	…	nc	nc	nc	nc	nc
関東農政局	(60)	…	…	…	…	nc	nc	nc	nc	nc
東海農政局	(61)	…	…	…	…	nc	nc	nc	nc	nc
中国四国農政局	(62)	…	…	…	…	nc	nc	nc	nc	nc

(27) きゅうり
ア 計

作付面積	10a当たり収量	収穫量	出荷量	対前年産比 作付面積	対前年産比 10a当たり収量	対前年産比 収穫量	対前年産比 出荷量	(参考)対平均収量比	
ha	kg	t	t	%	%	%	%	%	
10,100	**5,340**	**539,200**	**468,000**	**98**	**100**	**98**	**99**	**105**	(1)
152	10,300	15,700	14,700	102	96	99	100	104	(2)
…	…	…	…	nc	nc	nc	nc	nc	(3)
2,030	4,530	91,900	76,000	99	100	99	99	103	(4)
…	…	…	…	nc	nc	nc	nc	nc	(5)
…	…	…	…	nc	nc	nc	nc	nc	(6)
…	…	…	…	nc	nc	nc	nc	nc	(7)
591	2,840	16,800	12,300	98	98	95	94	97	(8)
…	…	…	…	nc	nc	nc	nc	nc	(9)
532	8,350	44,400	40,300	97	103	100	99	109	(10)
1,640	7,250	118,900	109,800	98	101	99	99	108	(11)
…	…	…	…	nc	nc	nc	nc	nc	(12)
152	10,300	15,700	14,700	102	96	99	100	104	(13)
143	4,220	6,030	5,010	99	104	102	103	129	(14)
232	5,690	13,200	10,700	97	104	101	98	102	(15)
378	3,440	13,000	10,200	101	97	98	97	109	(16)
260	3,250	8,440	6,050	98	96	94	94	100	(17)
336	3,780	12,700	9,580	98	96	94	94	100	(18)
680	5,660	38,500	34,500	100	101	101	101	99	(19)
487	5,240	25,500	22,200	100	105	104	104	104	(20)
260	4,380	11,400	9,620	96	101	97	98	96	(21)
812	6,870	55,800	50,100	99	96	95	95	111	(22)
599	7,700	46,100	41,700	96	105	101	101	107	(23)
444	6,240	27,700	24,900	98	97	95	95	91	(24)
…	…	…	…	nc	nc	nc	nc	nc	(25)
253	4,150	10,500	9,940	97	98	95	95	104	(26)
412	1,930	7,970	5,090	97	97	94	93	87	(27)
61	1,930	1,180	606	100	102	103	117	103	(28)
62	3,020	1,870	1,410	86	107	93	101	94	(29)
…	…	…	…	nc	nc	nc	nc	nc	(30)
123	3,780	4,650	3,760	98	99	97	98	115	(31)
371	3,690	13,700	10,200	102	98	100	102	98	(32)
161	3,400	5,470	3,950	98	99	97	98	93	(33)
…	…	…	…	nc	nc	nc	nc	nc	(34)
154	8,770	13,500	11,800	100	99	99	98	102	(35)
105	1,750	1,840	1,080	100	72	72	74	76	(36)
119	2,730	3,250	2,210	100	93	93	90	108	(37)
127	3,160	4,010	3,350	94	94	88	88	90	(38)
45	3,670	1,650	1,530	98	88	86	86	87	(39)
176	1,900	3,340	1,470	99	108	107	117	106	(40)
65	3,030	1,970	1,540	97	109	106	105	103	(41)
59	4,320	2,550	2,200	97	99	96	96	85	(42)
…	…	…	…	nc	nc	nc	nc	nc	(43)
121	2,370	2,870	1,530	101	140	141	132	145	(44)
74	3,500	2,590	2,030	93	107	99	102	155	(45)
157	2,530	3,970	3,020	99	98	96	96	109	(46)
131	2,720	3,560	2,550	96	106	102	104	128	(47)
68	11,100	7,560	6,570	100	99	99	99	101	(48)
95	4,380	4,160	3,360	94	120	112	105	112	(49)
222	3,670	8,150	7,160	97	98	96	95	100	(50)
147	16,700	24,500	23,200	97	103	100	100	114	(51)
168	5,750	9,660	8,780	98	103	101	102	102	(52)
157	9,300	14,600	13,500	105	105	110	111	125	(53)
132	5,140	6,780	6,080	94	95	89	89	95	(54)
279	4,840	13,500	12,300	99	100	99	98	103	(55)
137	2,050	2,810	2,270	99	93	92	93	90	(56)
614	9,890	60,700	57,400	95	101	96	96	108	(57)
150	7,200	10,800	9,430	100	105	105	104	122	(58)
…	…	…	…	nc	nc	nc	nc	nc	(59)
…	…	…	…	nc	nc	nc	nc	nc	(60)
420	4,950	20,800	16,800	99	96	95	96	96	(61)
…	…	…	…	nc	nc	nc	nc	nc	(62)

3　令和２年産都道府県別の作付面積、10ａ当たり収量、収穫量及び出荷量　(続き)

(27)　きゅうり（続き）
イ　冬春きゅうり

全国農業地域・都道府県	作付面積	10ａ当たり収量	収穫量	出荷量	対前年産比				(参考)対平均収量比
					作付面積	10ａ当たり収量	収穫量	出荷量	
	ha	kg	t	t	%	%	%	%	%
全国 (1)	**2,660**	**10,600**	**283,100**	**266,200**	**98**	**99**	**98**	**98**	**102**
(全国農業地域)									
北海道 (2)	…	…	…	…	nc	nc	nc	nc	nc
都府県 (3)	…	…	…	…	nc	nc	nc	nc	nc
東北 (4)	…	…	…	…	nc	nc	nc	nc	nc
北陸 (5)	…	…	…	…	nc	nc	nc	nc	nc
関東・東山 (6)	…	…	…	…	nc	nc	nc	nc	nc
東海 (7)	…	…	…	…	nc	nc	nc	nc	nc
近畿 (8)	…	…	…	…	nc	nc	nc	nc	nc
中国 (9)	…	…	…	…	nc	nc	nc	nc	nc
四国 (10)	208	16,000	33,200	31,200	98	102	99	99	106
九州 (11)	…	…	…	…	nc	nc	nc	nc	nc
沖縄 (12)	…	…	…	…	nc	nc	nc	nc	nc
(都道府県)									
北海道 (13)	…	…	…	…	nc	nc	nc	nc	nc
青森 (14)	…	…	…	…	nc	nc	nc	nc	nc
岩手 (15)	15	7,650	1,150	1,070	100	101	101	102	105
宮城 (16)	72	7,680	5,530	5,010	101	90	91	91	94
秋田 (17)	…	…	…	…	nc	nc	nc	nc	nc
山形 (18)	28	6,950	1,950	1,780	104	84	87	87	87
福島 (19)	97	7,610	7,380	6,930	98	102	100	100	100
茨城 (20)	148	9,820	14,500	13,800	98	104	101	101	94
栃木 (21)	49	11,500	5,640	5,320	100	98	98	99	97
群馬 (22)	278	11,700	32,500	30,400	99	95	94	94	101
埼玉 (23)	266	11,600	30,900	28,600	95	106	102	102	105
千葉 (24)	191	10,200	19,500	18,700	98	97	95	95	88
東京 (25)	…	…	…	…	nc	nc	nc	nc	nc
神奈川 (26)	84	6,990	5,870	5,690	99	95	94	95	100
新潟 (27)	40	5,870	2,350	2,150	98	96	94	95	92
富山 (28)	…	…	…	…	nc	nc	nc	nc	nc
石川 (29)	…	…	…	…	nc	nc	nc	nc	nc
福井 (30)	…	…	…	…	nc	nc	nc	nc	nc
山梨 (31)	21	6,180	1,300	1,210	95	105	100	100	106
長野 (32)	…	…	…	…	nc	nc	nc	nc	nc
岐阜 (33)	19	13,000	2,470	2,330	95	104	99	99	98
静岡 (34)	…	…	…	…	nc	nc	nc	nc	nc
愛知 (35)	53	20,300	10,800	10,200	100	99	99	99	104
三重 (36)	6	6,230	399	355	100	85	85	85	78
滋賀 (37)	17	8,920	1,520	1,450	100	96	96	95	92
京都 (38)	…	…	…	…	nc	nc	nc	nc	nc
大阪 (39)	…	…	…	…	nc	nc	nc	nc	nc
兵庫 (40)	…	…	…	…	nc	nc	nc	nc	nc
奈良 (41)	…	…	…	…	nc	nc	nc	nc	nc
和歌山 (42)	16	7,540	1,210	1,130	94	103	98	98	86
鳥取 (43)	…	…	…	…	nc	nc	nc	nc	nc
島根 (44)	6	5,530	354	319	100	87	87	86	87
岡山 (45)	…	…	…	…	nc	nc	nc	nc	nc
広島 (46)	10	9,410	941	894	100	97	97	97	100
山口 (47)	11	6,720	739	664	100	88	88	88	100
徳島 (48)	30	18,300	5,490	5,080	100	101	101	100	99
香川 (49)	22	5,860	1,290	1,070	100	108	108	100	97
愛媛 (50)	33	7,760	2,560	2,350	97	95	92	93	91
高知 (51)	123	19,400	23,900	22,700	97	102	99	99	110
福岡 (52)	40	14,100	5,640	5,330	98	104	101	103	105
佐賀 (53)	60	13,600	8,160	7,750	105	102	108	108	127
長崎 (54)	49	7,480	3,670	3,430	109	86	94	94	87
熊本 (55)	75	8,280	6,210	5,890	100	100	100	100	102
大分 (56)	…	…	…	…	nc	nc	nc	nc	nc
宮崎 (57)	528	10,800	57,000	54,000	95	101	96	96	108
鹿児島 (58)	63	13,400	8,440	7,850	100	99	98	99	115
沖縄 (59)	…	…	…	…	nc	nc	nc	nc	nc
関東農政局 (60)	…	…	…	…	nc	nc	nc	nc	nc
東海農政局 (61)	78	17,600	13,700	12,900	99	100	99	98	102
中国四国農政局 (62)	…	…	…	…	nc	nc	nc	nc	nc

ウ 夏秋きゅうり

作付面積	10a当たり収量	収穫量	出荷量	対前年産比				(参考)対平均収量比	
				作付面積	10a当たり収量	収穫量	出荷量		
ha	kg	t	t	%	%	%	%	%	
7,440	**3,440**	**256,100**	**201,900**	**98**	**101**	**99**	**100**	**108**	(1)
131	10,800	14,100	13,200	102	101	103	104	109	(2)
…	…	…	…	nc	nc	nc	nc	nc	(3)
1,810	4,150	75,100	60,700	99	100	99	100	103	(4)
…	…	…	…	nc	nc	nc	nc	nc	(5)
…	…	…	…	nc	nc	nc	nc	nc	(6)
…	…	…	…	nc	nc	nc	nc	nc	(7)
528	2,270	12,000	7,820	98	97	94	93	96	(8)
…	…	…	…	nc	nc	nc	nc	nc	(9)
…	…	…	…	nc	nc	nc	nc	nc	(10)
…	…	…	…	nc	nc	nc	nc	nc	(11)
…	…	…	…	nc	nc	nc	nc	nc	(12)
131	10,800	14,100	13,200	102	101	103	104	109	(13)
136	4,130	5,620	4,650	99	103	102	102	130	(14)
217	5,530	12,000	9,650	97	103	100	98	101	(15)
306	2,440	7,470	5,210	100	103	103	103	112	(16)
256	3,200	8,190	5,820	98	96	94	94	99	(17)
308	3,480	10,700	7,800	97	97	95	96	101	(18)
583	5,330	31,100	27,600	100	101	101	101	99	(19)
339	3,240	11,000	8,420	100	108	108	108	117	(20)
211	2,750	5,800	4,300	95	101	96	98	90	(21)
534	4,360	23,300	19,700	99	97	96	96	130	(22)
333	4,570	15,200	13,100	97	104	100	101	115	(23)
253	3,240	8,200	6,230	98	97	96	97	101	(24)
…	…	…	…	nc	nc	nc	nc	nc	(25)
169	2,710	4,580	4,250	97	99	96	95	109	(26)
372	1,510	5,620	2,940	97	97	94	91	84	(27)
59	1,730	1,020	399	100	99	99	98	102	(28)
54	1,850	999	541	86	109	94	105	94	(29)
…	…	…	…	nc	nc	nc	nc	nc	(30)
102	3,280	3,350	2,550	98	97	96	98	115	(31)
340	3,470	11,800	8,290	102	99	100	100	98	(32)
142	2,110	3,000	1,620	99	96	95	96	92	(33)
…	…	…	…	nc	nc	nc	nc	nc	(34)
…	…	…	…	nc	nc	nc	nc	nc	(35)
…	…	…	…	nc	nc	nc	nc	nc	(36)
102	1,700	1,730	758	100	91	91	81	106	(37)
112	2,740	3,070	2,440	94	96	90	90	91	(38)
41	3,440	1,410	1,310	98	88	85	86	87	(39)
171	1,730	2,960	1,100	99	102	101	102	102	(40)
59	2,600	1,530	1,140	97	111	107	107	101	(41)
43	3,120	1,340	1,070	98	96	94	94	91	(42)
…	…	…	…	nc	nc	nc	nc	nc	(43)
115	2,190	2,520	1,210	101	154	156	154	162	(44)
72	3,400	2,450	1,870	92	109	100	101	157	(45)
147	2,060	3,030	2,130	99	98	96	96	113	(46)
120	2,350	2,820	1,890	96	111	107	111	138	(47)
…	…	…	…	nc	nc	nc	nc	nc	(48)
73	3,930	2,870	2,290	92	124	114	107	122	(49)
189	2,960	5,590	4,810	97	100	97	97	104	(50)
…	…	…	…	nc	nc	nc	nc	nc	(51)
128	3,140	4,020	3,450	98	102	101	101	98	(52)
97	6,650	6,450	5,720	104	109	114	115	142	(53)
83	3,750	3,110	2,650	86	97	84	83	97	(54)
204	3,550	7,240	6,450	99	98	96	97	102	(55)
121	1,650	2,000	1,500	98	97	96	98	91	(56)
86	4,290	3,690	3,430	99	103	102	102	100	(57)
…	…	…	…	nc	nc	nc	nc	nc	(58)
…	…	…	…	nc	nc	nc	nc	nc	(59)
…	…	…	…	nc	nc	nc	nc	nc	(60)
…	…	…	…	nc	nc	nc	nc	nc	(61)
…	…	…	…	nc	nc	nc	nc	nc	(62)

3　令和２年産都道府県別の作付面積、10ａ当たり収量、収穫量及び出荷量　（続き）

(28)　かぼちゃ

全国農業地域・都道府県	作付面積	10ａ当たり収量	収穫量	出荷量	対前年産比 作付面積	対前年産比 10ａ当たり収量	対前年産比 収穫量	対前年産比 出荷量	（参考）対平均収量比
	ha	kg	t	t	%	%	%	%	%
全国 (1)	14,800	1,260	186,600	151,000	97	104	101	101	102
（全国農業地域）									
北海道 (2)	6,990	1,320	92,300	86,800	96	109	105	105	106
都府県 (3)	…	…	…	…	nc	nc	nc	nc	nc
東北 (4)	…	…	…	…	nc	nc	nc	nc	nc
北陸 (5)	…	…	…	…	nc	nc	nc	nc	nc
関東・東山 (6)	…	…	…	…	nc	nc	nc	nc	nc
東海 (7)	…	…	…	…	nc	nc	nc	nc	nc
近畿 (8)	…	…	…	…	nc	nc	nc	nc	nc
中国 (9)	…	…	…	…	nc	nc	nc	nc	nc
四国 (10)	…	…	…	…	nc	nc	nc	nc	nc
九州 (11)	…	…	…	…	nc	nc	nc	nc	nc
沖縄 (12)	382	940	3,590	3,190	96	105	101	102	109
（都道府県）									
北海道 (13)	6,990	1,320	92,300	86,800	96	109	105	105	106
青森 (14)	210	1,100	2,310	1,370	97	97	95	94	97
岩手 (15)	…	…	…	…	nc	nc	nc	nc	nc
宮城 (16)	213	749	1,600	674	100	101	101	105	100
秋田 (17)	360	800	2,880	1,440	100	95	95	95	105
山形 (18)	294	943	2,770	1,440	100	102	102	103	98
福島 (19)	306	720	2,200	906	99	99	98	98	99
茨城 (20)	434	1,500	6,510	5,260	98	98	96	96	91
栃木 (21)	…	…	…	…	nc	nc	nc	nc	nc
群馬 (22)	…	…	…	…	nc	nc	nc	nc	nc
埼玉 (23)	…	…	…	…	nc	nc	nc	nc	nc
千葉 (24)	180	1,770	3,190	2,300	85	99	84	84	91
東京 (25)	…	…	…	…	nc	nc	nc	nc	nc
神奈川 (26)	220	1,820	4,000	3,420	100	92	92	92	110
新潟 (27)	309	593	1,830	1,210	98	99	96	95	94
富山 (28)	…	…	…	…	nc	nc	nc	nc	nc
石川 (29)	208	1,030	2,140	1,790	92	94	86	87	91
福井 (30)	…	…	…	…	nc	nc	nc	nc	nc
山梨 (31)	…	…	…	…	nc	nc	nc	nc	nc
長野 (32)	557	1,170	6,520	4,980	103	98	101	101	97
岐阜 (33)	…	…	…	…	nc	nc	nc	nc	nc
静岡 (34)	…	…	…	…	nc	nc	nc	nc	nc
愛知 (35)	…	…	…	…	nc	nc	nc	nc	nc
三重 (36)	154	1,190	1,830	741	99	99	98	99	77
滋賀 (37)	…	…	…	…	nc	nc	nc	nc	nc
京都 (38)	…	…	…	…	nc	nc	nc	nc	nc
大阪 (39)	…	…	…	…	nc	nc	nc	nc	nc
兵庫 (40)	…	…	…	…	nc	nc	nc	nc	nc
奈良 (41)	…	…	…	…	nc	nc	nc	nc	nc
和歌山 (42)	16	1,340	214	169	84	97	82	82	102
鳥取 (43)	…	…	…	…	nc	nc	nc	nc	nc
島根 (44)	…	…	…	…	nc	nc	nc	nc	nc
岡山 (45)	113	1,480	1,670	1,300	98	97	95	95	93
広島 (46)	170	1,290	2,190	1,100	100	97	97	97	118
山口 (47)	94	683	642	410	96	87	83	87	83
徳島 (48)	…	…	…	…	nc	nc	nc	nc	nc
香川 (49)	…	…	…	…	nc	nc	nc	nc	nc
愛媛 (50)	103	1,120	1,150	895	95	100	95	97	94
高知 (51)	…	…	…	…	nc	nc	nc	nc	nc
福岡 (52)	…	…	…	…	nc	nc	nc	nc	nc
佐賀 (53)	70	984	689	482	100	86	86	85	86
長崎 (54)	435	1,220	5,310	4,450	90	107	96	95	114
熊本 (55)	147	1,280	1,880	1,510	104	83	87	87	76
大分 (56)	115	1,280	1,470	1,020	100	96	95	94	101
宮崎 (57)	193	2,080	4,010	3,680	97	92	88	89	88
鹿児島 (58)	682	1,100	7,500	6,530	100	92	93	93	95
沖縄 (59)	382	940	3,590	3,190	96	105	101	102	109
関東農政局 (60)	…	…	…	…	nc	nc	nc	nc	nc
東海農政局 (61)	…	…	…	…	nc	nc	nc	nc	nc
中国四国農政局 (62)	…	…	…	…	nc	nc	nc	nc	nc

(29) なす
ア 計

作付面積	10a当たり収量	収穫量	出荷量	対前年産比 作付面積	対前年産比 10a当たり収量	対前年産比 収穫量	対前年産比 出荷量	(参考) 対平均収量比	
ha	kg	t	t	%	%	%	%	%	
8,420	3,530	297,000	236,400	97	101	98	99	106	(1)
…	…	…	…	nc	nc	nc	nc	nc	(2)
…	…	…	…	nc	nc	nc	nc	nc	(3)
…	…	…	…	nc	nc	nc	nc	nc	(4)
…	…	…	…	nc	nc	nc	nc	nc	(5)
…	…	…	…	nc	nc	nc	nc	nc	(6)
…	…	…	…	nc	nc	nc	nc	nc	(7)
…	…	…	…	nc	nc	nc	nc	nc	(8)
…	…	…	…	nc	nc	nc	nc	nc	(9)
625	8,260	51,600	47,200	98	99	98	97	105	(10)
1,030	6,120	63,000	56,600	97	99	96	96	102	(11)
…	…	…	…	nc	nc	nc	nc	nc	(12)
…	…	…	…	nc	nc	nc	nc	nc	(13)
…	…	…	…	nc	nc	nc	nc	nc	(14)
119	2,540	3,020	1,770	99	104	103	101	104	(15)
209	1,330	2,790	1,320	99	102	101	102	115	(16)
387	1,460	5,650	2,000	99	94	93	93	117	(17)
392	1,630	6,400	2,980	96	113	109	110	119	(18)
260	1,620	4,210	2,350	98	98	96	96	94	(19)
426	4,200	17,900	15,800	98	115	113	113	107	(20)
335	3,970	13,300	11,500	93	106	99	98	108	(21)
525	5,280	27,700	23,700	99	106	105	103	124	(22)
271	3,440	9,320	7,340	94	103	97	103	106	(23)
289	2,320	6,700	4,740	99	117	116	115	88	(24)
…	…	…	…	nc	nc	nc	nc	nc	(25)
150	2,290	3,440	3,090	100	101	101	99	99	(26)
512	844	4,320	1,940	96	75	72	75	69	(27)
175	1,250	2,190	430	99	98	96	99	109	(28)
…	…	…	…	nc	nc	nc	nc	nc	(29)
95	1,260	1,200	437	95	90	86	86	102	(30)
130	4,130	5,370	4,490	98	96	93	93	93	(31)
227	1,670	3,790	724	97	98	95	92	94	(32)
156	1,690	2,630	1,360	99	97	95	96	88	(33)
…	…	…	…	nc	nc	nc	nc	nc	(34)
241	5,190	12,500	10,900	98	99	97	97	102	(35)
146	1,180	1,720	1,070	100	81	82	80	69	(36)
148	1,680	2,490	857	100	98	98	101	110	(37)
168	4,430	7,450	6,410	94	96	90	90	87	(38)
98	6,800	6,660	6,520	100	101	101	101	98	(39)
183	1,750	3,210	1,020	99	96	95	92	98	(40)
92	5,360	4,930	4,310	100	95	95	94	90	(41)
…	…	…	…	nc	nc	nc	nc	nc	(42)
…	…	…	…	nc	nc	nc	nc	nc	(43)
121	1,390	1,680	668	92	105	97	98	104	(44)
124	3,940	4,890	4,060	98	97	95	96	95	(45)
148	2,280	3,380	2,390	99	101	100	100	115	(46)
132	1,730	2,290	1,510	98	99	97	93	109	(47)
91	7,680	6,990	6,150	100	105	105	105	102	(48)
69	2,680	1,850	1,280	99	104	103	102	99	(49)
147	2,330	3,430	2,530	98	96	94	96	100	(50)
318	12,400	39,300	37,200	98	98	96	96	107	(51)
230	7,260	16,700	15,500	98	92	90	92	91	(52)
60	5,600	3,360	2,760	100	96	96	97	110	(53)
78	2,240	1,750	1,420	91	102	93	92	101	(54)
418	8,180	34,200	31,600	98	98	97	97	105	(55)
115	1,630	1,880	1,290	97	106	103	104	93	(56)
53	4,580	2,430	2,190	102	105	107	108	105	(57)
72	3,680	2,650	1,820	82	159	130	130	170	(58)
…	…	…	…	nc	nc	nc	nc	nc	(59)
…	…	…	…	nc	nc	nc	nc	nc	(60)
543	3,110	16,900	13,300	99	96	95	95	95	(61)
…	…	…	…	nc	nc	nc	nc	nc	(62)

3 令和２年産都道府県別の作付面積、10ａ当たり収量、収穫量及び出荷量 （続き）

(29) なす（続き）

イ 冬春なす

全国農業地域・都道府県		作付面積	10ａ当たり収量	収穫量	出荷量	対前年産比				(参考)対平均収量比
						作付面積	10ａ当たり収量	収穫量	出荷量	
		ha	kg	t	t	%	%	%	%	%
全国	(1)	1,050	11,100	116,200	109,100	98	99	97	97	104
(全国農業地域)										
北海道	(2)	…	…	…	…	nc	nc	nc	nc	nc
都府県	(3)	…	…	…	…	nc	nc	nc	nc	nc
東北	(4)	…	…	…	…	nc	nc	nc	nc	nc
北陸	(5)	…	…	…	…	nc	nc	nc	nc	nc
関東・東山	(6)	…	…	…	…	nc	nc	nc	nc	nc
東海	(7)	…	…	…	…	nc	nc	nc	nc	nc
近畿	(8)	…	…	…	…	nc	nc	nc	nc	nc
中国	(9)	…	…	…	…	nc	nc	nc	nc	nc
四国	(10)	318	12,600	40,200	38,000	98	97	95	95	102
九州	(11)	…	…	…	…	nc	nc	nc	nc	nc
沖縄	(12)	…	…	…	…	nc	nc	nc	nc	nc
(都道府県)										
北海道	(13)	…	…	…	…	nc	nc	nc	nc	nc
青森	(14)	…	…	…	…	nc	nc	nc	nc	nc
岩手	(15)	…	…	…	…	nc	nc	nc	nc	nc
宮城	(16)	…	…	…	…	nc	nc	nc	nc	nc
秋田	(17)	…	…	…	…	nc	nc	nc	nc	nc
山形	(18)	…	…	…	…	nc	nc	nc	nc	nc
福島	(19)	…	…	…	…	nc	nc	nc	nc	nc
茨城	(20)	…	…	…	…	nc	nc	nc	nc	nc
栃木	(21)	25	8,100	2,030	1,870	93	108	100	99	100
群馬	(22)	119	5,770	6,870	6,110	102	98	100	95	112
埼玉	(23)	23	5,770	1,330	1,210	92	102	94	93	102
千葉	(24)	22	5,220	1,150	1,120	96	93	89	90	82
東京	(25)	…	…	…	…	nc	nc	nc	nc	nc
神奈川	(26)	…	…	…	…	nc	nc	nc	nc	nc
新潟	(27)	…	…	…	…	nc	nc	nc	nc	nc
富山	(28)	…	…	…	…	nc	nc	nc	nc	nc
石川	(29)	…	…	…	…	nc	nc	nc	nc	nc
福井	(30)	…	…	…	…	nc	nc	nc	nc	nc
山梨	(31)	…	…	…	…	nc	nc	nc	nc	nc
長野	(32)	…	…	…	…	nc	nc	nc	nc	nc
岐阜	(33)	…	…	…	…	nc	nc	nc	nc	nc
静岡	(34)	…	…	…	…	nc	nc	nc	nc	nc
愛知	(35)	60	12,600	7,560	7,140	100	102	102	102	110
三重	(36)	…	…	…	…	nc	nc	nc	nc	nc
滋賀	(37)	…	…	…	…	nc	nc	nc	nc	nc
京都	(38)	…	…	…	…	nc	nc	nc	nc	nc
大阪	(39)	51	8,540	4,360	4,290	100	105	105	105	100
兵庫	(40)	…	…	…	…	nc	nc	nc	nc	nc
奈良	(41)	19	6,940	1,320	1,260	100	94	94	93	97
和歌山	(42)	…	…	…	…	nc	nc	nc	nc	nc
鳥取	(43)	…	…	…	…	nc	nc	nc	nc	nc
島根	(44)	…	…	…	…	nc	nc	nc	nc	nc
岡山	(45)	21	10,800	2,270	2,070	100	96	97	97	95
広島	(46)	…	…	…	…	nc	nc	nc	nc	nc
山口	(47)	…	…	…	…	nc	nc	nc	nc	nc
徳島	(48)	16	9,060	1,450	1,290	100	100	99	98	95
香川	(49)	5	7,760	357	303	83	126	103	104	101
愛媛	(50)	10	5,120	512	450	100	89	89	90	90
高知	(51)	287	13,200	37,900	36,000	98	97	95	95	103
福岡	(52)	102	13,100	13,400	12,900	98	93	91	92	94
佐賀	(53)	14	14,300	2,000	1,890	100	100	100	101	115
長崎	(54)	10	7,670	767	684	91	93	84	84	103
熊本	(55)	175	15,100	26,400	24,700	99	100	99	99	105
大分	(56)	…	…	…	…	nc	nc	nc	nc	nc
宮崎	(57)	22	7,270	1,600	1,500	105	107	112	113	106
鹿児島	(58)	9	9,840	925	861	82	126	107	112	139
沖縄	(59)	…	…	…	…	nc	nc	nc	nc	nc
関東農政局	(60)	…	…	…	…	nc	nc	nc	nc	nc
東海農政局	(61)	…	…	…	…	nc	nc	nc	nc	nc
中国四国農政局	(62)	…	…	…	…	nc	nc	nc	nc	nc

ウ　夏秋なす

作付面積	10a当たり収量	収穫量	出荷量	対前年産比 作付面積	対前年産比 10a当たり収量	対前年産比 収穫量	対前年産比 出荷量	(参考)対平均収量比	
ha	kg	t	t	%	%	%	%	%	
7,370	2,450	180,800	127,300	97	102	99	101	104	(1)
…	…	…	…	nc	nc	nc	nc	nc	(2)
…	…	…	…	nc	nc	nc	nc	nc	(3)
…	…	…	…	nc	nc	nc	nc	nc	(4)
…	…	…	…	nc	nc	nc	nc	nc	(5)
…	…	…	…	nc	nc	nc	nc	nc	(6)
…	…	…	…	nc	nc	nc	nc	nc	(7)
…	…	…	…	nc	nc	nc	nc	nc	(8)
…	…	…	…	nc	nc	nc	nc	nc	(9)
…	…	…	…	nc	nc	nc	nc	nc	(10)
…	…	…	…	nc	nc	nc	nc	nc	(11)
…	…	…	…	nc	nc	nc	nc	nc	(12)
…	…	…	…	nc	nc	nc	nc	nc	(13)
…	…	…	…	nc	nc	nc	nc	nc	(14)
119	2,540	3,020	1,770	99	104	103	101	104	(15)
205	1,280	2,620	1,160	99	105	104	105	115	(16)
387	1,460	5,650	2,000	99	94	93	93	117	(17)
388	1,600	6,210	2,810	96	114	110	111	119	(18)
260	1,610	4,190	2,330	98	98	96	96	94	(19)
420	4,170	17,500	15,500	98	115	113	114	106	(20)
310	3,640	11,300	9,630	93	106	98	98	108	(21)
406	5,130	20,800	17,600	98	108	106	106	128	(22)
248	3,220	7,990	6,130	95	103	97	105	107	(23)
267	2,080	5,550	3,620	100	125	124	127	90	(24)
…	…	…	…	nc	nc	nc	nc	nc	(25)
150	2,290	3,440	3,090	100	101	101	100	99	(26)
510	847	4,320	1,940	96	76	73	78	69	(27)
175	1,250	2,190	430	99	98	96	99	109	(28)
…	…	…	…	nc	nc	nc	nc	nc	(29)
95	1,260	1,200	437	95	90	86	86	102	(30)
130	4,130	5,370	4,490	x	x	x	x	93	(31)
227	1,670	3,790	724	97	98	95	92	94	(32)
155	1,610	2,500	1,250	99	93	92	91	87	(33)
…	…	…	…	nc	nc	nc	nc	nc	(34)
181	2,710	4,910	3,780	97	93	90	90	95	(35)
141	1,110	1,570	920	100	84	84	84	68	(36)
142	1,530	2,170	532	100	98	98	98	108	(37)
167	4,440	7,410	6,370	94	96	90	90	87	(38)
47	4,890	2,300	2,230	100	94	95	94	94	(39)
181	1,750	3,170	986	99	98	97	97	99	(40)
73	4,940	3,610	3,050	100	95	96	95	88	(41)
…	…	…	…	nc	nc	nc	nc	nc	(42)
…	…	…	…	nc	nc	nc	nc	nc	(43)
120	1,360	1,630	620	92	105	97	98	104	(44)
103	2,540	2,620	1,990	98	96	94	94	100	(45)
147	2,270	3,340	2,340	99	102	100	100	115	(46)
131	1,720	2,250	1,480	98	99	97	93	110	(47)
75	7,380	5,540	4,860	100	106	106	106	104	(48)
64	2,330	1,490	977	100	103	103	101	100	(49)
137	2,130	2,920	2,080	98	98	96	97	102	(50)
…	…	…	…	nc	nc	nc	nc	nc	(51)
128	2,600	3,330	2,610	98	91	89	89	86	(52)
46	2,960	1,360	870	100	91	91	90	109	(53)
…	…	…	…	nc	nc	nc	nc	nc	(54)
243	3,200	7,780	6,880	98	92	90	90	98	(55)
115	1,630	1,870	1,280	97	106	103	103	94	(56)
31	2,690	834	692	100	99	99	99	98	(57)
…	…	…	…	nc	nc	nc	nc	nc	(58)
…	…	…	…	nc	nc	nc	nc	nc	(59)
…	…	…	…	nc	nc	nc	nc	nc	(60)
477	1,880	8,980	5,950	98	91	90	89	87	(61)
…	…	…	…	nc	nc	nc	nc	nc	(62)

3　令和２年産都道府県別の作付面積、10ａ当たり収量、収穫量及び出荷量　（続き）

(30)　トマト

ア　計

全国農業地域・都道府県		作付面積	10ａ当たり収量	収穫量	出荷量	対前年産比 作付面積	対前年産比 10ａ当たり収量	対前年産比 収穫量	対前年産比 出荷量	(参考) 対平均収量比
		ha	kg	t	t	%	%	%	%	%
全国	(1)	11,400	6,190	706,000	640,900	98	100	98	98	101
(全国農業地域)										
北海道	(2)	817	8,100	66,200	61,100	100	108	109	109	114
都府県	(3)	…	…	…	…	nc	nc	nc	nc	nc
東北	(4)	1,610	4,940	79,500	67,400	100	100	100	99	105
北陸	(5)	624	2,370	14,800	10,700	95	94	89	88	85
関東・東山	(6)	…	…	…	…	nc	nc	nc	nc	nc
東海	(7)	1,200	7,470	89,600	82,400	99	98	97	97	98
近畿	(8)	…	…	…	…	nc	nc	nc	nc	nc
中国	(9)	617	4,440	27,400	23,200	98	107	105	106	113
四国	(10)	370	5,840	21,600	18,800	98	99	97	97	104
九州	(11)	2,230	9,130	203,500	193,100	99	101	100	100	102
沖縄	(12)	58	5,830	3,380	2,980	102	101	103	103	95
(都道府県)										
北海道	(13)	817	8,100	66,200	61,100	100	108	109	109	114
青森	(14)	374	5,030	18,800	16,700	102	101	104	102	109
岩手	(15)	205	4,700	9,640	7,920	98	102	100	99	104
宮城	(16)	226	4,190	9,480	7,970	102	96	98	98	107
秋田	(17)	236	3,480	8,220	5,880	98	96	94	94	107
山形	(18)	210	4,860	10,200	8,460	99	92	90	92	105
福島	(19)	355	6,540	23,200	20,500	99	104	104	103	101
茨城	(20)	886	4,710	41,700	39,600	100	96	96	96	91
栃木	(21)	318	9,910	31,500	29,600	96	94	91	90	101
群馬	(22)	308	6,620	20,400	18,900	101	84	85	85	88
埼玉	(23)	186	8,060	15,000	13,300	95	103	98	98	103
千葉	(24)	705	4,260	30,000	26,900	93	101	94	94	83
東京	(25)	…	…	…	…	nc	nc	nc	nc	nc
神奈川	(26)	247	4,820	11,900	11,500	100	99	98	98	100
新潟	(27)	380	2,050	7,800	5,390	96	88	84	82	74
富山	(28)	68	2,210	1,500	855	99	99	97	90	99
石川	(29)	101	3,260	3,290	2,600	89	107	95	96	94
福井	(30)	75	2,890	2,170	1,900	95	100	95	97	117
山梨	(31)	114	5,620	6,410	5,970	101	107	108	109	121
長野	(32)	327	4,070	13,300	11,100	100	82	82	82	80
岐阜	(33)	296	7,970	23,600	21,500	96	102	98	97	101
静岡	(34)	253	5,220	13,200	12,200	102	91	93	92	91
愛知	(35)	483	8,960	43,300	40,500	99	100	99	99	100
三重	(36)	168	5,650	9,490	8,240	104	93	97	97	95
滋賀	(37)	115	2,830	3,250	2,290	100	93	93	90	105
京都	(38)	137	3,360	4,600	3,620	96	96	92	92	97
大阪	(39)	…	…	…	…	nc	nc	nc	nc	nc
兵庫	(40)	259	3,460	8,970	6,960	97	99	96	97	117
奈良	(41)	71	5,040	3,580	3,140	99	98	97	97	93
和歌山	(42)	92	3,870	3,560	3,250	100	86	86	87	66
鳥取	(43)	104	3,650	3,800	2,600	100	106	106	106	116
島根	(44)	101	3,830	3,870	3,350	95	123	117	120	125
岡山	(45)	99	5,810	5,750	4,880	95	128	122	124	130
広島	(46)	185	5,510	10,200	9,150	100	103	103	103	111
山口	(47)	128	2,960	3,790	3,200	99	82	82	86	90
徳島	(48)	83	5,810	4,820	4,130	100	100	100	100	100
香川	(49)	69	4,410	3,040	2,440	95	93	88	87	93
愛媛	(50)	144	4,640	6,680	5,580	97	99	95	96	98
高知	(51)	74	9,530	7,050	6,600	100	101	101	100	119
福岡	(52)	206	9,320	19,200	17,700	97	104	101	101	106
佐賀	(53)	67	4,700	3,150	2,720	100	92	92	93	83
長崎	(54)	184	6,680	12,300	11,600	98	100	98	98	96
熊本	(55)	1,260	10,700	135,300	130,500	101	100	101	101	103
大分	(56)	190	5,890	11,200	10,200	99	101	101	101	110
宮崎	(57)	213	8,120	17,300	16,100	96	94	90	90	94
鹿児島	(58)	112	4,510	5,050	4,230	93	102	95	95	104
沖縄	(59)	58	5,830	3,380	2,980	102	101	103	103	95
関東農政局	(60)	…	…	…	…	nc	nc	nc	nc	nc
東海農政局	(61)	947	8,070	76,400	70,200	99	100	98	98	100
中国四国農政局	(62)	987	4,960	49,000	41,900	98	104	101	102	109

イ 計のうち加工用トマト

作付面積	10a当たり収量	収穫量	出荷量	対前年産比				(参考)対平均収量比	
				作付面積	10a当たり収量	収穫量	出荷量		
ha	kg	t	t	%	%	%	%	%	
372	5,510	20,500	20,500	97	83	81	82	80	(1)
17	5,280	898	874	100	115	115	116	119	(2)
…	…	…	…	nc	nc	nc	nc	nc	(3)
42	5,170	2,170	2,140	91	85	78	78	94	(4)
8	3,330	266	266	73	64	47	47	61	(5)
…	…	…	…	nc	nc	nc	nc	nc	(6)
4	5,250	210	200	80	94	75	73	107	(7)
…	…	…	…	nc	nc	nc	nc	nc	(8)
2	1,000	20	20	x	x	x	x	51	(9)
…	…	…	…	nc	nc	nc	nc	nc	(10)
…	…	…	…	nc	nc	nc	nc	nc	(11)
…	…	…	…	nc	nc	nc	nc	nc	(12)
17	5,280	898	874	100	115	115	116	119	(13)
1	3,970	36	36	100	83	84	84	167	(14)
11	7,960	907	907	110	104	119	119	104	(15)
14	2,110	295	295	127	81	105	108	78	(16)
2	3,600	72	72	50	72	41	41	70	(17)
5	7,420	371	371	71	104	74	74	114	(18)
9	5,380	484	462	69	68	47	47	77	(19)
167	6,190	10,300	10,300	102	82	84	84	78	(20)
14	6,010	841	841	82	98	80	80	69	(21)
6	5,350	294	294	86	91	77	77	69	(22)
…	…	…	…	nc	nc	nc	nc	nc	(23)
−	−	−	−	nc	nc	nc	nc	−	(24)
…	…	…	…	nc	nc	nc	nc	nc	(25)
−	−	−	−	nc	nc	nc	nc	nc	(26)
7	3,570	250	250	70	66	46	46	68	(27)
0	2,500	3	3	nc	nc	nc	nc	nc	(28)
1	1,180	13	13	100	47	43	43	56	(29)
−	−	−	−	nc	nc	nc	nc	nc	(30)
1	1,640	18	18	50	98	72	72	51	(31)
110	4,970	5,470	5,470	100	77	77	77	72	(32)
−	−	−	−	nc	nc	nc	nc	nc	(33)
−	−	−	−	nc	nc	nc	nc	nc	(34)
3	5,630	189	180	75	91	73	71	103	(35)
1	4,100	21	20	100	103	105	100	128	(36)
−	−	−	−	nc	nc	nc	nc	nc	(37)
x	x	x	x	x	x	x	x	nc	(38)
…	…	…	…	nc	nc	nc	nc	nc	(39)
x	x	x	x	x	x	x	x	x	(40)
−	−	−	−	nc	nc	nc	nc	−	(41)
…	…	…	…	nc	nc	nc	nc	nc	(42)
−	−	−	−	nc	nc	nc	nc	nc	(43)
2	1,120	19	19	100	56	56	56	57	(44)
−	−	−	−	nc	nc	nc	nc	nc	(45)
x	x	x	x	x	x	x	x	x	(46)
−	−	−	−	nc	nc	nc	nc	nc	(47)
−	−	−	−	nc	nc	nc	nc	nc	(48)
−	−	−	−	nc	nc	nc	nc	nc	(49)
x	x	x	x	x	x	x	x	x	(50)
…	…	…	…	nc	nc	nc	nc	nc	(51)
−	−	−	−	nc	nc	nc	nc	nc	(52)
…	…	…	…	nc	nc	nc	nc	nc	(53)
−	−	−	−	nc	nc	nc	nc	nc	(54)
−	−	−	−	nc	nc	nc	nc	nc	(55)
−	−	−	−	nc	nc	nc	nc	nc	(56)
−	−	−	−	nc	nc	nc	nc	nc	(57)
…	…	…	…	nc	nc	nc	nc	nc	(58)
…	…	…	…	nc	nc	nc	nc	nc	(59)
…	…	…	…	nc	nc	nc	nc	nc	(60)
4	5,250	210	200	80	94	75	73	107	(61)
…	…	…	…	nc	nc	nc	nc	nc	(62)

3　令和２年産都道府県別の作付面積、10ａ当たり収量、収穫量及び出荷量　（続き）

(30)　トマト（続き）

ウ　計のうちミニトマト

全国農業地域・都道府県	作付面積	10ａ当たり収量	収穫量	出荷量	対前年産比 作付面積	対前年産比 10ａ当たり収量	対前年産比 収穫量	対前年産比 出荷量	（参考）対平均収量比
	ha	kg	t	t	%	%	%	%	%
全国 (1)	**2,630**	**5,880**	**154,600**	**143,600**	**101**	**101**	**102**	**102**	**102**
（全国農業地域）									
北海道 (2)	303	5,480	16,600	15,200	99	101	100	101	105
都府県 (3)	…	…	…	…	nc	nc	nc	nc	nc
東北 (4)	378	4,440	16,800	14,900	101	94	95	96	94
北陸 (5)	96	2,510	2,410	1,990	99	99	98	95	101
関東・東山 (6)	…	…	…	…	nc	nc	nc	nc	nc
東海 (7)	276	8,220	22,700	21,500	102	106	109	109	107
近畿 (8)	…	…	…	…	nc	nc	nc	nc	nc
中国 (9)	114	6,390	7,290	6,590	101	112	113	115	111
四国 (10)	98	4,800	4,700	4,050	102	101	103	102	99
九州 (11)	763	7,640	58,300	55,700	102	99	102	102	104
沖縄 (12)	14	4,040	566	512	100	100	100	100	105
（都道府県）									
北海道 (13)	303	5,480	16,600	15,200	99	101	100	101	105
青森 (14)	65	5,090	3,310	3,100	105	97	101	103	110
岩手 (15)	59	3,440	2,030	1,710	97	99	96	96	100
宮城 (16)	43	2,770	1,190	1,010	100	81	81	80	85
秋田 (17)	27	2,820	762	557	100	85	85	85	84
山形 (18)	89	3,760	3,350	2,920	100	85	85	86	98
福島 (19)	95	6,470	6,150	5,640	102	101	103	103	86
茨城 (20)	215	3,440	7,390	6,770	106	105	111	111	93
栃木 (21)	13	5,510	716	665	100	96	96	96	101
群馬 (22)	32	5,840	1,870	1,650	110	97	107	108	92
埼玉 (23)	39	6,970	2,720	2,440	100	103	103	103	101
千葉 (24)	102	4,330	4,420	4,180	89	102	92	91	84
東京 (25)	…	…	…	…	nc	nc	nc	nc	nc
神奈川 (26)	3	3,000	90	88	100	106	106	106	124
新潟 (27)	53	2,490	1,320	1,130	98	102	100	101	102
富山 (28)	11	3,200	352	235	100	113	113	91	111
石川 (29)	15	1,870	281	229	100	86	86	85	78
福井 (30)	17	2,670	454	399	100	91	92	91	109
山梨 (31)	13	4,370	568	545	100	98	98	97	98
長野 (32)	64	5,080	3,250	2,940	100	88	88	92	92
岐阜 (33)	21	4,300	904	785	91	103	94	95	102
静岡 (34)	103	4,980	5,130	4,870	106	96	102	102	77
愛知 (35)	131	11,500	15,000	14,200	98	111	109	108	121
三重 (36)	21	8,140	1,710	1,650	124	121	150	151	150
滋賀 (37)	20	3,100	620	546	100	93	93	94	97
京都 (38)	8	2,410	193	155	100	95	95	95	96
大阪 (39)	…	…	…	…	nc	nc	nc	nc	nc
兵庫 (40)	17	4,330	736	661	106	94	100	100	124
奈良 (41)	7	2,390	167	152	100	102	102	102	109
和歌山 (42)	48	4,440	2,130	1,990	100	93	93	92	75
鳥取 (43)	29	3,720	1,080	911	104	107	111	112	104
島根 (44)	19	3,030	575	539	95	99	94	93	103
岡山 (45)	23	7,260	1,670	1,550	105	179	187	203	201
広島 (46)	31	11,700	3,630	3,330	100	100	100	99	95
山口 (47)	12	2,780	334	257	100	102	102	109	99
徳島 (48)	25	4,960	1,240	1,070	93	100	93	92	99
香川 (49)	42	4,550	1,910	1,580	108	95	103	99	95
愛媛 (50)	22	3,470	764	655	100	98	98	98	94
高知 (51)	9	8,780	790	743	113	120	135	134	121
福岡 (52)	20	2,700	540	474	100	102	102	106	100
佐賀 (53)	16	4,990	798	730	100	91	91	91	81
長崎 (54)	69	6,900	4,760	4,460	100	102	102	103	102
熊本 (55)	477	8,360	39,900	38,700	106	101	106	106	107
大分 (56)	40	4,380	1,750	1,600	98	98	95	96	100
宮崎 (57)	111	8,140	9,030	8,390	95	93	89	90	100
鹿児島 (58)	30	5,200	1,560	1,390	94	100	93	95	98
沖縄 (59)	14	4,040	566	512	100	100	100	100	105
関東農政局 (60)	…	…	…	…	nc	nc	nc	nc	nc
東海農政局 (61)	173	10,200	17,600	16,600	100	111	111	111	122
中国四国農政局 (62)	212	5,660	12,000	10,600	101	108	109	109	106

エ 冬春トマト

作付面積	10a当たり収量	収穫量	出荷量	対前年産比 作付面積	対前年産比 10a当たり収量	対前年産比 収穫量	対前年産比 出荷量	(参考)対平均収量比	
ha	kg	t	t	%	%	%	%	%	
3,870	**9,940**	**384,600**	**364,700**	**99**	**97**	**96**	**96**	**98**	(1)
99	10,600	10,500	9,840	98	103	101	101	120	(2)
…	…	…	…	nc	nc	nc	nc	nc	(3)
…	…	…	…	nc	nc	nc	nc	nc	(4)
…	…	…	…	nc	nc	nc	nc	nc	(5)
…	…	…	…	nc	nc	nc	nc	nc	(6)
662	9,760	64,600	61,300	100	98	98	97	99	(7)
…	…	…	…	nc	nc	nc	nc	nc	(8)
…	…	…	…	nc	nc	nc	nc	nc	(9)
158	9,180	14,500	13,200	99	98	97	96	103	(10)
…	…	…	…	nc	nc	nc	nc	nc	(11)
56	5,960	3,340	2,950	102	101	103	103	95	(12)
99	10,600	10,500	9,840	98	103	101	101	120	(13)
12	5,290	635	578	100	85	85	84	78	(14)
…	…	…	…	nc	nc	nc	nc	nc	(15)
…	…	…	…	nc	nc	nc	nc	nc	(16)
…	…	…	…	nc	nc	nc	nc	nc	(17)
…	…	…	…	nc	nc	nc	nc	nc	(18)
39	13,900	5,420	5,140	100	98	98	98	101	(19)
137	6,800	9,320	8,770	98	85	84	84	79	(20)
199	13,000	25,900	24,400	98	93	91	90	99	(21)
137	7,540	10,300	9,690	103	74	76	76	80	(22)
117	11,200	13,100	12,300	95	103	98	98	104	(23)
261	6,020	15,700	14,500	94	96	90	90	83	(24)
…	…	…	…	nc	nc	nc	nc	nc	(25)
95	7,870	7,480	7,300	99	98	97	97	97	(26)
56	4,090	2,290	2,160	95	89	85	87	79	(27)
…	…	…	…	nc	nc	nc	nc	nc	(28)
20	5,460	1,090	985	100	97	97	97	80	(29)
…	…	…	…	nc	nc	nc	nc	nc	(30)
32	9,640	3,080	2,990	100	110	110	112	135	(31)
…	…	…	…	nc	nc	nc	nc	nc	(32)
43	15,600	6,710	6,310	98	98	96	96	98	(33)
168	6,380	10,700	10,300	102	89	91	90	88	(34)
384	10,400	39,900	37,900	98	102	100	100	102	(35)
67	10,800	7,240	6,770	106	91	97	97	100	(36)
20	5,560	1,110	1,020	100	97	97	96	99	(37)
…	…	…	…	nc	nc	nc	nc	nc	(38)
…	…	…	…	nc	nc	nc	nc	nc	(39)
50	9,280	4,640	4,500	98	100	98	98	133	(40)
25	8,510	2,130	2,040	96	100	96	96	100	(41)
44	5,770	2,540	2,410	100	99	99	98	67	(42)
…	…	…	…	nc	nc	nc	nc	nc	(43)
18	5,530	995	955	86	93	80	80	86	(44)
…	…	…	…	nc	nc	nc	nc	nc	(45)
29	13,600	3,940	3,740	100	95	95	95	105	(46)
…	…	…	…	nc	nc	nc	nc	nc	(47)
36	8,200	2,950	2,750	100	99	99	99	100	(48)
32	6,630	2,120	1,650	100	96	96	87	95	(49)
32	9,190	2,940	2,620	94	100	94	95	100	(50)
58	11,200	6,500	6,180	100	97	97	97	110	(51)
120	14,400	17,300	16,400	97	104	101	101	106	(52)
31	8,640	2,680	2,490	100	94	94	94	89	(53)
127	8,740	11,100	10,600	100	96	97	97	95	(54)
845	13,300	112,400	108,700	101	101	102	101	104	(55)
…	…	…	…	nc	nc	nc	nc	nc	(56)
164	9,150	15,000	14,000	95	94	89	89	94	(57)
56	7,130	3,990	3,590	93	101	94	94	103	(58)
56	5,960	3,340	2,950	102	101	103	103	95	(59)
…	…	…	…	nc	nc	nc	nc	nc	(60)
494	10,900	53,900	51,000	99	100	99	99	101	(61)
…	…	…	…	nc	nc	nc	nc	nc	(62)

3　令和２年産都道府県別の作付面積、10ａ当たり収量、収穫量及び出荷量　（続き）

(30)　トマト（続き）

オ　冬春トマトのうちミニトマト

全国農業地域・都道府県		作付面積	10ａ当たり収量	収穫量	出荷量	対前年産比				(参考)対平均収量比
						作付面積	10ａ当たり収量	収穫量	出荷量	
		ha	kg	t	t	%	%	%	%	%
全国	(1)	1,120	8,700	97,400	92,700	101	101	102	102	101
(全国農業地域)										
北海道	(2)	24	6,500	1,560	1,480	89	105	93	93	105
都府県	(3)	…	…	…	…	nc	nc	nc	nc	nc
東北	(4)	…	…	…	…	nc	nc	nc	nc	nc
北陸	(5)	…	…	…	…	nc	nc	nc	nc	nc
関東・東山	(6)	…	…	…	…	nc	nc	nc	nc	nc
東海	(7)	202	10,100	20,400	19,500	102	107	109	110	111
近畿	(8)	…	…	…	…	nc	nc	nc	nc	nc
中国	(9)	…	…	…	…	nc	nc	nc	nc	nc
四国	(10)	46	7,020	3,230	2,890	105	101	106	104	102
九州	(11)	…	…	…	…	nc	nc	nc	nc	nc
沖縄	(12)	13	4,250	553	502	100	100	101	101	103
(都道府県)										
北海道	(13)	24	6,500	1,560	1,480	89	105	93	93	105
青森	(14)	4	4,330	173	157	100	88	88	87	88
岩手	(15)	…	…	…	…	nc	nc	nc	nc	nc
宮城	(16)	…	…	…	…	nc	nc	nc	nc	nc
秋田	(17)	…	…	…	…	nc	nc	nc	nc	nc
山形	(18)	…	…	…	…	nc	nc	nc	nc	nc
福島	(19)	18	15,000	2,700	2,560	100	89	89	89	83
茨城	(20)	31	4,420	1,370	1,280	97	96	93	93	72
栃木	(21)	7	6,800	503	472	100	92	98	97	96
群馬	(22)	21	6,760	1,420	1,300	111	98	108	108	92
埼玉	(23)	21	10,400	2,180	2,030	100	104	104	104	104
千葉	(24)	43	6,930	2,980	2,850	84	96	81	81	92
東京	(25)	…	…	…	…	nc	nc	nc	nc	nc
神奈川	(26)	2	3,200	51	50	100	105	104	104	117
新潟	(27)	12	2,880	346	335	100	98	98	102	102
富山	(28)	…	…	…	…	nc	nc	nc	nc	nc
石川	(29)	2	1,450	29	27	100	94	94	93	53
福井	(30)	…	…	…	…	nc	nc	nc	nc	nc
山梨	(31)	6	4,970	298	289	100	103	103	104	93
長野	(32)	…	…	…	…	nc	nc	nc	nc	nc
岐阜	(33)	4	7,310	307	289	100	98	108	108	104
静岡	(34)	68	6,040	4,110	3,940	106	95	101	101	77
愛知	(35)	120	12,100	14,500	13,800	98	112	109	109	123
三重	(36)	10	14,800	1,520	1,480	125	116	154	154	166
滋賀	(37)	8	5,050	404	379	100	98	98	98	96
京都	(38)	…	…	…	…	nc	nc	nc	nc	nc
大阪	(39)	…	…	…	…	nc	nc	nc	nc	nc
兵庫	(40)	6	8,020	481	458	100	98	98	98	135
奈良	(41)	2	2,830	59	53	100	100	104	104	103
和歌山	(42)	34	5,330	1,810	1,710	100	96	95	94	74
鳥取	(43)	…	…	…	…	nc	nc	nc	nc	nc
島根	(44)	3	3,430	106	105	75	84	70	70	99
岡山	(45)	…	…	…	…	nc	nc	nc	nc	nc
広島	(46)	9	23,900	2,150	2,000	100	93	93	93	87
山口	(47)	…	…	…	…	nc	nc	nc	nc	nc
徳島	(48)	9	7,650	689	645	90	99	89	89	108
香川	(49)	22	6,490	1,430	1,210	110	98	108	103	97
愛媛	(50)	7	6,040	399	359	100	100	97	97	96
高知	(51)	8	8,900	712	676	114	114	130	130	112
福岡	(52)	8	3,580	286	260	100	99	99	103	97
佐賀	(53)	12	6,280	754	700	100	92	92	92	86
長崎	(54)	49	8,840	4,330	4,100	102	99	101	103	106
熊本	(55)	354	9,890	35,000	33,900	107	100	107	107	104
大分	(56)	…	…	…	…	nc	nc	nc	nc	nc
宮崎	(57)	93	9,140	8,500	7,920	94	94	88	89	101
鹿児島	(58)	19	7,270	1,380	1,260	95	99	95	95	98
沖縄	(59)	13	4,250	553	502	100	100	101	101	103
関東農政局	(60)	…	…	…	…	nc	nc	nc	nc	nc
東海農政局	(61)	134	12,200	16,300	15,600	99	113	112	112	126
中国四国農政局	(62)	…	…	…	…	nc	nc	nc	nc	nc

カ 夏秋トマト

作付面積	10a当たり収量	収穫量	出荷量	対前年産比				(参考)対平均収量比	
				作付面積	10a当たり収量	収穫量	出荷量		
ha	kg	t	t	%	%	%	%	%	
7,550	**4,260**	**321,300**	**276,200**	**99**	**102**	**100**	**101**	**101**	(1)
718	7,760	55,700	51,300	101	109	110	111	112	(2)
…	…	…	…	nc	nc	nc	nc	nc	(3)
1,480	4,470	66,100	54,900	100	100	100	100	105	(4)
524	1,930	10,100	6,390	95	93	88	86	86	(5)
…	…	…	…	nc	nc	nc	nc	nc	(6)
538	4,650	25,000	21,100	99	98	97	96	97	(7)
…	…	…	…	nc	nc	nc	nc	nc	(8)
526	3,730	19,600	15,800	99	111	109	110	118	(9)
…	…	…	…	nc	nc	nc	nc	nc	(10)
…	…	…	…	nc	nc	nc	nc	nc	(11)
…	…	…	…	nc	nc	nc	nc	nc	(12)
718	7,760	55,700	51,300	101	109	110	111	112	(13)
362	5,040	18,200	16,100	103	102	105	103	111	(14)
201	4,660	9,370	7,680	98	103	101	99	104	(15)
182	2,430	4,420	3,330	102	97	99	100	106	(16)
235	3,480	8,180	5,850	98	96	94	94	107	(17)
185	4,410	8,160	6,540	98	90	89	89	104	(18)
316	5,630	17,800	15,400	99	106	105	105	100	(19)
749	4,320	32,400	30,800	101	99	100	100	95	(20)
119	4,740	5,640	5,220	94	98	92	91	98	(21)
171	5,930	10,100	9,180	99	97	96	96	99	(22)
…	…	…	…	nc	nc	nc	nc	nc	(23)
444	3,230	14,300	12,400	93	108	99	99	86	(24)
…	…	…	…	nc	nc	nc	nc	nc	(25)
152	2,890	4,390	4,190	100	101	101	102	104	(26)
324	1,700	5,510	3,230	96	87	84	79	72	(27)
59	1,850	1,090	513	98	101	99	99	98	(28)
81	2,720	2,200	1,610	87	108	94	96	109	(29)
60	2,200	1,320	1,040	95	97	92	90	122	(30)
82	4,060	3,330	2,980	101	104	106	107	115	(31)
297	3,900	11,600	9,410	100	86	87	86	82	(32)
253	6,680	16,900	15,200	95	103	98	98	104	(33)
85	2,960	2,520	1,910	104	101	105	106	89	(34)
99	3,390	3,360	2,560	100	84	84	83	82	(35)
101	2,230	2,250	1,470	103	96	99	99	88	(36)
95	2,250	2,140	1,270	100	91	91	85	105	(37)
112	2,490	2,790	1,930	96	94	90	90	95	(38)
…	…	…	…	nc	nc	nc	nc	nc	(39)
209	2,070	4,330	2,460	96	98	94	96	102	(40)
46	3,160	1,450	1,100	100	99	99	98	92	(41)
…	…	…	…	nc	nc	nc	nc	nc	(42)
94	3,400	3,200	2,050	100	104	105	104	118	(43)
83	3,460	2,870	2,390	98	142	139	150	148	(44)
91	5,030	4,580	3,800	95	120	114	114	125	(45)
156	4,030	6,290	5,410	100	110	110	110	114	(46)
102	2,610	2,660	2,130	99	86	86	88	93	(47)
47	3,970	1,870	1,380	100	101	101	102	98	(48)
37	2,490	921	788	90	81	74	85	82	(49)
112	3,340	3,740	2,960	97	99	96	96	100	(50)
…	…	…	…	nc	nc	nc	nc	nc	(51)
86	2,200	1,890	1,290	97	105	102	102	103	(52)
…	…	…	…	nc	nc	nc	nc	nc	(53)
57	2,170	1,240	970	93	121	113	114	92	(54)
411	5,560	22,900	21,800	100	101	100	100	97	(55)
158	5,550	8,770	7,950	99	104	104	104	113	(56)
49	4,640	2,270	2,060	98	99	96	96	101	(57)
…	…	…	…	nc	nc	nc	nc	nc	(58)
…	…	…	…	nc	nc	nc	nc	nc	(59)
…	…	…	…	nc	nc	nc	nc	nc	(60)
453	4,970	22,500	19,200	98	98	96	96	98	(61)
…	…	…	…	nc	nc	nc	nc	nc	(62)

3 令和２年産都道府県別の作付面積、10ａ当たり収量、収穫量及び出荷量 （続き）

(30) トマト（続き）

キ 夏秋トマトのうち加工用トマト

全国農業地域・都道府県	作付面積	10ａ当たり収量	収穫量	出荷量	対前年産比 作付面積	対前年産比 10ａ当たり収量	対前年産比 収穫量	対前年産比 出荷量	(参考) 対平均収量比
	ha	kg	t	t	%	%	%	%	%
全国 (1)	**372**	**5,510**	**20,500**	**20,500**	**97**	**83**	**81**	**82**	**80**
(全国農業地域)									
北海道 (2)	17	5,280	898	874	100	115	115	116	119
都府県 (3)	…	…	…	…	nc	nc	nc	nc	nc
東北 (4)	42	5,170	2,170	2,140	91	85	78	78	94
北陸 (5)	8	3,330	266	266	73	64	47	47	61
関東・東山 (6)	…	…	…	…	nc	nc	nc	nc	nc
東海 (7)	4	5,250	210	200	80	94	75	73	107
近畿 (8)	…	…	…	…	nc	nc	nc	nc	nc
中国 (9)	2	1,000	20	20	x	x	x	x	51
四国 (10)	…	…	…	…	nc	nc	nc	nc	nc
九州 (11)	…	…	…	…	nc	nc	nc	nc	nc
沖縄 (12)	…	…	…	…	nc	nc	nc	nc	nc
(都道府県)									
北海道 (13)	17	5,280	898	874	100	115	115	116	119
青森 (14)	1	3,970	36	36	100	83	84	84	167
岩手 (15)	11	7,960	907	907	110	104	119	119	104
宮城 (16)	14	2,110	295	295	127	81	105	108	78
秋田 (17)	2	3,600	72	72	50	72	41	41	70
山形 (18)	5	7,420	371	371	71	104	74	74	114
福島 (19)	9	5,380	484	462	69	68	47	47	77
茨城 (20)	167	6,190	10,300	10,300	102	82	84	84	78
栃木 (21)	14	6,010	841	841	82	98	80	80	69
群馬 (22)	6	5,350	294	294	86	91	77	77	69
埼玉 (23)	…	…	…	…	nc	nc	nc	nc	nc
千葉 (24)	－	－	－	－	nc	nc	nc	nc	－
東京 (25)	…	…	…	…	nc	nc	nc	nc	nc
神奈川 (26)	－	－	－	－	nc	nc	nc	nc	nc
新潟 (27)	7	3,570	250	250	70	66	46	46	68
富山 (28)	0	2,500	3	3	nc	nc	nc	nc	nc
石川 (29)	1	1,180	13	13	100	47	43	43	56
福井 (30)	－	－	－	－	nc	nc	nc	nc	nc
山梨 (31)	1	1,640	18	18	50	98	72	72	51
長野 (32)	110	4,970	5,470	5,470	100	77	77	77	72
岐阜 (33)	－	－	－	－	nc	nc	nc	nc	nc
静岡 (34)	－	－	－	－	nc	nc	nc	nc	nc
愛知 (35)	3	5,630	189	180	75	91	73	71	103
三重 (36)	1	4,100	21	20	100	103	105	100	128
滋賀 (37)	－	－	－	－	nc	nc	nc	nc	nc
京都 (38)	x	x	x	x	x	x	x	x	nc
大阪 (39)	…	…	…	…	nc	nc	nc	nc	nc
兵庫 (40)	x	x	x	x	x	x	x	x	x
奈良 (41)	－	－	－	－	nc	nc	nc	nc	－
和歌山 (42)	…	…	…	…	nc	nc	nc	nc	nc
鳥取 (43)	－	－	－	－	nc	nc	nc	nc	nc
島根 (44)	2	1,120	19	19	100	56	56	56	57
岡山 (45)	－	－	－	－	nc	nc	nc	nc	nc
広島 (46)	x	x	x	x	x	x	x	x	x
山口 (47)	－	－	－	－	nc	nc	nc	nc	nc
徳島 (48)	－	－	－	－	nc	nc	nc	nc	nc
香川 (49)	－	－	－	－	nc	nc	nc	nc	nc
愛媛 (50)	x	x	x	x	x	x	x	x	x
高知 (51)	…	…	…	…	nc	nc	nc	nc	nc
福岡 (52)	－	－	－	－	nc	nc	nc	nc	nc
佐賀 (53)	…	…	…	…	nc	nc	nc	nc	nc
長崎 (54)	－	－	－	－	nc	nc	nc	nc	nc
熊本 (55)	－	－	－	－	nc	nc	nc	nc	nc
大分 (56)	－	－	－	－	nc	nc	nc	nc	nc
宮崎 (57)	－	－	－	－	nc	nc	nc	nc	nc
鹿児島 (58)	…	…	…	…	nc	nc	nc	nc	nc
沖縄 (59)	…	…	…	…	nc	nc	nc	nc	nc
関東農政局 (60)	…	…	…	…	nc	nc	nc	nc	nc
東海農政局 (61)	4	5,250	210	200	80	94	75	73	107
中国四国農政局 (62)	…	…	…	…	nc	nc	nc	nc	nc

ク 夏秋トマトのうちミニトマト

作付面積	10a当たり収量	収穫量	出荷量	対前年産比 作付面積	対前年産比 10a当たり収量	対前年産比 収穫量	対前年産比 出荷量	(参考)対平均収量比	
ha	kg	t	t	%	%	%	%	%	
1,510	**3,790**	**57,200**	**50,800**	**101**	**101**	**102**	**103**	**100**	(1)
279	5,410	15,100	13,700	100	101	101	101	105	(2)
…	…	…	…	nc	nc	nc	nc	nc	(3)
334	3,860	12,900	11,300	101	97	98	99	98	(4)
73	2,380	1,740	1,380	99	103	101	99	100	(5)
…	…	…	…	nc	nc	nc	nc	nc	(6)
74	3,090	2,290	2,040	104	98	102	104	86	(7)
…	…	…	…	nc	nc	nc	nc	nc	(8)
90	4,110	3,700	3,200	102	108	110	110	112	(9)
…	…	…	…	nc	nc	nc	nc	nc	(10)
…	…	…	…	nc	nc	nc	nc	nc	(11)
…	…	…	…	nc	nc	nc	nc	nc	(12)
279	5,410	15,100	13,700	100	101	101	101	105	(13)
61	5,140	3,140	2,940	105	97	102	104	111	(14)
57	3,410	1,940	1,630	97	100	97	97	101	(15)
29	2,490	722	600	100	93	93	92	94	(16)
27	2,800	756	552	100	85	85	85	84	(17)
83	3,460	2,870	2,460	100	82	82	82	99	(18)
77	4,480	3,450	3,080	103	115	118	118	92	(19)
184	3,270	6,020	5,490	108	108	116	116	93	(20)
6	3,610	213	193	100	93	92	95	89	(21)
11	4,070	448	350	110	96	105	105	89	(22)
…	…	…	…	nc	nc	nc	nc	nc	(23)
59	2,440	1,440	1,330	94	135	126	127	81	(24)
…	…	…	…	nc	nc	nc	nc	nc	(25)
1	2,800	39	38	100	108	108	109	127	(26)
41	2,380	976	799	98	103	101	101	101	(27)
7	2,850	200	114	100	142	138	124	105	(28)
13	1,940	252	202	100	85	85	83	83	(29)
12	2,580	310	268	100	101	101	101	113	(30)
7	3,860	270	256	100	93	92	90	103	(31)
52	4,150	2,160	1,810	100	93	93	97	95	(32)
17	3,510	597	496	89	99	88	88	95	(33)
35	2,900	1,020	927	106	100	107	107	79	(34)
11	4,360	480	446	110	96	105	109	92	(35)
11	1,700	189	169	122	99	121	131	78	(36)
12	1,800	216	167	100	85	85	86	95	(37)
6	2,280	137	108	100	96	96	96	105	(38)
…	…	…	…	nc	nc	nc	nc	nc	(39)
11	2,320	255	203	110	95	104	105	106	(40)
5	2,080	108	99	100	97	101	101	94	(41)
…	…	…	…	nc	nc	nc	nc	nc	(42)
25	3,240	810	680	104	106	110	110	102	(43)
16	2,930	469	434	100	101	102	101	102	(44)
19	4,100	779	670	106	113	119	119	151	(45)
22	6,710	1,480	1,330	100	110	110	110	107	(46)
8	2,000	160	83	100	104	104	104	98	(47)
16	3,470	555	428	94	104	98	98	92	(48)
20	2,380	476	369	105	84	88	89	85	(49)
15	2,430	365	296	100	100	100	100	98	(50)
…	…	…	…	nc	nc	nc	nc	nc	(51)
12	2,120	254	214	100	105	105	110	97	(52)
…	…	…	…	nc	nc	nc	nc	nc	(53)
20	2,150	430	361	95	114	109	114	82	(54)
123	4,000	4,920	4,750	102	101	103	102	100	(55)
29	4,320	1,250	1,150	97	102	98	98	109	(56)
18	2,950	531	466	100	99	99	101	98	(57)
…	…	…	…	nc	nc	nc	nc	nc	(58)
…	…	…	…	nc	nc	nc	nc	nc	(59)
…	…	…	…	nc	nc	nc	nc	nc	(60)
39	3,260	1,270	1,110	103	96	98	101	92	(61)
…	…	…	…	nc	nc	nc	nc	nc	(62)

3 令和2年産都道府県別の作付面積、10a当たり収量、収穫量及び出荷量 (続き)

(31) ピーマン

ア 計

全国農業地域・都道府県	作付面積	10a当たり収量	収穫量	出荷量	対前年産比 作付面積	対前年産比 10a当たり収量	対前年産比 収穫量	対前年産比 出荷量	(参考)対平均収量比
	ha	kg	t	t	%	%	%	%	%
全国 (1)	3,160	4,530	143,100	127,400	99	100	98	98	103
(全国農業地域)									
北海道 (2)	83	6,780	5,630	5,210	104	107	111	111	110
都府県 (3)	…	…	…	…	nc	nc	nc	nc	nc
東北 (4)	…	…	…	…	nc	nc	nc	nc	nc
北陸 (5)	…	…	…	…	nc	nc	nc	nc	nc
関東・東山 (6)	…	…	…	…	nc	nc	nc	nc	nc
東海 (7)	…	…	…	…	nc	nc	nc	nc	nc
近畿 (8)	…	…	…	…	nc	nc	nc	nc	nc
中国 (9)	254	1,580	4,010	2,490	93	106	99	98	114
四国 (10)	…	…	…	…	nc	nc	nc	nc	nc
九州 (11)	…	…	…	…	nc	nc	nc	nc	nc
沖縄 (12)	39	6,590	2,570	2,260	98	104	101	100	102
(都道府県)									
北海道 (13)	83	6,780	5,630	5,210	104	107	111	111	110
青森 (14)	98	4,020	3,940	3,450	103	101	104	104	117
岩手 (15)	190	4,330	8,230	7,080	101	103	104	104	106
宮城 (16)	…	…	…	…	nc	nc	nc	nc	nc
秋田 (17)	34	1,290	439	282	97	99	96	97	99
山形 (18)	46	2,180	1,000	617	102	87	88	90	103
福島 (19)	84	3,390	2,850	2,450	102	107	109	109	102
茨城 (20)	536	6,060	32,500	30,600	99	97	96	96	96
栃木 (21)	…	…	…	…	nc	nc	nc	nc	nc
群馬 (22)	…	…	…	…	nc	nc	nc	nc	nc
埼玉 (23)	…	…	…	…	nc	nc	nc	nc	nc
千葉 (24)	82	2,480	2,030	1,430	103	119	122	121	87
東京 (25)	…	…	…	…	nc	nc	nc	nc	nc
神奈川 (26)	…	…	…	…	nc	nc	nc	nc	nc
新潟 (27)	66	1,110	733	339	97	95	92	86	96
富山 (28)	…	…	…	…	nc	nc	nc	nc	nc
石川 (29)	…	…	…	…	nc	nc	nc	nc	nc
福井 (30)	…	…	…	…	nc	nc	nc	nc	nc
山梨 (31)	…	…	…	…	nc	nc	nc	nc	nc
長野 (32)	94	2,070	1,950	1,290	103	96	99	99	96
岐阜 (33)	38	1,370	521	339	97	97	95	95	98
静岡 (34)	…	…	…	…	nc	nc	nc	nc	nc
愛知 (35)	42	1,610	676	372	98	106	103	103	96
三重 (36)	47	1,170	550	226	100	114	114	114	101
滋賀 (37)	…	…	…	…	nc	nc	nc	nc	nc
京都 (38)	87	2,230	1,940	1,600	97	97	94	94	96
大阪 (39)	…	…	…	…	nc	nc	nc	nc	nc
兵庫 (40)	97	2,150	2,090	1,450	98	97	95	95	98
奈良 (41)	…	…	…	…	nc	nc	nc	nc	nc
和歌山 (42)	30	3,970	1,190	1,080	94	95	89	90	98
鳥取 (43)	45	1,610	724	376	94	116	109	107	108
島根 (44)	73	1,130	827	433	96	97	93	87	104
岡山 (45)	29	2,620	761	568	76	130	99	103	161
広島 (46)	74	1,690	1,250	813	100	99	98	98	104
山口 (47)	33	1,370	452	304	92	108	99	94	126
徳島 (48)	29	2,080	604	441	100	104	104	104	101
香川 (49)	…	…	…	…	nc	nc	nc	nc	nc
愛媛 (50)	60	2,430	1,460	1,120	97	96	94	94	105
高知 (51)	121	10,700	13,000	12,400	97	97	94	94	107
福岡 (52)	…	…	…	…	nc	nc	nc	nc	nc
佐賀 (53)	…	…	…	…	nc	nc	nc	nc	nc
長崎 (54)	…	…	…	…	nc	nc	nc	nc	nc
熊本 (55)	88	3,690	3,250	3,000	97	95	92	92	99
大分 (56)	115	6,210	7,140	6,790	101	111	112	111	122
宮崎 (57)	303	8,840	26,800	25,400	99	98	97	97	100
鹿児島 (58)	142	8,310	11,800	11,300	97	94	91	94	99
沖縄 (59)	39	6,590	2,570	2,260	98	104	101	100	102
関東農政局 (60)	…	…	…	…	nc	nc	nc	nc	nc
東海農政局 (61)	127	1,380	1,750	937	98	105	104	102	99
中国四国農政局 (62)	…	…	…	…	nc	nc	nc	nc	nc

イ 計のうちししとう

作付面積	10a当たり収量	収穫量	出荷量	対前年産比 作付面積	対前年産比 10a当たり収量	対前年産比 収穫量	対前年産比 出荷量	(参考)対平均収量比	
ha	kg	t	t	%	%	%	%	%	
303	2,040	6,170	5,050	94	98	93	92	93	(1)
4	2,300	93	69	80	92	74	75	99	(2)
…	…	…	…	nc	nc	nc	nc	nc	(3)
…	…	…	…	nc	nc	nc	nc	nc	(4)
…	…	…	…	nc	nc	nc	nc	nc	(5)
…	…	…	…	nc	nc	nc	nc	nc	(6)
…	…	…	…	nc	nc	nc	nc	nc	(7)
…	…	…	…	nc	nc	nc	nc	nc	(8)
18	1,310	235	146	86	111	95	94	110	(9)
…	…	…	…	nc	nc	nc	nc	nc	(10)
…	…	…	…	nc	nc	nc	nc	nc	(11)
0	…	14	13	0	nc	82	87	nc	(12)
4	2,300	93	69	80	92	74	75	99	(13)
0	…	2	2	nc	nc	100	100	nc	(14)
2	1,450	29	20	100	100	100	100	95	(15)
…	…	…	…	nc	nc	nc	nc	nc	(16)
3	1,270	38	29	100	98	97	97	100	(17)
13	1,460	190	106	100	91	91	92	101	(18)
4	1,100	44	25	100	102	102	104	103	(19)
7	1,140	83	71	88	97	92	92	56	(20)
…	…	…	…	nc	nc	nc	nc	nc	(21)
…	…	…	…	nc	nc	nc	nc	nc	(22)
…	…	…	…	nc	nc	nc	nc	nc	(23)
35	2,160	757	668	100	104	104	105	86	(24)
…	…	…	…	nc	nc	nc	nc	nc	(25)
…	…	…	…	nc	nc	nc	nc	nc	(26)
12	958	115	55	92	84	78	76	86	(27)
…	…	…	…	nc	nc	nc	nc	nc	(28)
…	…	…	…	nc	nc	nc	nc	nc	(29)
…	…	…	…	nc	nc	nc	nc	nc	(30)
…	…	…	…	nc	nc	nc	nc	nc	(31)
5	1,000	50	12	100	96	96	100	94	(32)
8	1,250	100	64	89	92	82	81	91	(33)
…	…	…	…	nc	nc	nc	nc	nc	(34)
5	1,230	62	53	100	100	100	100	101	(35)
8	1,500	120	78	100	144	145	144	134	(36)
…	…	…	…	nc	nc	nc	nc	nc	(37)
7	800	56	47	100	80	80	78	87	(38)
…	…	…	…	nc	nc	nc	nc	nc	(39)
8	1,750	140	50	89	98	88	91	98	(40)
…	…	…	…	nc	nc	nc	nc	nc	(41)
14	1,880	263	232	93	91	85	85	89	(42)
7	1,740	122	68	100	105	103	103	104	(43)
3	733	22	18	75	95	71	69	84	(44)
3	1,330	40	29	75	129	98	97	125	(45)
3	900	27	17	100	104	104	106	123	(46)
2	1,200	24	14	67	112	75	78	133	(47)
12	1,990	239	174	100	104	104	105	96	(48)
…	…	…	…	nc	nc	nc	nc	nc	(49)
6	1,320	79	64	100	112	111	114	122	(50)
48	4,850	2,330	2,210	96	92	88	88	90	(51)
…	…	…	…	nc	nc	nc	nc	nc	(52)
…	…	…	…	nc	nc	nc	nc	nc	(53)
…	…	…	…	nc	nc	nc	nc	nc	(54)
8	1,450	116	97	89	90	80	80	94	(55)
6	1,650	99	87	86	102	88	89	109	(56)
9	2,590	233	208	100	98	98	99	94	(57)
4	875	35	20	80	122	97	91	108	(58)
0	…	14	13	0	nc	82	87	nc	(59)
…	…	…	…	nc	nc	nc	nc	nc	(60)
21	1,340	282	195	95	111	106	105	108	(61)
…	…	…	…	nc	nc	nc	nc	nc	(62)

3　令和２年産都道府県別の作付面積、10ａ当たり収量、収穫量及び出荷量　（続き）

(31)　ピーマン（続き）
ウ　冬春ピーマン

全国農業地域・都道府県	作付面積	10ａ当たり収量	収穫量	出荷量	対前年産比				(参考)対平均収量比
					作付面積	10ａ当たり収量	収穫量	出荷量	
	ha	kg	t	t	%	%	%	%	%
全国 (1)	729	10,200	74,000	70,300	98	97	95	95	98
(全国農業地域)									
北海道 (2)	…	…	…	…	nc	nc	nc	nc	nc
都府県 (3)	…	…	…	…	nc	nc	nc	nc	nc
東北 (4)	…	…	…	…	nc	nc	nc	nc	nc
北陸 (5)	…	…	…	…	nc	nc	nc	nc	nc
関東・東山 (6)	…	…	…	…	nc	nc	nc	nc	nc
東海 (7)	…	…	…	…	nc	nc	nc	nc	nc
近畿 (8)	…	…	…	…	nc	nc	nc	nc	nc
中国 (9)	…	…	…	…	nc	nc	nc	nc	nc
四国 (10)	…	…	…	…	nc	nc	nc	nc	nc
九州 (11)	…	…	…	…	nc	nc	nc	nc	nc
沖縄 (12)	32	7,180	2,300	2,030	97	104	101	100	103
(都道府県)									
北海道 (13)	…	…	…	…	nc	nc	nc	nc	nc
青森 (14)	…	…	…	…	nc	nc	nc	nc	nc
岩手 (15)	…	…	…	…	nc	nc	nc	nc	nc
宮城 (16)	…	…	…	…	nc	nc	nc	nc	nc
秋田 (17)	…	…	…	…	nc	nc	nc	nc	nc
山形 (18)	…	…	…	…	nc	nc	nc	nc	nc
福島 (19)	…	…	…	…	nc	nc	nc	nc	nc
茨城 (20)	237	9,260	21,900	20,700	99	96	95	95	95
栃木 (21)	…	…	…	…	nc	nc	nc	nc	nc
群馬 (22)	…	…	…	…	nc	nc	nc	nc	nc
埼玉 (23)	…	…	…	…	nc	nc	nc	nc	nc
千葉 (24)	…	…	…	…	nc	nc	nc	nc	nc
東京 (25)	…	…	…	…	nc	nc	nc	nc	nc
神奈川 (26)	…	…	…	…	nc	nc	nc	nc	nc
新潟 (27)	…	…	…	…	nc	nc	nc	nc	nc
富山 (28)	…	…	…	…	nc	nc	nc	nc	nc
石川 (29)	…	…	…	…	nc	nc	nc	nc	nc
福井 (30)	…	…	…	…	nc	nc	nc	nc	nc
山梨 (31)	…	…	…	…	nc	nc	nc	nc	nc
長野 (32)	…	…	…	…	nc	nc	nc	nc	nc
岐阜 (33)	…	…	…	…	nc	nc	nc	nc	nc
静岡 (34)	…	…	…	…	nc	nc	nc	nc	nc
愛知 (35)	…	…	…	…	nc	nc	nc	nc	nc
三重 (36)	…	…	…	…	nc	nc	nc	nc	nc
滋賀 (37)	…	…	…	…	nc	nc	nc	nc	nc
京都 (38)	…	…	…	…	nc	nc	nc	nc	nc
大阪 (39)	…	…	…	…	nc	nc	nc	nc	nc
兵庫 (40)	…	…	…	…	nc	nc	nc	nc	nc
奈良 (41)	…	…	…	…	nc	nc	nc	nc	nc
和歌山 (42)	8	8,870	692	652	100	95	94	94	95
鳥取 (43)	…	…	…	…	nc	nc	nc	nc	nc
島根 (44)	…	…	…	…	nc	nc	nc	nc	nc
岡山 (45)	…	…	…	…	nc	nc	nc	nc	nc
広島 (46)	…	…	…	…	nc	nc	nc	nc	nc
山口 (47)	…	…	…	…	nc	nc	nc	nc	nc
徳島 (48)	…	…	…	…	nc	nc	nc	nc	nc
香川 (49)	…	…	…	…	nc	nc	nc	nc	nc
愛媛 (50)	…	…	…	…	nc	nc	nc	nc	nc
高知 (51)	87	13,600	11,800	11,200	96	99	94	94	110
福岡 (52)	…	…	…	…	nc	nc	nc	nc	nc
佐賀 (53)	…	…	…	…	nc	nc	nc	nc	nc
長崎 (54)	…	…	…	…	nc	nc	nc	nc	nc
熊本 (55)	18	6,600	1,190	1,120	90	98	88	88	103
大分 (56)	…	…	…	…	nc	nc	nc	nc	nc
宮崎 (57)	219	10,700	23,400	22,300	98	98	96	97	99
鹿児島 (58)	91	12,300	11,200	11,000	99	92	92	94	92
沖縄 (59)	32	7,180	2,300	2,030	97	104	101	100	103
関東農政局 (60)	…	…	…	…	nc	nc	nc	nc	nc
東海農政局 (61)	…	…	…	…	nc	nc	nc	nc	nc
中国四国農政局 (62)	…	…	…	…	nc	nc	nc	nc	nc

エ 冬春ピーマンのうちししとう

作付面積	10a当たり収量	収穫量	出荷量	対前年産比				(参考)対平均収量比	
				作付面積	10a当たり収量	収穫量	出荷量		
ha	kg	t	t	%	%	%	%	%	
33	5,760	1,900	1,780	87	99	86	86	101	(1)
…	…	…	…	nc	nc	nc	nc	nc	(2)
…	…	…	…	nc	nc	nc	nc	nc	(3)
…	…	…	…	nc	nc	nc	nc	nc	(4)
…	…	…	…	nc	nc	nc	nc	nc	(5)
…	…	…	…	nc	nc	nc	nc	nc	(6)
…	…	…	…	nc	nc	nc	nc	nc	(7)
…	…	…	…	nc	nc	nc	nc	nc	(8)
…	…	…	…	nc	nc	nc	nc	nc	(9)
…	…	…	…	nc	nc	nc	nc	nc	(10)
…	…	…	…	nc	nc	nc	nc	nc	(11)
0	2,000	8	7	nc	86	114	117	93	(12)
…	…	…	…	nc	nc	nc	nc	nc	(13)
…	…	…	…	nc	nc	nc	nc	nc	(14)
…	…	…	…	nc	nc	nc	nc	nc	(15)
…	…	…	…	nc	nc	nc	nc	nc	(16)
…	…	…	…	nc	nc	nc	nc	nc	(17)
…	…	…	…	nc	nc	nc	nc	nc	(18)
…	…	…	…	nc	nc	nc	nc	nc	(19)
–	–	–	–	nc	nc	nc	nc	nc	(20)
…	…	…	…	nc	nc	nc	nc	nc	(21)
…	…	…	…	nc	nc	nc	nc	nc	(22)
…	…	…	…	nc	nc	nc	nc	nc	(23)
…	…	…	…	nc	nc	nc	nc	nc	(24)
…	…	…	…	nc	nc	nc	nc	nc	(25)
…	…	…	…	nc	nc	nc	nc	nc	(26)
…	…	…	…	nc	nc	nc	nc	nc	(27)
…	…	…	…	nc	nc	nc	nc	nc	(28)
…	…	…	…	nc	nc	nc	nc	nc	(29)
…	…	…	…	nc	nc	nc	nc	nc	(30)
…	…	…	…	nc	nc	nc	nc	nc	(31)
…	…	…	…	nc	nc	nc	nc	nc	(32)
…	…	…	…	nc	nc	nc	nc	nc	(33)
…	…	…	…	nc	nc	nc	nc	nc	(34)
…	…	…	…	nc	nc	nc	nc	nc	(35)
…	…	…	…	nc	nc	nc	nc	nc	(36)
…	…	…	…	nc	nc	nc	nc	nc	(37)
…	…	…	…	nc	nc	nc	nc	nc	(38)
…	…	…	…	nc	nc	nc	nc	nc	(39)
…	…	…	…	nc	nc	nc	nc	nc	(40)
…	…	…	…	nc	nc	nc	nc	nc	(41)
2	3,250	49	46	100	90	91	92	93	(42)
…	…	…	…	nc	nc	nc	nc	nc	(43)
…	…	…	…	nc	nc	nc	nc	nc	(44)
…	…	…	…	nc	nc	nc	nc	nc	(45)
…	…	…	…	nc	nc	nc	nc	nc	(46)
…	…	…	…	nc	nc	nc	nc	nc	(47)
…	…	…	…	nc	nc	nc	nc	nc	(48)
…	…	…	…	nc	nc	nc	nc	nc	(49)
…	…	…	…	nc	nc	nc	nc	nc	(50)
24	6,450	1,550	1,470	89	95	84	84	94	(51)
…	…	…	…	nc	nc	nc	nc	nc	(52)
…	…	…	…	nc	nc	nc	nc	nc	(53)
…	…	…	…	nc	nc	nc	nc	nc	(54)
x	x	x	x	x	x	x	x	x	(55)
…	…	…	…	nc	nc	nc	nc	nc	(56)
2	5,350	107	99	100	96	96	96	85	(57)
0	1,500	3	2	nc	100	100	100	92	(58)
0	2,000	8	7	nc	86	114	117	93	(59)
…	…	…	…	nc	nc	nc	nc	nc	(60)
…	…	…	…	nc	nc	nc	nc	nc	(61)
…	…	…	…	nc	nc	nc	nc	nc	(62)

3　令和２年産都道府県別の作付面積、10ａ当たり収量、収穫量及び出荷量　（続き）

(31)　ピーマン（続き）
オ　夏秋ピーマン

全国農業地域・都道府県	作付面積	10ａ当たり収量	収穫量	出荷量	対前年産比 作付面積	対前年産比 10ａ当たり収量	対前年産比 収穫量	対前年産比 出荷量	（参考）対平均収量比
	ha	kg	t	t	%	%	%	%	%
全国 (1)	2,430	2,850	69,200	57,100	99	104	102	103	107
（全国農業地域）									
北海道 (2)	79	7,120	5,630	5,210	104	108	112	112	115
都府県 (3)	…	…	…	…	nc	nc	nc	nc	nc
東北 (4)	…	…	…	…	nc	nc	nc	nc	nc
北陸 (5)	…	…	…	…	nc	nc	nc	nc	nc
関東・東山 (6)	…	…	…	…	nc	nc	nc	nc	nc
東海 (7)	…	…	…	…	nc	nc	nc	nc	nc
近畿 (8)	…	…	…	…	nc	nc	nc	nc	nc
中国 (9)	249	1,550	3,870	2,390	93	105	98	97	113
四国 (10)	…	…	…	…	nc	nc	nc	nc	nc
九州 (11)	…	…	…	…	nc	nc	nc	nc	nc
沖縄 (12)	…	…	…	…	nc	nc	nc	nc	nc
（都道府県）									
北海道 (13)	79	7,120	5,630	5,210	104	108	112	112	115
青森 (14)	98	4,020	3,940	3,450	103	101	104	104	117
岩手 (15)	190	4,320	8,210	7,070	101	103	104	104	106
宮城 (16)	…	…	…	…	nc	nc	nc	nc	nc
秋田 (17)	34	1,290	439	282	97	99	96	97	99
山形 (18)	46	2,180	1,000	617	102	87	88	90	103
福島 (19)	84	3,390	2,850	2,450	102	107	109	109	102
茨城 (20)	299	3,550	10,600	9,920	99	100	98	99	99
栃木 (21)	…	…	…	…	nc	nc	nc	nc	nc
群馬 (22)	…	…	…	…	nc	nc	nc	nc	nc
埼玉 (23)	…	…	…	…	nc	nc	nc	nc	nc
千葉 (24)	79	2,400	1,900	1,330	103	123	127	127	86
東京 (25)	…	…	…	…	nc	nc	nc	nc	nc
神奈川 (26)	…	…	…	…	nc	nc	nc	nc	nc
新潟 (27)	66	1,110	733	339	97	95	92	86	96
富山 (28)	…	…	…	…	nc	nc	nc	nc	nc
石川 (29)	…	…	…	…	nc	nc	nc	nc	nc
福井 (30)	…	…	…	…	nc	nc	nc	nc	nc
山梨 (31)	…	…	…	…	nc	nc	nc	nc	nc
長野 (32)	94	2,070	1,950	1,290	103	97	100	100	96
岐阜 (33)	38	1,370	521	339	97	97	95	95	98
静岡 (34)	…	…	…	…	nc	nc	nc	nc	nc
愛知 (35)	42	1,610	676	372	98	106	103	103	108
三重 (36)	47	1,160	545	224	100	114	114	114	102
滋賀 (37)	…	…	…	…	nc	nc	nc	nc	nc
京都 (38)	83	2,210	1,830	1,500	97	97	93	94	96
大阪 (39)	…	…	…	…	nc	nc	nc	nc	nc
兵庫 (40)	97	2,150	2,090	1,450	98	97	95	95	98
奈良 (41)	…	…	…	…	nc	nc	nc	nc	nc
和歌山 (42)	22	2,270	499	431	92	93	85	85	94
鳥取 (43)	44	1,500	660	347	94	111	104	104	103
島根 (44)	70	1,100	770	380	96	96	93	85	104
岡山 (45)	29	2,580	748	554	76	129	98	101	161
広島 (46)	74	1,690	1,250	813	100	99	98	98	104
山口 (47)	32	1,390	445	299	91	108	98	93	126
徳島 (48)	28	1,950	546	394	100	101	101	101	101
香川 (49)	…	…	…	…	nc	nc	nc	nc	nc
愛媛 (50)	60	2,400	1,440	1,110	97	96	94	94	104
高知 (51)	34	3,570	1,210	1,150	100	92	92	92	90
福岡 (52)	…	…	…	…	nc	nc	nc	nc	nc
佐賀 (53)	…	…	…	…	nc	nc	nc	nc	nc
長崎 (54)	…	…	…	…	nc	nc	nc	nc	nc
熊本 (55)	70	2,940	2,060	1,880	99	95	94	94	98
大分 (56)	112	6,130	6,870	6,540	101	111	112	112	123
宮崎 (57)	84	4,010	3,370	3,060	102	99	101	100	104
鹿児島 (58)	51	1,230	627	304	94	101	95	95	95
沖縄 (59)	…	…	…	…	nc	nc	nc	nc	nc
関東農政局 (60)	…	…	…	…	nc	nc	nc	nc	nc
東海農政局 (61)	127	1,370	1,740	935	98	105	104	102	103
中国四国農政局 (62)	…	…	…	…	nc	nc	nc	nc	nc

カ 夏秋ピーマンのうちししとう

作付面積	10a当たり収量	収穫量	出荷量	対前年産比				(参考)対平均収量比	
				作付面積	10a当たり収量	収穫量	出荷量		
ha	kg	t	t	%	%	%	%	%	
270	**1,580**	**4,270**	**3,270**	**95**	**100**	**96**	**96**	**93**	(1)
4	2,300	92	68	80	92	74	74	98	(2)
…	…	…	…	nc	nc	nc	nc	nc	(3)
…	…	…	…	nc	nc	nc	nc	nc	(4)
…	…	…	…	nc	nc	nc	nc	nc	(5)
…	…	…	…	nc	nc	nc	nc	nc	(6)
…	…	…	…	nc	nc	nc	nc	nc	(7)
…	…	…	…	nc	nc	nc	nc	nc	(8)
18	1,310	235	146	86	111	95	94	109	(9)
…	…	…	…	nc	nc	nc	nc	nc	(10)
…	…	…	…	nc	nc	nc	nc	nc	(11)
…	…	…	…	nc	nc	nc	nc	nc	(12)
4	2,300	92	68	80	92	74	74	98	(13)
0	700	2	2	nc	99	100	100	116	(14)
2	1,450	29	20	100	100	100	100	95	(15)
…	…	…	…	nc	nc	nc	nc	nc	(16)
3	1,270	38	29	100	98	97	97	100	(17)
13	1,460	190	106	100	91	91	92	101	(18)
4	1,100	44	25	100	102	102	104	103	(19)
7	1,140	83	71	88	97	92	92	56	(20)
…	…	…	…	nc	nc	nc	nc	nc	(21)
…	…	…	…	nc	nc	nc	nc	nc	(22)
…	…	…	…	nc	nc	nc	nc	nc	(23)
33	2,140	706	627	100	108	107	108	87	(24)
…	…	…	…	nc	nc	nc	nc	nc	(25)
…	…	…	…	nc	nc	nc	nc	nc	(26)
12	958	115	55	92	84	78	76	86	(27)
…	…	…	…	nc	nc	nc	nc	nc	(28)
…	…	…	…	nc	nc	nc	nc	nc	(29)
…	…	…	…	nc	nc	nc	nc	nc	(30)
…	…	…	…	nc	nc	nc	nc	nc	(31)
5	1,000	50	12	100	96	96	100	94	(32)
8	1,250	100	64	89	92	82	81	91	(33)
…	…	…	…	nc	nc	nc	nc	nc	(34)
5	1,230	62	53	100	100	100	100	101	(35)
8	1,510	119	77	100	144	145	145	136	(36)
…	…	…	…	nc	nc	nc	nc	nc	(37)
6	917	55	46	100	92	92	92	98	(38)
…	…	…	…	nc	nc	nc	nc	nc	(39)
8	1,750	140	50	89	98	88	91	98	(40)
…	…	…	…	nc	nc	nc	nc	nc	(41)
12	1,780	214	186	92	90	84	83	89	(42)
7	1,740	122	68	100	105	103	103	104	(43)
3	870	22	18	75	99	71	69	98	(44)
3	1,330	40	29	75	129	98	97	124	(45)
3	900	27	17	100	104	104	106	123	(46)
2	1,200	24	14	67	112	75	78	133	(47)
12	1,750	210	150	100	101	101	101	92	(48)
…	…	…	…	nc	nc	nc	nc	nc	(49)
6	1,280	79	64	100	100	111	114	114	(50)
24	3,250	780	740	104	93	97	97	87	(51)
…	…	…	…	nc	nc	nc	nc	nc	(52)
…	…	…	…	nc	nc	nc	nc	nc	(53)
…	…	…	…	nc	nc	nc	nc	nc	(54)
x	x	x	x	x	x	x	x	x	(55)
6	1,500	90	78	x	x	x	x	109	(56)
7	1,800	126	109	100	103	100	101	102	(57)
4	821	32	18	80	112	97	90	111	(58)
…	…	…	…	nc	nc	nc	nc	nc	(59)
…	…	…	…	nc	nc	nc	nc	nc	(60)
21	1,340	281	194	95	111	106	105	108	(61)
…	…	…	…	nc	nc	nc	nc	nc	(62)

3 令和２年産都道府県別の作付面積、10ａ当たり収量、収穫量及び出荷量 （続き）

(32) スイートコーン

全国農業地域・都道府県	作付面積	10ａ当たり収量	収穫量	出荷量	対前年産比 作付面積	対前年産比 10ａ当たり収量	対前年産比 収穫量	対前年産比 出荷量	(参考) 対平均収量比
	ha	kg	t	t	%	%	%	%	%
全国 (1)	**22,400**	**1,050**	**234,700**	**192,600**	**97**	**101**	**98**	**99**	**106**
(全国農業地域)									
北海道 (2)	8,020	1,210	97,000	93,300	95	103	98	98	106
都府県 (3)	…	…	…	…	nc	nc	nc	nc	nc
東北 (4)	…	…	…	…	nc	nc	nc	nc	nc
北陸 (5)	…	…	…	…	nc	nc	nc	nc	nc
関東・東山 (6)	…	…	…	…	nc	nc	nc	nc	nc
東海 (7)	…	…	…	…	nc	nc	nc	nc	nc
近畿 (8)	…	…	…	…	nc	nc	nc	nc	nc
中国 (9)	…	…	…	…	nc	nc	nc	nc	nc
四国 (10)	…	…	…	…	nc	nc	nc	nc	nc
九州 (11)	…	…	…	…	nc	nc	nc	nc	nc
沖縄 (12)	…	…	…	…	nc	nc	nc	nc	nc
(都道府県)									
北海道 (13)	8,020	1,210	97,000	93,300	95	103	98	98	106
青森 (14)	430	821	3,530	1,790	98	99	97	96	102
岩手 (15)	507	583	2,960	2,060	99	97	95	95	98
宮城 (16)	427	567	2,420	550	96	104	100	99	105
秋田 (17)	…	…	…	…	nc	nc	nc	nc	nc
山形 (18)	…	…	…	…	nc	nc	nc	nc	nc
福島 (19)	562	519	2,920	1,140	99	99	98	98	99
茨城 (20)	1,320	1,210	16,000	12,300	105	95	100	100	101
栃木 (21)	580	1,060	6,150	4,270	101	104	104	105	108
群馬 (22)	1,170	953	11,200	9,220	99	94	94	94	108
埼玉 (23)	604	1,280	7,730	6,410	103	100	103	104	103
千葉 (24)	1,700	816	13,900	11,500	98	89	87	87	83
東京 (25)	…	…	…	…	nc	nc	nc	nc	nc
神奈川 (26)	…	…	…	…	nc	nc	nc	nc	nc
新潟 (27)	…	…	…	…	nc	nc	nc	nc	nc
富山 (28)	…	…	…	…	nc	nc	nc	nc	nc
石川 (29)	…	…	…	…	nc	nc	nc	nc	nc
福井 (30)	…	…	…	…	nc	nc	nc	nc	nc
山梨 (31)	740	1,180	8,730	7,300	99	112	111	110	103
長野 (32)	1,050	675	7,090	4,610	95	87	82	83	97
岐阜 (33)	…	…	…	…	nc	nc	nc	nc	nc
静岡 (34)	444	977	4,340	2,730	100	104	104	104	111
愛知 (35)	564	1,260	7,110	5,690	99	117	115	115	124
三重 (36)	…	…	…	…	nc	nc	nc	nc	nc
滋賀 (37)	…	…	…	…	nc	nc	nc	nc	nc
京都 (38)	…	…	…	…	nc	nc	nc	nc	nc
大阪 (39)	…	…	…	…	nc	nc	nc	nc	nc
兵庫 (40)	112	764	856	437	100	105	105	105	111
奈良 (41)	…	…	…	…	nc	nc	nc	nc	nc
和歌山 (42)	…	…	…	…	nc	nc	nc	nc	nc
鳥取 (43)	78	1,040	811	259	103	104	107	107	109
島根 (44)	…	…	…	…	nc	nc	nc	nc	nc
岡山 (45)	…	…	…	…	nc	nc	nc	nc	nc
広島 (46)	…	…	…	…	nc	nc	nc	nc	nc
山口 (47)	…	…	…	…	nc	nc	nc	nc	nc
徳島 (48)	212	954	2,020	1,600	103	88	91	91	89
香川 (49)	162	1,290	2,090	1,880	123	102	124	124	107
愛媛 (50)	…	…	…	…	nc	nc	nc	nc	nc
高知 (51)	…	…	…	…	nc	nc	nc	nc	nc
福岡 (52)	…	…	…	…	nc	nc	nc	nc	nc
佐賀 (53)	…	…	…	…	nc	nc	nc	nc	nc
長崎 (54)	…	…	…	…	nc	nc	nc	nc	nc
熊本 (55)	…	…	…	…	nc	nc	nc	nc	nc
大分 (56)	…	…	…	…	nc	nc	nc	nc	nc
宮崎 (57)	344	1,290	4,440	4,200	99	102	100	101	103
鹿児島 (58)	…	…	…	…	nc	nc	nc	nc	nc
沖縄 (59)	…	…	…	…	nc	nc	nc	nc	nc
関東農政局 (60)	…	…	…	…	nc	nc	nc	nc	nc
東海農政局 (61)	…	…	…	…	nc	nc	nc	nc	nc
中国四国農政局 (62)	…	…	…	…	nc	nc	nc	nc	nc

(33)　さやいんげん

作付面積	10a当たり収量	収穫量	出荷量	対前年産比 作付面積	対前年産比 10a当たり収量	対前年産比 収穫量	対前年産比 出荷量	(参考)対平均収量比	
ha	kg	t	t	%	%	%	%	%	
5,020	775	38,900	26,500	97	105	102	103	110	(1)
551	917	5,050	4,800	99	109	108	107	116	(2)
…	…	…	…	nc	nc	nc	nc	nc	(3)
1,080	606	6,540	3,610	97	103	100	99	102	(4)
…	…	…	…	nc	nc	nc	nc	nc	(5)
…	…	…	…	nc	nc	nc	nc	nc	(6)
…	…	…	…	nc	nc	nc	nc	nc	(7)
…	…	…	…	nc	nc	nc	nc	nc	(8)
…	…	…	…	nc	nc	nc	nc	nc	(9)
…	…	…	…	nc	nc	nc	nc	nc	(10)
…	…	…	…	nc	nc	nc	nc	nc	(11)
171	1,210	2,070	1,910	102	101	102	102	108	(12)
551	917	5,050	4,800	99	109	108	107	116	(13)
101	689	696	417	99	96	95	95	93	(14)
92	476	438	209	96	103	99	100	102	(15)
177	490	867	235	95	118	111	108	129	(16)
122	533	650	286	98	95	92	92	105	(17)
124	535	663	316	99	110	109	109	109	(18)
465	694	3,230	2,150	98	101	99	99	97	(19)
165	1,070	1,770	1,060	98	117	115	115	122	(20)
104	638	664	379	70	110	77	77	107	(21)
175	646	1,130	737	101	117	118	118	113	(22)
124	543	673	347	91	99	91	91	97	(23)
447	1,350	6,030	4,340	99	101	100	100	110	(24)
…	…	…	…	nc	nc	nc	nc	nc	(25)
83	655	544	387	100	95	95	99	91	(26)
79	373	295	49	98	99	97	100	84	(27)
…	…	…	…	nc	nc	nc	nc	nc	(28)
…	…	…	…	nc	nc	nc	nc	nc	(29)
…	…	…	…	nc	nc	nc	nc	nc	(30)
100	383	383	305	95	93	88	88	90	(31)
235	327	768	389	98	96	94	94	96	(32)
86	794	683	380	100	136	136	147	138	(33)
…	…	…	…	nc	nc	nc	nc	nc	(34)
…	…	…	…	nc	nc	nc	nc	nc	(35)
…	…	…	…	nc	nc	nc	nc	nc	(36)
…	…	…	…	nc	nc	nc	nc	nc	(37)
…	…	…	…	nc	nc	nc	nc	nc	(38)
…	…	…	…	nc	nc	nc	nc	nc	(39)
…	…	…	…	nc	nc	nc	nc	nc	(40)
…	…	…	…	nc	nc	nc	nc	nc	(41)
…	…	…	…	nc	nc	nc	nc	nc	(42)
…	…	…	…	nc	nc	nc	nc	nc	(43)
…	…	…	…	nc	nc	nc	nc	nc	(44)
…	…	…	…	nc	nc	nc	nc	nc	(45)
100	588	588	250	100	97	97	97	105	(46)
…	…	…	…	nc	nc	nc	nc	nc	(47)
…	…	…	…	nc	nc	nc	nc	nc	(48)
16	610	98	34	94	95	90	92	93	(49)
89	424	377	178	94	95	89	88	94	(50)
20	2,300	460	440	80	106	85	85	120	(51)
92	709	652	438	98	93	91	94	120	(52)
…	…	…	…	nc	nc	nc	nc	nc	(53)
117	568	665	549	99	113	112	110	103	(54)
89	880	783	584	99	94	93	93	112	(55)
…	…	…	…	nc	nc	nc	nc	nc	(56)
…	…	…	…	nc	nc	nc	nc	nc	(57)
219	1,080	2,370	2,170	94	107	100	104	119	(58)
171	1,210	2,070	1,910	102	101	102	102	108	(59)
…	…	…	…	nc	nc	nc	nc	nc	(60)
…	…	…	…	nc	nc	nc	nc	nc	(61)
…	…	…	…	nc	nc	nc	nc	nc	(62)

3　令和２年産都道府県別の作付面積、10ａ当たり収量、収穫量及び出荷量　（続き）

(34)　さやえんどう

全国農業地域・都道府県	作付面積	10ａ当たり収量	収穫量	出荷量	対前年産比 作付面積	対前年産比 10ａ当たり収量	対前年産比 収穫量	対前年産比 出荷量	（参考）対平均収量比
	ha	kg	t	t	%	%	%	%	%
全国 (1)	**2,800**	**696**	**19,500**	**12,500**	**98**	**100**	**98**	**98**	**104**
（全国農業地域）									
北海道 (2)	71	668	474	400	95	112	106	104	108
都府県 (3)	…	…	…	…	nc	nc	nc	nc	nc
東北 (4)	…	…	…	…	nc	nc	nc	nc	nc
北陸 (5)	…	…	…	…	nc	nc	nc	nc	nc
関東・東山 (6)	…	…	…	…	nc	nc	nc	nc	nc
東海 (7)	…	…	…	…	nc	nc	nc	nc	nc
近畿 (8)	…	…	…	…	nc	nc	nc	nc	nc
中国 (9)	…	…	…	…	nc	nc	nc	nc	nc
四国 (10)	…	…	…	…	nc	nc	nc	nc	nc
九州 (11)	…	…	…	…	nc	nc	nc	nc	nc
沖縄 (12)	…	…	…	…	nc	nc	nc	nc	nc
（都道府県）									
北海道 (13)	71	668	474	400	95	112	106	104	108
青森 (14)	62	415	257	156	98	99	97	98	90
岩手 (15)	85	427	363	213	90	109	99	99	116
宮城 (16)	55	484	266	54	100	98	98	98	99
秋田 (17)	97	493	478	125	99	97	96	97	107
山形 (18)	…	…	…	…	nc	nc	nc	nc	nc
福島 (19)	248	443	1,100	850	102	102	104	104	106
茨城 (20)	60	802	481	218	100	93	93	93	103
栃木 (21)	…	…	…	…	nc	nc	nc	nc	nc
群馬 (22)	…	…	…	…	nc	nc	nc	nc	nc
埼玉 (23)	…	…	…	…	nc	nc	nc	nc	nc
千葉 (24)	124	478	593	292	100	100	101	100	100
東京 (25)	…	…	…	…	nc	nc	nc	nc	nc
神奈川 (26)	…	…	…	…	nc	nc	nc	nc	nc
新潟 (27)	62	453	281	45	97	106	103	100	97
富山 (28)	…	…	…	…	nc	nc	nc	nc	nc
石川 (29)	…	…	…	…	nc	nc	nc	nc	nc
福井 (30)	…	…	…	…	nc	nc	nc	nc	nc
山梨 (31)	…	…	…	…	nc	nc	nc	nc	nc
長野 (32)	78	383	299	60	100	90	90	94	102
岐阜 (33)	…	…	…	…	nc	nc	nc	nc	nc
静岡 (34)	80	728	582	417	96	105	101	101	99
愛知 (35)	128	953	1,220	1,010	101	101	102	102	97
三重 (36)	72	692	498	168	100	99	99	99	90
滋賀 (37)	…	…	…	…	nc	nc	nc	nc	nc
京都 (38)	62	460	285	169	93	102	95	96	101
大阪 (39)	…	…	…	…	nc	nc	nc	nc	nc
兵庫 (40)	89	520	463	121	100	117	117	116	113
奈良 (41)	…	…	…	…	nc	nc	nc	nc	nc
和歌山 (42)	65	1,210	787	708	96	105	101	101	102
鳥取 (43)	…	…	…	…	nc	nc	nc	nc	nc
島根 (44)	…	…	…	…	nc	nc	nc	nc	nc
岡山 (45)	52	555	289	154	100	102	102	101	131
広島 (46)	94	705	663	371	100	96	96	96	101
山口 (47)	…	…	…	…	nc	nc	nc	nc	nc
徳島 (48)	50	598	299	233	85	101	86	84	103
香川 (49)	…	…	…	…	nc	nc	nc	nc	nc
愛媛 (50)	77	421	324	142	95	92	87	84	87
高知 (51)	…	…	…	…	nc	nc	nc	nc	nc
福岡 (52)	50	542	271	149	98	97	95	92	104
佐賀 (53)	…	…	…	…	nc	nc	nc	nc	nc
長崎 (54)	53	1,040	551	447	100	112	112	112	114
熊本 (55)	…	…	…	…	nc	nc	nc	nc	nc
大分 (56)	47	940	442	315	96	102	98	98	105
宮崎 (57)	…	…	…	…	nc	nc	nc	nc	nc
鹿児島 (58)	420	1,060	4,450	3,730	96	95	92	92	91
沖縄 (59)	…	…	…	…	nc	nc	nc	nc	nc
関東農政局 (60)	…	…	…	…	nc	nc	nc	nc	nc
東海農政局 (61)	…	…	…	…	nc	nc	nc	nc	nc
中国四国農政局 (62)	…	…	…	…	nc	nc	nc	nc	nc

(35)　グリーンピース

作付面積	10a当たり収量	収穫量	出荷量	対前年産比 作付面積	対前年産比 10a当たり収量	対前年産比 収穫量	対前年産比 出荷量	(参考)対平均収量比	
ha	kg	t	t	%	%	%	%	%	
685	818	5,600	4,450	94	95	89	89	105	(1)
49	407	199	194	94	63	59	59	74	(2)
…	…	…	…	nc	nc	nc	nc	nc	(3)
…	…	…	…	nc	nc	nc	nc	nc	(4)
…	…	…	…	nc	nc	nc	nc	nc	(5)
…	…	…	…	nc	nc	nc	nc	nc	(6)
…	…	…	…	nc	nc	nc	nc	nc	(7)
…	…	…	…	nc	nc	nc	nc	nc	(8)
…	…	…	…	nc	nc	nc	nc	nc	(9)
…	…	…	…	nc	nc	nc	nc	nc	(10)
…	…	…	…	nc	nc	nc	nc	nc	(11)
…	…	…	…	nc	nc	nc	nc	nc	(12)
49	407	199	194	94	63	59	59	74	(13)
…	…	…	…	nc	nc	nc	nc	nc	(14)
…	…	…	…	nc	nc	nc	nc	nc	(15)
…	…	…	…	nc	nc	nc	nc	nc	(16)
…	…	…	…	nc	nc	nc	nc	nc	(17)
…	…	…	…	nc	nc	nc	nc	nc	(18)
27	396	107	89	96	96	92	93	96	(19)
…	…	…	…	nc	nc	nc	nc	nc	(20)
…	…	…	…	nc	nc	nc	nc	nc	(21)
…	…	…	…	nc	nc	nc	nc	nc	(22)
…	…	…	…	nc	nc	nc	nc	nc	(23)
…	…	…	…	nc	nc	nc	nc	nc	(24)
…	…	…	…	nc	nc	nc	nc	nc	(25)
…	…	…	…	nc	nc	nc	nc	nc	(26)
…	…	…	…	nc	nc	nc	nc	nc	(27)
…	…	…	…	nc	nc	nc	nc	nc	(28)
…	…	…	…	nc	nc	nc	nc	nc	(29)
…	…	…	…	nc	nc	nc	nc	nc	(30)
…	…	…	…	nc	nc	nc	nc	nc	(31)
…	…	…	…	nc	nc	nc	nc	nc	(32)
22	675	149	55	100	96	96	98	101	(33)
…	…	…	…	nc	nc	nc	nc	nc	(34)
…	…	…	…	nc	nc	nc	nc	nc	(35)
…	…	…	…	nc	nc	nc	nc	nc	(36)
14	550	77	40	93	89	83	83	90	(37)
…	…	…	…	nc	nc	nc	nc	nc	(38)
34	571	194	107	97	97	94	94	100	(39)
22	509	112	45	96	95	91	92	98	(40)
22	577	127	62	92	101	93	93	99	(41)
213	1,170	2,490	2,200	91	102	93	92	113	(42)
…	…	…	…	nc	nc	nc	nc	nc	(43)
…	…	…	…	nc	nc	nc	nc	nc	(44)
12	625	75	40	100	101	101	103	130	(45)
…	…	…	…	nc	nc	nc	nc	nc	(46)
…	…	…	…	nc	nc	nc	nc	nc	(47)
…	…	…	…	nc	nc	nc	nc	nc	(48)
…	…	…	…	nc	nc	nc	nc	nc	(49)
…	…	…	…	nc	nc	nc	nc	nc	(50)
…	…	…	…	nc	nc	nc	nc	nc	(51)
21	762	160	95	95	96	92	95	99	(52)
…	…	…	…	nc	nc	nc	nc	nc	(53)
…	…	…	…	nc	nc	nc	nc	nc	(54)
22	1,130	249	233	100	97	97	97	114	(55)
…	…	…	…	nc	nc	nc	nc	nc	(56)
…	…	…	…	nc	nc	nc	nc	nc	(57)
96	800	768	668	94	89	84	84	91	(58)
…	…	…	…	nc	nc	nc	nc	nc	(59)
…	…	…	…	nc	nc	nc	nc	nc	(60)
…	…	…	…	nc	nc	nc	nc	nc	(61)
…	…	…	…	nc	nc	nc	nc	nc	(62)

3　令和２年産都道府県別の作付面積、10ａ当たり収量、収穫量及び出荷量　（続き）

(36)　そらまめ

全国農業地域・都道府県	作付面積	10ａ当たり収量	収穫量	出荷量	対前年産比 作付面積	対前年産比 10ａ当たり収量	対前年産比 収穫量	対前年産比 出荷量	(参考)対平均収量比
	ha	kg	t	t	%	%	%	%	%
全国 (1)	1,770	864	15,300	10,900	99	110	109	109	106
(全国農業地域)									
北海道 (2)	…	…	…	…	nc	nc	nc	nc	nc
都府県 (3)	…	…	…	…	nc	nc	nc	nc	nc
東北 (4)	…	…	…	…	nc	nc	nc	nc	nc
北陸 (5)	…	…	…	…	nc	nc	nc	nc	nc
関東・東山 (6)	…	…	…	…	nc	nc	nc	nc	nc
東海 (7)	…	…	…	…	nc	nc	nc	nc	nc
近畿 (8)	…	…	…	…	nc	nc	nc	nc	nc
中国 (9)	…	…	…	…	nc	nc	nc	nc	nc
四国 (10)	…	…	…	…	nc	nc	nc	nc	nc
九州 (11)	…	…	…	…	nc	nc	nc	nc	nc
沖縄 (12)	…	…	…	…	nc	nc	nc	nc	nc
(都道府県)									
北海道 (13)	…	…	…	…	nc	nc	nc	nc	nc
青森 (14)	24	871	209	189	104	120	125	125	94
岩手 (15)	…	…	…	…	nc	nc	nc	nc	nc
宮城 (16)	66	762	503	381	99	107	105	108	108
秋田 (17)	29	898	260	221	97	115	111	111	124
山形 (18)	…	…	…	…	nc	nc	nc	nc	nc
福島 (19)	…	…	…	…	nc	nc	nc	nc	nc
茨城 (20)	124	1,090	1,350	1,160	100	107	107	107	96
栃木 (21)	…	…	…	…	nc	nc	nc	nc	nc
群馬 (22)	…	…	…	…	nc	nc	nc	nc	nc
埼玉 (23)	…	…	…	…	nc	nc	nc	nc	nc
千葉 (24)	352	722	2,540	1,770	99	139	138	138	105
東京 (25)	…	…	…	…	nc	nc	nc	nc	nc
神奈川 (26)	…	…	…	…	nc	nc	nc	nc	nc
新潟 (27)	50	1,070	535	339	96	113	109	110	131
富山 (28)	…	…	…	…	nc	nc	nc	nc	nc
石川 (29)	…	…	…	…	nc	nc	nc	nc	nc
福井 (30)	…	…	…	…	nc	nc	nc	nc	nc
山梨 (31)	…	…	…	…	nc	nc	nc	nc	nc
長野 (32)	…	…	…	…	nc	nc	nc	nc	nc
岐阜 (33)	…	…	…	…	nc	nc	nc	nc	nc
静岡 (34)	…	…	…	…	nc	nc	nc	nc	nc
愛知 (35)	…	…	…	…	nc	nc	nc	nc	nc
三重 (36)	…	…	…	…	nc	nc	nc	nc	nc
滋賀 (37)	…	…	…	…	nc	nc	nc	nc	nc
京都 (38)	…	…	…	…	nc	nc	nc	nc	nc
大阪 (39)	36	481	173	112	100	103	102	103	105
兵庫 (40)	39	574	224	59	100	133	133	134	133
奈良 (41)	…	…	…	…	nc	nc	nc	nc	nc
和歌山 (42)	36	744	268	204	106	96	102	101	111
鳥取 (43)	55	675	371	66	92	109	100	99	105
島根 (44)	…	…	…	…	nc	nc	nc	nc	nc
岡山 (45)	…	…	…	…	nc	nc	nc	nc	nc
広島 (46)	…	…	…	…	nc	nc	nc	nc	nc
山口 (47)	…	…	…	…	nc	nc	nc	nc	nc
徳島 (48)	42	705	296	144	100	105	105	104	108
香川 (49)	83	431	358	145	98	100	98	99	100
愛媛 (50)	125	687	859	636	95	100	95	95	104
高知 (51)	…	…	…	…	nc	nc	nc	nc	nc
福岡 (52)	51	743	379	272	100	104	104	106	104
佐賀 (53)	…	…	…	…	nc	nc	nc	nc	nc
長崎 (54)	43	1,240	533	445	96	111	106	106	118
熊本 (55)	31	1,280	397	318	100	102	102	102	122
大分 (56)	…	…	…	…	nc	nc	nc	nc	nc
宮崎 (57)	…	…	…	…	nc	nc	nc	nc	nc
鹿児島 (58)	254	1,390	3,530	3,090	99	104	103	103	105
沖縄 (59)	…	…	…	…	nc	nc	nc	nc	nc
関東農政局 (60)	…	…	…	…	nc	nc	nc	nc	nc
東海農政局 (61)	…	…	…	…	nc	nc	nc	nc	nc
中国四国農政局 (62)	…	…	…	…	nc	nc	nc	nc	nc

(37)　えだまめ

作付面積	10a当たり収量	収穫量	出荷量	対前年産比				(参考)対平均収量比	
				作付面積	10a当たり収量	収穫量	出荷量		
ha	kg	t	t	%	%	%	%	%	
12,800	**518**	**66,300**	**51,200**	**98**	**102**	**100**	**101**	**100**	(1)
1,300	536	6,970	6,690	108	114	123	123	88	(2)
…	…	…	…	nc	nc	nc	nc	nc	(3)
3,890	368	14,300	10,100	99	94	92	92	98	(4)
…	…	…	…	nc	nc	nc	nc	nc	(5)
…	…	…	…	nc	nc	nc	nc	nc	(6)
…	…	…	…	nc	nc	nc	nc	nc	(7)
…	…	…	…	nc	nc	nc	nc	nc	(8)
…	…	…	…	nc	nc	nc	nc	nc	(9)
…	…	…	…	nc	nc	nc	nc	nc	(10)
…	…	…	…	nc	nc	nc	nc	nc	(11)
…	…	…	…	nc	nc	nc	nc	nc	(12)
1,300	536	6,970	6,690	108	114	123	123	88	(13)
267	388	1,040	443	101	100	101	102	95	(14)
247	287	709	412	98	104	102	103	101	(15)
298	425	1,270	565	101	101	102	106	105	(16)
1,340	367	4,920	3,910	97	91	88	88	103	(17)
1,470	367	5,390	4,430	99	90	90	91	92	(18)
263	359	944	311	99	99	99	99	97	(19)
…	…	…	…	nc	nc	nc	nc	nc	(20)
…	…	…	…	nc	nc	nc	nc	nc	(21)
1,100	654	7,190	6,260	100	116	115	116	126	(22)
672	817	5,490	4,280	96	100	96	97	101	(23)
756	758	5,730	4,850	99	94	94	94	93	(24)
…	…	…	…	nc	nc	nc	nc	nc	(25)
335	893	2,990	2,610	100	106	106	108	104	(26)
1,560	279	4,350	2,610	99	90	89	85	83	(27)
51	263	134	102	89	76	68	74	64	(28)
…	…	…	…	nc	nc	nc	nc	nc	(29)
…	…	…	…	nc	nc	nc	nc	nc	(30)
…	…	…	…	nc	nc	nc	nc	nc	(31)
…	…	…	…	nc	nc	nc	nc	nc	(32)
239	513	1,230	970	92	99	91	91	105	(33)
…	…	…	…	nc	nc	nc	nc	nc	(34)
…	…	…	…	nc	nc	nc	nc	nc	(35)
…	…	…	…	nc	nc	nc	nc	nc	(36)
…	…	…	…	nc	nc	nc	nc	nc	(37)
218	556	1,210	1,060	96	102	98	98	101	(38)
130	842	1,090	997	96	98	94	94	94	(39)
310	523	1,620	1,080	101	95	96	96	95	(40)
…	…	…	…	nc	nc	nc	nc	nc	(41)
…	…	…	…	nc	nc	nc	nc	nc	(42)
…	…	…	…	nc	nc	nc	nc	nc	(43)
…	…	…	…	nc	nc	nc	nc	nc	(44)
…	…	…	…	nc	nc	nc	nc	nc	(45)
…	…	…	…	nc	nc	nc	nc	nc	(46)
…	…	…	…	nc	nc	nc	nc	nc	(47)
246	498	1,230	1,040	98	105	103	104	101	(48)
43	477	205	120	93	99	93	84	98	(49)
91	341	310	187	96	99	95	94	96	(50)
…	…	…	…	nc	nc	nc	nc	nc	(51)
…	…	…	…	nc	nc	nc	nc	nc	(52)
…	…	…	…	nc	nc	nc	nc	nc	(53)
…	…	…	…	nc	nc	nc	nc	nc	(54)
…	…	…	…	nc	nc	nc	nc	nc	(55)
…	…	…	…	nc	nc	nc	nc	nc	(56)
235	495	1,160	1,030	81	106	86	87	109	(57)
…	…	…	…	nc	nc	nc	nc	nc	(58)
…	…	…	…	nc	nc	nc	nc	nc	(59)
…	…	…	…	nc	nc	nc	nc	nc	(60)
…	…	…	…	nc	nc	nc	nc	nc	(61)
…	…	…	…	nc	nc	nc	nc	nc	(62)

3 令和２年産都道府県別の作付面積、10ａ当たり収量、収穫量及び出荷量 （続き）

(38) しょうが

全国農業地域・都道府県		作付面積	10ａ当たり収量	収穫量	出荷量	対前年産比 作付面積	対前年産比 10ａ当たり収量	対前年産比 収穫量	対前年産比 出荷量	(参考) 対平均収量比
		ha	kg	t	t	%	%	%	%	%
全国	(1)	1,750	2,550	44,700	35,100	101	96	96	96	96
(全国農業地域)										
北海道	(2)	…	…	…	…	nc	nc	nc	nc	nc
都府県	(3)	…	…	…	…	nc	nc	nc	nc	nc
東北	(4)	…	…	…	…	nc	nc	nc	nc	nc
北陸	(5)	…	…	…	…	nc	nc	nc	nc	nc
関東・東山	(6)	…	…	…	…	nc	nc	nc	nc	nc
東海	(7)	…	…	…	…	nc	nc	nc	nc	nc
近畿	(8)	…	…	…	…	nc	nc	nc	nc	nc
中国	(9)	…	…	…	…	nc	nc	nc	nc	nc
四国	(10)	…	…	…	…	nc	nc	nc	nc	nc
九州	(11)	…	…	…	…	nc	nc	nc	nc	nc
沖縄	(12)	…	…	…	…	nc	nc	nc	nc	nc
(都道府県)										
北海道	(13)	…	…	…	…	nc	nc	nc	nc	nc
青森	(14)	…	…	…	…	nc	nc	nc	nc	nc
岩手	(15)	…	…	…	…	nc	nc	nc	nc	nc
宮城	(16)	…	…	…	…	nc	nc	nc	nc	nc
秋田	(17)	…	…	…	…	nc	nc	nc	nc	nc
山形	(18)	…	…	…	…	nc	nc	nc	nc	nc
福島	(19)	…	…	…	…	nc	nc	nc	nc	nc
茨城	(20)	123	2,410	2,960	2,310	105	108	113	113	102
栃木	(21)	…	…	…	…	nc	nc	nc	nc	nc
群馬	(22)	…	…	…	…	nc	nc	nc	nc	nc
埼玉	(23)	34	982	334	306	100	89	89	107	87
千葉	(24)	297	1,630	4,840	2,700	100	114	114	113	135
東京	(25)	…	…	…	…	nc	nc	nc	nc	nc
神奈川	(26)	…	…	…	…	nc	nc	nc	nc	nc
新潟	(27)	…	…	…	…	nc	nc	nc	nc	nc
富山	(28)	…	…	…	…	nc	nc	nc	nc	nc
石川	(29)	…	…	…	…	nc	nc	nc	nc	nc
福井	(30)	…	…	…	…	nc	nc	nc	nc	nc
山梨	(31)	…	…	…	…	nc	nc	nc	nc	nc
長野	(32)	…	…	…	…	nc	nc	nc	nc	nc
岐阜	(33)	…	…	…	…	nc	nc	nc	nc	nc
静岡	(34)	90	1,870	1,680	1,430	100	95	95	97	102
愛知	(35)	49	1,280	627	425	100	95	95	95	108
三重	(36)	…	…	…	…	nc	nc	nc	nc	nc
滋賀	(37)	…	…	…	…	nc	nc	nc	nc	nc
京都	(38)	…	…	…	…	nc	nc	nc	nc	nc
大阪	(39)	…	…	…	…	nc	nc	nc	nc	nc
兵庫	(40)	…	…	…	…	nc	nc	nc	nc	nc
奈良	(41)	…	…	…	…	nc	nc	nc	nc	nc
和歌山	(42)	…	…	…	…	nc	nc	nc	nc	nc
鳥取	(43)	…	…	…	…	nc	nc	nc	nc	nc
島根	(44)	…	…	…	…	nc	nc	nc	nc	nc
岡山	(45)	10	2,280	228	184	100	93	93	93	69
広島	(46)	…	…	…	…	nc	nc	nc	nc	nc
山口	(47)	…	…	…	…	nc	nc	nc	nc	nc
徳島	(48)	9	2,840	256	215	100	98	98	97	87
香川	(49)	…	…	…	…	nc	nc	nc	nc	nc
愛媛	(50)	…	…	…	…	nc	nc	nc	nc	nc
高知	(51)	434	4,060	17,600	14,200	100	90	90	90	87
福岡	(52)	…	…	…	…	nc	nc	nc	nc	nc
佐賀	(53)	…	…	…	…	nc	nc	nc	nc	nc
長崎	(54)	66	1,930	1,270	820	93	92	86	85	94
熊本	(55)	170	2,850	4,850	3,940	97	97	94	98	95
大分	(56)	…	…	…	…	nc	nc	nc	nc	nc
宮崎	(57)	82	3,170	2,600	2,310	105	98	103	103	102
鹿児島	(58)	90	2,280	2,050	1,850	106	89	94	96	89
沖縄	(59)	…	…	…	…	nc	nc	nc	nc	nc
関東農政局	(60)	…	…	…	…	nc	nc	nc	nc	nc
東海農政局	(61)	…	…	…	…	nc	nc	nc	nc	nc
中国四国農政局	(62)	…	…	…	…	nc	nc	nc	nc	nc

(39) いちご

作付面積	10a当たり収量	収穫量	出荷量	対前年産比				(参考)対平均収量比	
				作付面積	10a当たり収量	収穫量	出荷量		
ha	kg	t	t	%	%	%	%	%	
5,020	**3,170**	**159,200**	**146,800**	**98**	**98**	**96**	**97**	**105**	(1)
101	1,860	1,880	1,760	100	102	102	102	102	(2)
…	…	…	…	nc	nc	nc	nc	nc	(3)
…	…	…	…	nc	nc	nc	nc	nc	(4)
…	…	…	…	nc	nc	nc	nc	nc	(5)
…	…	…	…	nc	nc	nc	nc	nc	(6)
733	3,470	25,400	23,500	100	102	101	101	105	(7)
…	…	…	…	nc	nc	nc	nc	nc	(8)
…	…	…	…	nc	nc	nc	nc	nc	(9)
…	…	…	…	nc	nc	nc	nc	nc	(10)
…	…	…	…	nc	nc	nc	nc	nc	(11)
…	…	…	…	nc	nc	nc	nc	nc	(12)
101	1,860	1,880	1,760	100	102	102	102	102	(13)
87	1,440	1,250	1,050	101	104	104	105	113	(14)
…	…	…	…	nc	nc	nc	nc	nc	(15)
131	3,540	4,640	4,250	103	98	101	101	102	(16)
…	…	…	…	nc	nc	nc	nc	nc	(17)
…	…	…	…	nc	nc	nc	nc	nc	(18)
107	2,110	2,260	2,000	100	94	94	93	97	(19)
235	3,740	8,790	8,420	97	98	95	95	103	(20)
518	4,380	22,700	21,300	97	92	89	89	100	(21)
97	2,630	2,550	2,400	93	94	88	88	97	(22)
97	3,180	3,080	2,760	95	104	99	99	110	(23)
215	2,940	6,320	5,970	97	99	96	96	96	(24)
…	…	…	…	nc	nc	nc	nc	nc	(25)
…	…	…	…	nc	nc	nc	nc	nc	(26)
97	1,340	1,300	1,150	98	94	92	101	112	(27)
…	…	…	…	nc	nc	nc	nc	nc	(28)
…	…	…	…	nc	nc	nc	nc	nc	(29)
…	…	…	…	nc	nc	nc	nc	nc	(30)
…	…	…	…	nc	nc	nc	nc	nc	(31)
…	…	…	…	nc	nc	nc	nc	nc	(32)
112	2,470	2,770	2,210	99	110	109	108	110	(33)
292	3,570	10,400	9,720	100	98	98	98	101	(34)
260	3,990	10,400	9,850	100	104	104	105	111	(35)
69	2,610	1,800	1,680	100	93	93	93	90	(36)
…	…	…	…	nc	nc	nc	nc	nc	(37)
…	…	…	…	nc	nc	nc	nc	nc	(38)
…	…	…	…	nc	nc	nc	nc	nc	(39)
162	1,030	1,670	1,060	91	102	92	96	108	(40)
101	2,270	2,290	2,090	98	102	100	100	105	(41)
…	…	…	…	nc	nc	nc	nc	nc	(42)
…	…	…	…	nc	nc	nc	nc	nc	(43)
…	…	…	…	nc	nc	nc	nc	nc	(44)
…	…	…	…	nc	nc	nc	nc	nc	(45)
…	…	…	…	nc	nc	nc	nc	nc	(46)
101	2,270	2,290	1,900	99	108	107	111	101	(47)
…	…	…	…	nc	nc	nc	nc	nc	(48)
85	3,700	3,150	2,970	101	98	99	101	114	(49)
76	3,250	2,470	2,250	94	107	100	100	108	(50)
…	…	…	…	nc	nc	nc	nc	nc	(51)
435	3,780	16,400	15,600	99	99	98	98	101	(52)
175	4,320	7,560	6,920	98	94	93	92	105	(53)
268	3,930	10,500	10,100	98	96	95	94	105	(54)
305	4,000	12,200	11,500	99	99	98	97	115	(55)
…	…	…	…	nc	nc	nc	nc	nc	(56)
72	3,470	2,500	2,350	104	90	94	96	97	(57)
…	…	…	…	nc	nc	nc	nc	nc	(58)
…	…	…	…	nc	nc	nc	nc	nc	(59)
…	…	…	…	nc	nc	nc	nc	nc	(60)
441	3,400	15,000	13,700	100	104	103	103	108	(61)
…	…	…	…	nc	nc	nc	nc	nc	(62)

3 令和２年産都道府県別の作付面積、10ａ当たり収量、収穫量及び出荷量 （続き）

(40) メロン
ア 計

全国農業地域・都道府県		作付面積	10ａ当たり収量	収穫量	出荷量	対前年産比 作付面積	対前年産比 10ａ当たり収量	対前年産比 収穫量	対前年産比 出荷量	(参考) 対平均収量比
		ha	kg	t	t	%	%	%	%	%
全国	(1)	**6,250**	**2,370**	**147,900**	**134,700**	**98**	**98**	**95**	**95**	**104**
(全国農業地域)										
北海道	(2)	955	2,280	21,800	20,100	100	93	93	93	99
都府県	(3)	…	…	…	…	nc	nc	nc	nc	nc
東北	(4)	…	…	…	…	nc	nc	nc	nc	nc
北陸	(5)	…	…	…	…	nc	nc	nc	nc	nc
関東・東山	(6)	…	…	…	…	nc	nc	nc	nc	nc
東海	(7)	…	…	…	…	nc	nc	nc	nc	nc
近畿	(8)	…	…	…	…	nc	nc	nc	nc	nc
中国	(9)	…	…	…	…	nc	nc	nc	nc	nc
四国	(10)	…	…	…	…	nc	nc	nc	nc	nc
九州	(11)	…	…	…	…	nc	nc	nc	nc	nc
沖縄	(12)	…	…	…	…	nc	nc	nc	nc	nc
(都道府県)										
北海道	(13)	955	2,280	21,800	20,100	100	93	93	93	99
青森	(14)	490	2,130	10,400	9,060	93	106	98	98	112
岩手	(15)	…	…	…	…	nc	nc	nc	nc	nc
宮城	(16)	…	…	…	…	nc	nc	nc	nc	nc
秋田	(17)	168	1,960	3,290	2,570	97	98	95	94	117
山形	(18)	520	2,040	10,600	9,260	99	96	95	95	97
福島	(19)	…	…	…	…	nc	nc	nc	nc	nc
茨城	(20)	1,210	2,770	33,500	31,600	97	92	89	89	94
栃木	(21)	…	…	…	…	nc	nc	nc	nc	nc
群馬	(22)	…	…	…	…	nc	nc	nc	nc	nc
埼玉	(23)	…	…	…	…	nc	nc	nc	nc	nc
千葉	(24)	320	2,330	7,460	7,200	98	99	97	97	102
東京	(25)	…	…	…	…	nc	nc	nc	nc	nc
神奈川	(26)	…	…	…	…	nc	nc	nc	nc	nc
新潟	(27)	…	…	…	…	nc	nc	nc	nc	nc
富山	(28)	…	…	…	…	nc	nc	nc	nc	nc
石川	(29)	23	1,330	306	216	88	97	86	101	98
福井	(30)	31	1,870	580	470	86	83	72	65	99
山梨	(31)	…	…	…	…	nc	nc	nc	nc	nc
長野	(32)	…	…	…	…	nc	nc	nc	nc	nc
岐阜	(33)	…	…	…	…	nc	nc	nc	nc	nc
静岡	(34)	249	2,630	6,550	6,330	96	100	95	95	95
愛知	(35)	377	2,450	9,240	8,680	99	102	101	103	113
三重	(36)	…	…	…	…	nc	nc	nc	nc	nc
滋賀	(37)	…	…	…	…	nc	nc	nc	nc	nc
京都	(38)	…	…	…	…	nc	nc	nc	nc	nc
大阪	(39)	…	…	…	…	nc	nc	nc	nc	nc
兵庫	(40)	…	…	…	…	nc	nc	nc	nc	nc
奈良	(41)	…	…	…	…	nc	nc	nc	nc	nc
和歌山	(42)	…	…	…	…	nc	nc	nc	nc	nc
鳥取	(43)	53	2,200	1,170	984	102	87	89	97	109
島根	(44)	…	…	…	…	nc	nc	nc	nc	nc
岡山	(45)	13	1,230	160	129	100	81	82	79	88
広島	(46)	…	…	…	…	nc	nc	nc	nc	nc
山口	(47)	…	…	…	…	nc	nc	nc	nc	nc
徳島	(48)	…	…	…	…	nc	nc	nc	nc	nc
香川	(49)	…	…	…	…	nc	nc	nc	nc	nc
愛媛	(50)	…	…	…	…	nc	nc	nc	nc	nc
高知	(51)	…	…	…	…	nc	nc	nc	nc	nc
福岡	(52)	…	…	…	…	nc	nc	nc	nc	nc
佐賀	(53)	…	…	…	…	nc	nc	nc	nc	nc
長崎	(54)	…	…	…	…	nc	nc	nc	nc	nc
熊本	(55)	862	2,830	24,400	23,100	99	101	100	100	121
大分	(56)	…	…	…	…	nc	nc	nc	nc	nc
宮崎	(57)	…	…	…	…	nc	nc	nc	nc	nc
鹿児島	(58)	…	…	…	…	nc	nc	nc	nc	nc
沖縄	(59)	…	…	…	…	nc	nc	nc	nc	nc
関東農政局	(60)	…	…	…	…	nc	nc	nc	nc	nc
東海農政局	(61)	…	…	…	…	nc	nc	nc	nc	nc
中国四国農政局	(62)	…	…	…	…	nc	nc	nc	nc	nc

イ　計のうち温室メロン（アールスフェボリット系）

作付面積	10a当たり収量	収穫量	出荷量	対前年産比 作付面積	対前年産比 10a当たり収量	対前年産比 収穫量	対前年産比 出荷量	(参考)対平均収量比	
ha	kg	t	t	%	%	%	%	%	
625	2,700	16,900	16,100	97	102	99	98	100	(1)
-	-	-	-	nc	nc	nc	nc	nc	(2)
…	…	…	…	nc	nc	nc	nc	nc	(3)
…	…	…	…	nc	nc	nc	nc	nc	(4)
…	…	…	…	nc	nc	nc	nc	nc	(5)
…	…	…	…	nc	nc	nc	nc	nc	(6)
…	…	…	…	nc	nc	nc	nc	nc	(7)
…	…	…	…	nc	nc	nc	nc	nc	(8)
…	…	…	…	nc	nc	nc	nc	nc	(9)
…	…	…	…	nc	nc	nc	nc	nc	(10)
…	…	…	…	nc	nc	nc	nc	nc	(11)
…	…	…	…	nc	nc	nc	nc	nc	(12)
-	-	-	-	nc	nc	nc	nc	nc	(13)
-	-	-	-	nc	nc	nc	nc	nc	(14)
…	…	…	…	nc	nc	nc	nc	nc	(15)
…	…	…	…	nc	nc	nc	nc	nc	(16)
-	-	-	-	nc	nc	nc	nc	nc	(17)
-	-	-	-	nc	nc	nc	nc	nc	(18)
…	…	…	…	nc	nc	nc	nc	nc	(19)
113	2,770	3,130	2,980	97	101	99	98	101	(20)
…	…	…	…	nc	nc	nc	nc	nc	(21)
…	…	…	…	nc	nc	nc	nc	nc	(22)
…	…	…	…	nc	nc	nc	nc	nc	(23)
23	2,040	469	442	96	91	87	87	85	(24)
…	…	…	…	nc	nc	nc	nc	nc	(25)
…	…	…	…	nc	nc	nc	nc	nc	(26)
…	…	…	…	nc	nc	nc	nc	nc	(27)
…	…	…	…	nc	nc	nc	nc	nc	(28)
6	2,860	172	160	100	109	109	108	112	(29)
17	1,970	335	284	94	104	99	91	103	(30)
…	…	…	…	nc	nc	nc	nc	nc	(31)
…	…	…	…	nc	nc	nc	nc	nc	(32)
…	…	…	…	nc	nc	nc	nc	nc	(33)
242	2,660	6,440	6,270	97	100	97	97	96	(34)
121	2,970	3,590	3,400	96	100	96	96	103	(35)
…	…	…	…	nc	nc	nc	nc	nc	(36)
…	…	…	…	nc	nc	nc	nc	nc	(37)
…	…	…	…	nc	nc	nc	nc	nc	(38)
…	…	…	…	nc	nc	nc	nc	nc	(39)
…	…	…	…	nc	nc	nc	nc	nc	(40)
…	…	…	…	nc	nc	nc	nc	nc	(41)
…	…	…	…	nc	nc	nc	nc	nc	(42)
5	1,240	62	57	125	87	124	136	77	(43)
…	…	…	…	nc	nc	nc	nc	nc	(44)
3	1,500	45	42	100	82	82	81	82	(45)
…	…	…	…	nc	nc	nc	nc	nc	(46)
…	…	…	…	nc	nc	nc	nc	nc	(47)
…	…	…	…	nc	nc	nc	nc	nc	(48)
…	…	…	…	nc	nc	nc	nc	nc	(49)
…	…	…	…	nc	nc	nc	nc	nc	(50)
…	…	…	…	nc	nc	nc	nc	nc	(51)
…	…	…	…	nc	nc	nc	nc	nc	(52)
…	…	…	…	nc	nc	nc	nc	nc	(53)
…	…	…	…	nc	nc	nc	nc	nc	(54)
-	-	-	-	nc	nc	nc	nc	nc	(55)
…	…	…	…	nc	nc	nc	nc	nc	(56)
…	…	…	…	nc	nc	nc	nc	nc	(57)
…	…	…	…	nc	nc	nc	nc	nc	(58)
…	…	…	…	nc	nc	nc	nc	nc	(59)
…	…	…	…	nc	nc	nc	nc	nc	(60)
…	…	…	…	nc	nc	nc	nc	nc	(61)
…	…	…	…	nc	nc	nc	nc	nc	(62)

3　令和２年産都道府県別の作付面積、10ａ当たり収量、収穫量及び出荷量　（続き）

(41)　すいか

全国農業地域・都道府県		作付面積	10ａ当たり収量	収穫量	出荷量	対前年産比 作付面積	対前年産比 10ａ当たり収量	対前年産比 収穫量	対前年産比 出荷量	(参考) 対平均収量比
		ha	kg	t	t	%	%	%	%	%
全国	(1)	9,350	3,330	310,900	268,100	97	99	96	96	102
(全国農業地域)										
北海道	(2)	313	4,020	12,600	11,600	101	106	107	106	104
都府県	(3)	…	…	…	…	nc	nc	nc	nc	nc
東北	(4)	…	…	…	…	nc	nc	nc	nc	nc
北陸	(5)	…	…	…	…	nc	nc	nc	nc	nc
関東・東山	(6)	…	…	…	…	nc	nc	nc	nc	nc
東海	(7)	…	…	…	…	nc	nc	nc	nc	nc
近畿	(8)	…	…	…	…	nc	nc	nc	nc	nc
中国	(9)	…	…	…	…	nc	nc	nc	nc	nc
四国	(10)	…	…	…	…	nc	nc	nc	nc	nc
九州	(11)	…	…	…	…	nc	nc	nc	nc	nc
沖縄	(12)	…	…	…	…	nc	nc	nc	nc	nc
(都道府県)										
北海道	(13)	313	4,020	12,600	11,600	101	106	107	106	104
青森	(14)	271	2,900	7,860	6,850	92	104	95	94	104
岩手	(15)	…	…	…	…	nc	nc	nc	nc	nc
宮城	(16)	…	…	…	…	nc	nc	nc	nc	nc
秋田	(17)	415	2,330	9,670	7,990	98	75	73	73	81
山形	(18)	798	3,570	28,500	24,900	99	93	92	92	92
福島	(19)	…	…	…	…	nc	nc	nc	nc	nc
茨城	(20)	377	3,970	15,000	13,400	97	102	99	100	101
栃木	(21)	…	…	…	…	nc	nc	nc	nc	nc
群馬	(22)	…	…	…	…	nc	nc	nc	nc	nc
埼玉	(23)	…	…	…	…	nc	nc	nc	nc	nc
千葉	(24)	978	3,870	37,800	34,900	97	101	97	97	102
東京	(25)	…	…	…	…	nc	nc	nc	nc	nc
神奈川	(26)	278	3,090	8,590	8,150	99	102	100	100	99
新潟	(27)	513	3,430	17,600	15,300	98	104	102	102	99
富山	(28)	…	…	…	…	nc	nc	nc	nc	nc
石川	(29)	296	4,330	12,800	11,300	98	95	93	94	100
福井	(30)	153	2,810	4,300	3,750	97	89	86	85	125
山梨	(31)	…	…	…	…	nc	nc	nc	nc	nc
長野	(32)	314	4,790	15,000	13,900	94	92	87	87	93
岐阜	(33)	…	…	…	…	nc	nc	nc	nc	nc
静岡	(34)	165	3,060	5,050	3,990	96	114	109	109	107
愛知	(35)	400	3,890	15,600	13,700	97	114	111	113	122
三重	(36)	…	…	…	…	nc	nc	nc	nc	nc
滋賀	(37)	69	1,260	869	422	90	76	68	69	81
京都	(38)	…	…	…	…	nc	nc	nc	nc	nc
大阪	(39)	…	…	…	…	nc	nc	nc	nc	nc
兵庫	(40)	241	1,400	3,370	731	95	119	113	113	123
奈良	(41)	80	2,360	1,890	1,020	99	96	95	95	95
和歌山	(42)	89	2,690	2,390	1,940	97	99	96	96	99
鳥取	(43)	372	4,860	18,100	16,600	99	102	101	101	94
島根	(44)	…	…	…	…	nc	nc	nc	nc	nc
岡山	(45)	55	1,410	776	474	98	81	79	79	118
広島	(46)	…	…	…	…	nc	nc	nc	nc	nc
山口	(47)	85	1,920	1,630	1,090	96	111	106	111	104
徳島	(48)	…	…	…	…	nc	nc	nc	nc	nc
香川	(49)	…	…	…	…	nc	nc	nc	nc	nc
愛媛	(50)	193	1,840	3,550	2,550	91	98	90	90	98
高知	(51)	…	…	…	…	nc	nc	nc	nc	nc
福岡	(52)	101	2,130	2,150	1,610	97	91	88	86	86
佐賀	(53)	…	…	…	…	nc	nc	nc	nc	nc
長崎	(54)	244	3,540	8,640	7,570	100	98	97	97	107
熊本	(55)	1,290	3,870	49,900	47,000	97	99	96	96	111
大分	(56)	…	…	…	…	nc	nc	nc	nc	nc
宮崎	(57)	…	…	…	…	nc	nc	nc	nc	nc
鹿児島	(58)	101	2,470	2,490	1,890	94	87	81	79	93
沖縄	(59)	…	…	…	…	nc	nc	nc	nc	nc
関東農政局	(60)	…	…	…	…	nc	nc	nc	nc	nc
東海農政局	(61)	…	…	…	…	nc	nc	nc	nc	nc
中国四国農政局	(62)	…	…	…	…	nc	nc	nc	nc	nc

4 令和2年産都道府県別・品目別の作付面積、収穫量及び出荷量

品目	北海道			青森			岩手		
	作付面積	収穫量	出荷量	作付面積	収穫量	出荷量	作付面積	収穫量	出荷量
	ha	t	t	ha	t	t	ha	t	t
だいこん (1)	2,970	147,200	138,300	2,830	115,700	105,300	852	25,100	18,300
かぶ (2)	101	3,290	3,080	186	6,840	6,160	…	…	…
にんじん (3)	4,510	183,200	170,900	1,200	39,700	37,000	138	2,370	1,400
ごぼう (4)	516	11,500	10,800	2,320	48,000	45,100	…	…	…
れんこん (5)	…	…	…	…	…	…	…	…	…
ばれいしょ (6)	48,100	1,733,000	1,553,000	672	14,600	11,200	…	…	…
さといも (7)	…	…	…	…	…	…	103	763	376
やまのいも (8)	1,990	73,400	63,000	2,260	57,900	52,300	181	3,580	2,980
はくさい (9)	603	25,800	24,100	229	5,510	3,650	300	7,410	3,680
こまつな (10)	163	2,410	2,230	…	…	…	…	…	…
キャベツ (11)	1,110	59,100	56,100	440	17,400	15,100	830	31,600	28,500
ちんげんさい (12)	40	872	801	…	…	…	…	…	…
ほうれんそう (13)	447	4,510	4,190	…	…	…	675	3,260	2,620
ふき (14)	22	422	399	4	27	8	18	97	48
みつば (15)	43	291	268	…	…	…	…	…	…
しゅんぎく (16)	…	…	…	28	212	133	34	296	209
みずな (17)	34	836	753	…	…	…	…	…	…
セルリー (18)	21	930	870	…	…	…	…	…	…
アスパラガス (19)	1,180	3,810	3,460	137	612	458	285	510	430
カリフラワー (20)	21	298	278	17	165	116	…	…	…
ブロッコリー (21)	2,890	29,500	28,000	173	1,220	1,080	98	771	669
レタス (22)	492	15,100	14,000	98	2,210	2,030	427	10,200	9,280
ねぎ (23)	641	22,000	20,500	487	12,200	9,450	438	7,190	5,430
にら (24)	66	3,140	3,000	…	…	…	…	…	…
たまねぎ (25)	14,600	892,100	839,600	…	…	…	…	…	…
にんにく (26)	147	831	668	1,460	14,300	10,500	56	359	220
きゅうり (27)	152	15,700	14,700	143	6,030	5,010	232	13,200	10,700
かぼちゃ (28)	6,990	92,300	86,800	210	2,310	1,370	…	…	…
なす (29)	…	…	…	…	…	…	119	3,020	1,770
トマト (30)	817	66,200	61,100	374	18,800	16,700	205	9,640	7,920
ピーマン (31)	83	5,630	5,210	98	3,940	3,450	190	8,230	7,080
スイートコーン (32)	8,020	97,000	93,300	430	3,530	1,790	507	2,960	2,060
さやいんげん (33)	551	5,050	4,800	101	696	417	92	438	209
さやえんどう (34)	71	474	400	62	257	156	85	363	213
グリーンピース (35)	49	199	194	…	…	…	…	…	…
そらまめ (36)	…	…	…	24	209	189	…	…	…
えだまめ (37)	1,300	6,970	6,690	267	1,040	443	247	709	412
しょうが (38)	…	…	…	…	…	…	…	…	…
いちご (39)	101	1,880	1,760	87	1,250	1,050	…	…	…
メロン (40)	955	21,800	20,100	490	10,400	9,060	…	…	…
すいか (41)	313	12,600	11,600	271	7,860	6,850	…	…	…

宮城			秋田			山形			
作付面積	収穫量	出荷量	作付面積	収穫量	出荷量	作付面積	収穫量	出荷量	
ha	t	t	ha	t	t	ha	t	t	
488	9, 900	3, 940	542	16, 900	8, 070	431	15, 400	8, 810	(1)
…	…	…	…	…	…	238	3, 360	2, 680	(2)
…	…	…	…	…	…	…	…	…	(3)
…	…	…	…	…	…	…	…	…	(4)
…	…	…	…	…	…	…	…	…	(5)
498	6, 720	2, 020	…	…	…	…	…	…	(6)
…	…	…	…	…	…	180	1, 890	917	(7)
…	…	…	107	1, 070	583	…	…	…	(8)
416	9, 410	3, 560	239	6, 770	2, 380	206	6, 640	2, 610	(9)
132	1, 690	1, 330	…	…	…	113	1, 510	1, 310	(10)
325	6, 580	4, 620	338	7, 940	4, 950	…	…	…	(11)
55	721	550	…	…	…	…	…	…	(12)
350	2, 990	1, 780	190	1, 320	1, 010	…	…	…	(13)
…	…	…	32	299	211	11	56	38	(14)
…	…	…	…	…	…	…	…	…	(15)
54	729	621	…	…	…	…	…	…	(16)
52	634	549	…	…	…	…	…	…	(17)
…	…	…	…	…	…	…	…	…	(18)
…	…	…	362	1, 380	1, 120	363	1, 770	1, 510	(19)
…	…	…	26	242	141	23	219	122	(20)
…	…	…	…	…	…	…	…	…	(21)
…	…	…	…	…	…	…	…	…	(22)
612	9, 720	6, 890	598	14, 300	11, 500	434	9, 050	6, 330	(23)
…	…	…	…	…	…	202	2, 530	2, 200	(24)
…	…	…	…	…	…	…	…	…	(25)
…	…	…	58	273	153	…	…	…	(26)
378	13, 000	10, 200	260	8, 440	6, 050	336	12, 700	9, 580	(27)
213	1, 600	674	360	2, 880	1, 440	294	2, 770	1, 440	(28)
209	2, 790	1, 320	387	5, 650	2, 000	392	6, 400	2, 980	(29)
226	9, 480	7, 970	236	8, 220	5, 880	210	10, 200	8, 460	(30)
…	…	…	34	439	282	46	1, 000	617	(31)
427	2, 420	550	…	…	…	…	…	…	(32)
177	867	235	122	650	286	124	663	316	(33)
55	266	54	97	478	125	…	…	…	(34)
…	…	…	…	…	…	…	…	…	(35)
66	503	381	29	260	221	…	…	…	(36)
298	1, 270	565	1, 340	4, 920	3, 910	1, 470	5, 390	4, 430	(37)
…	…	…	…	…	…	…	…	…	(38)
131	4, 640	4, 250	…	…	…	…	…	…	(39)
…	…	…	168	3, 290	2, 570	520	10, 600	9, 260	(40)
…	…	…	415	9, 670	7, 990	798	28, 500	24, 900	(41)

4　令和２年産都道府県別・品目別の作付面積、収穫量及び出荷量（続き）

品目		福島			茨城			栃木		
		作付面積	収穫量	出荷量	作付面積	収穫量	出荷量	作付面積	収穫量	出荷量
		ha	t	t	ha	t	t	ha	t	t
だいこん	(1)	639	22,000	9,030	1,210	57,500	47,100	362	14,500	11,200
かぶ	(2)	105	1,630	784	77	1,740	1,210	61	1,560	1,290
にんじん	(3)	141	1,660	736	831	25,300	22,500	…	…	…
ごぼう	(4)	…	…	…	791	12,800	11,800	171	2,890	2,730
れんこん	(5)	…	…	…	1,690	28,600	24,900	…	…	…
ばれいしょ	(6)	998	16,300	2,180	1,620	42,100	35,500	…	…	…
さといも	(7)	250	2,020	830	245	2,620	1,390	494	7,560	4,890
やまのいも	(8)	…	…	…	111	2,630	2,200	…	…	…
はくさい	(9)	529	16,400	5,600	3,350	243,900	230,900	437	20,900	15,400
こまつな	(10)	…	…	…	1,330	24,700	23,000	…	…	…
キャベツ	(11)	249	5,450	3,290	2,370	105,800	99,800	…	…	…
ちんげんさい	(12)	35	560	370	512	11,800	10,700	…	…	…
ほうれんそう	(13)	295	2,890	1,930	1,290	16,500	14,800	602	5,800	4,930
ふき	(14)	16	86	73	…	…	…	7	58	39
みつば	(15)	39	523	462	166	1,710	1,560	…	…	…
しゅんぎく	(16)	73	891	695	121	2,310	1,840	51	1,210	1,010
みずな	(17)	…	…	…	1,040	22,500	20,300	…	…	…
セルリー	(18)	…	…	…	…	…	…	…	…	…
アスパラガス	(19)	343	1,380	1,190	…	…	…	108	1,700	1,450
カリフラワー	(20)	25	216	109	113	2,540	2,400	…	…	…
ブロッコリー	(21)	440	3,820	3,320	220	1,950	1,630	158	1,610	1,370
レタス	(22)	…	…	…	3,490	91,700	88,200	195	5,280	4,930
ねぎ	(23)	666	9,870	6,170	1,960	49,000	43,000	631	11,500	9,300
にら	(24)	151	2,550	2,110	202	7,450	6,700	352	10,200	9,070
たまねぎ	(25)	…	…	…	187	5,930	4,140	258	12,300	10,600
にんにく	(26)	46	295	35	…	…	…	…	…	…
きゅうり	(27)	680	38,500	34,500	487	25,500	22,200	260	11,400	9,620
かぼちゃ	(28)	306	2,200	906	434	6,510	5,260	…	…	…
なす	(29)	260	4,210	2,350	426	17,900	15,800	335	13,300	11,500
トマト	(30)	355	23,200	20,500	886	41,700	39,600	318	31,500	29,600
ピーマン	(31)	84	2,850	2,450	536	32,500	30,600	…	…	…
スイートコーン	(32)	562	2,920	1,140	1,320	16,000	12,300	580	6,150	4,270
さやいんげん	(33)	465	3,230	2,150	165	1,770	1,060	104	664	379
さやえんどう	(34)	248	1,100	850	60	481	218	…	…	…
グリーンピース	(35)	27	107	89	…	…	…	…	…	…
そらまめ	(36)	…	…	…	124	1,350	1,160	…	…	…
えだまめ	(37)	263	944	311	…	…	…	…	…	…
しょうが	(38)	…	…	…	123	2,960	2,310	…	…	…
いちご	(39)	107	2,260	2,000	235	8,790	8,420	518	22,700	21,300
メロン	(40)	…	…	…	1,210	33,500	31,600	…	…	…
すいか	(41)	…	…	…	377	15,000	13,400	…	…	…

群馬			埼玉			千葉			
作付面積	収穫量	出荷量	作付面積	収穫量	出荷量	作付面積	収穫量	出荷量	
ha	t	t	ha	t	t	ha	t	t	
801	32, 500	22, 100	539	23, 900	19, 000	2, 620	148, 100	137, 700	(1)
…	…	…	427	16, 100	13, 500	904	25, 300	24, 000	(2)
…	…	…	472	15, 600	13, 400	2, 950	105, 400	98, 000	(3)
400	7, 000	6, 310	…	…	…	356	6, 190	5, 510	(4)
…	…	…	…	…	…	…	…	…	(5)
…	…	…	…	…	…	1, 160	28, 100	23, 300	(6)
267	3, 150	1, 390	781	17, 700	13, 000	1, 060	14, 700	12, 100	(7)
463	5, 140	3, 960	168	1, 680	1, 350	489	5, 770	4, 240	(8)
504	30, 600	23, 500	482	23, 400	18, 100	234	7, 510	5, 550	(9)
554	6, 870	6, 150	830	14, 200	12, 300	339	5, 830	4, 790	(10)
4, 080	256, 500	231, 700	451	18, 400	14, 800	2, 780	119, 500	111, 800	(11)
141	2, 000	1, 770	107	2, 400	2, 120	77	1, 190	958	(12)
1, 980	22, 400	20, 500	1, 890	22, 700	19, 000	1, 810	19, 400	17, 800	(13)
96	1, 150	937	…	…	…	4	60	41	(14)
…	…	…	50	1, 290	1, 210	150	2, 610	2, 500	(15)
116	2, 420	2, 040	70	1, 020	772	160	2, 740	2, 410	(16)
62	818	708	125	1, 550	1, 410	…	…	…	(17)
…	…	…	…	…	…	19	863	804	(18)
…	…	…	…	…	…	…	…	…	(19)
…	…	…	98	1, 830	1, 610	36	515	468	(20)
644	6, 700	5, 790	1, 270	16, 100	13, 900	328	2, 970	2, 540	(21)
1, 340	54, 800	52, 100	161	3, 830	3, 260	485	8, 320	7, 530	(22)
1, 020	19, 600	15, 000	2, 230	50, 600	42, 400	2, 130	56, 900	51, 500	(23)
163	3, 050	2, 830	…	…	…	117	2, 190	1, 900	(24)
192	8, 100	7, 400	153	5, 840	3, 950	184	6, 790	4, 220	(25)
…	…	…	…	…	…	…	…	…	(26)
812	55, 800	50, 100	599	46, 100	41, 700	444	27, 700	24, 900	(27)
…	…	…	…	…	…	180	3, 190	2, 300	(28)
525	27, 700	23, 700	271	9, 320	7, 340	289	6, 700	4, 740	(29)
308	20, 400	18, 900	186	15, 000	13, 300	705	30, 000	26, 900	(30)
…	…	…	…	…	…	82	2, 030	1, 430	(31)
1, 170	11, 200	9, 220	604	7, 730	6, 410	1, 700	13, 900	11, 500	(32)
175	1, 130	737	124	673	347	447	6, 030	4, 340	(33)
…	…	…	…	…	…	124	593	292	(34)
…	…	…	…	…	…	…	…	…	(35)
…	…	…	…	…	…	352	2, 540	1, 770	(36)
1, 100	7, 190	6, 260	672	5, 490	4, 280	756	5, 730	4, 850	(37)
…	…	…	34	334	306	297	4, 840	2, 700	(38)
97	2, 550	2, 400	97	3, 080	2, 760	215	6, 320	5, 970	(39)
…	…	…	…	…	…	320	7, 460	7, 200	(40)
…	…	…	…	…	…	978	37, 800	34, 900	(41)

4 令和2年産都道府県別・品目別の作付面積、収穫量及び出荷量（続き）

品目	東京			神奈川			新潟		
	作付面積	収穫量	出荷量	作付面積	収穫量	出荷量	作付面積	収穫量	出荷量
	ha	t	t	ha	t	t	ha	t	t
だいこん (1)	208	8,440	7,790	1,050	73,600	68,600	1,310	45,800	33,300
かぶ (2)	77	1,820	1,740	99	2,230	2,090	140	3,110	2,330
にんじん (3)	105	2,840	2,640	…	…	…	243	5,250	4,240
ごぼう (4)	…	…	…	…	…	…	…	…	…
れんこん (5)	…	…	…	…	…	…	…	…	…
ばれいしょ (6)	…	…	…	…	…	…	…	…	…
さといも (7)	207	2,670	2,290	391	5,000	3,510	570	5,110	3,070
やまのいも (8)	…	…	…	…	…	…	…	…	…
はくさい (9)	…	…	…	…	…	…	350	8,180	4,320
こまつな (10)	457	8,320	7,980	402	7,040	6,720	125	1,200	702
キャベツ (11)	200	6,830	6,310	1,440	66,600	63,300	…	…	…
ちんげんさい (12)	…	…	…	…	…	…	…	…	…
ほうれんそう (13)	348	4,110	3,750	661	8,130	7,540	…	…	…
ふき (14)	…	…	…	…	…	…	18	82	60
みつば (15)	…	…	…	…	…	…	…	…	…
しゅんぎく (16)	…	…	…	…	…	…	30	273	181
みずな (17)	…	…	…	…	…	…	…	…	…
セルリー (18)	…	…	…	…	…	…	…	…	…
アスパラガス (19)	…	…	…	…	…	…	212	617	564
カリフラワー (20)	29	583	563	37	603	563	91	1,220	997
ブロッコリー (21)	168	2,050	1,880	110	1,410	1,260	…	…	…
レタス (22)	…	…	…	…	…	…	…	…	…
ねぎ (23)	…	…	…	399	7,890	6,940	631	8,760	6,420
にら (24)	…	…	…	…	…	…	…	…	…
たまねぎ (25)	…	…	…	…	…	…	…	…	…
にんにく (26)	…	…	…	…	…	…	…	…	…
きゅうり (27)	…	…	…	253	10,500	9,940	412	7,970	5,090
かぼちゃ (28)	…	…	…	220	4,000	3,420	309	1,830	1,210
なす (29)	…	…	…	150	3,440	3,090	512	4,320	1,940
トマト (30)	…	…	…	247	11,900	11,500	380	7,800	5,390
ピーマン (31)	…	…	…	…	…	…	66	733	339
スイートコーン (32)	…	…	…	…	…	…	…	…	…
さやいんげん (33)	…	…	…	83	544	387	79	295	49
さやえんどう (34)	…	…	…	…	…	…	62	281	45
グリーンピース (35)	…	…	…	…	…	…	…	…	…
そらまめ (36)	…	…	…	…	…	…	50	535	339
えだまめ (37)	…	…	…	335	2,990	2,610	1,560	4,350	2,610
しょうが (38)	…	…	…	…	…	…	…	…	…
いちご (39)	…	…	…	…	…	…	97	1,300	1,150
メロン (40)	…	…	…	…	…	…	…	…	…
すいか (41)	…	…	…	278	8,590	8,150	513	17,600	15,300

富山			石川			福井			
作付面積	収穫量	出荷量	作付面積	収穫量	出荷量	作付面積	収穫量	出荷量	
ha	t	t	ha	t	t	ha	t	t	
160	3,430	2,610	235	8,910	6,590	240	5,240	4,630	(1)
77	1,260	1,040	…	…	…	…	…	…	(2)
…	…	…	35	436	364	40	557	473	(3)
…	…	…	…	…	…	…	…	…	(4)
…	…	…	…	…	…	…	…	…	(5)
…	…	…	…	…	…	…	…	…	(6)
122	1,210	705	…	…	…	212	2,670	1,380	(7)
…	…	…	…	…	…	…	…	…	(8)
85	1,610	980	…	…	…	…	…	…	(9)
…	…	…	103	1,150	1,030	…	…	…	(10)
131	2,440	1,830	…	…	…	127	3,310	2,890	(11)
…	…	…	…	…	…	…	…	…	(12)
52	468	313	…	…	…	73	722	564	(13)
…	…	…	…	…	…	…	…	…	(14)
…	…	…	…	…	…	…	…	…	(15)
…	…	…	…	…	…	…	…	…	(16)
…	…	…	…	…	…	…	…	…	(17)
…	…	…	…	…	…	…	…	…	(18)
…	…	…	…	…	…	…	…	…	(19)
…	…	…	…	…	…	…	…	…	(20)
…	…	…	287	1,770	1,620	71	572	400	(21)
…	…	…	…	…	…	…	…	…	(22)
189	2,420	1,880	96	870	600	134	1,910	1,700	(23)
…	…	…	…	…	…	…	…	…	(24)
211	7,850	7,120	…	…	…	…	…	…	(25)
…	…	…	…	…	…	…	…	…	(26)
61	1,180	606	62	1,870	1,410	…	…	…	(27)
…	…	…	208	2,140	1,790	…	…	…	(28)
175	2,190	430	…	…	…	95	1,200	437	(29)
68	1,500	855	101	3,290	2,600	75	2,170	1,900	(30)
…	…	…	…	…	…	…	…	…	(31)
…	…	…	…	…	…	…	…	…	(32)
…	…	…	…	…	…	…	…	…	(33)
…	…	…	…	…	…	…	…	…	(34)
…	…	…	…	…	…	…	…	…	(35)
…	…	…	…	…	…	…	…	…	(36)
51	134	102	…	…	…	…	…	…	(37)
…	…	…	…	…	…	…	…	…	(38)
…	…	…	…	…	…	…	…	…	(39)
…	…	…	23	306	216	31	580	470	(40)
…	…	…	296	12,800	11,300	153	4,300	3,750	(41)

4　令和２年産都道府県別・品目別の作付面積、収穫量及び出荷量（続き）

品　　目	山梨			長野			岐阜		
	作付面積	収穫量	出荷量	作付面積	収穫量	出荷量	作付面積	収穫量	出荷量
	ha	t	t	ha	t	t	ha	t	t
だいこん (1)	…	…	…	708	17, 100	8, 740	527	17, 800	13, 400
かぶ (2)	…	…	…	…	…	…	147	3, 000	2, 290
にんじん (3)	…	…	…	…	…	…	180	5, 700	4, 770
ごぼう (4)	…	…	…	…	…	…	…	…	…
れんこん (5)	…	…	…	…	…	…	…	…	…
ばれいしょ (6)	…	…	…	916	16, 400	1, 440	…	…	…
さといも (7)	…	…	…	…	…	…	307	3, 280	1, 180
やまのいも (8)	46	511	390	277	6, 620	4, 980	…	…	…
はくさい (9)	…	…	…	2, 840	224, 200	200, 800	221	7, 990	4, 130
こまつな (10)	…	…	…	…	…	…	145	2, 160	1, 890
キャベツ (11)	121	3, 180	2, 800	1, 440	61, 800	56, 300	240	3, 990	2, 940
ちんげんさい (12)	…	…	…	80	1, 710	1, 590	…	…	…
ほうれんそう (13)	…	…	…	409	3, 410	2, 420	1, 210	11, 900	10, 600
ふき (14)	…	…	…	24	182	72	…	…	…
みつば (15)	…	…	…	…	…	…	…	…	…
しゅんぎく (16)	…	…	…	33	363	252	23	430	380
みずな (17)	…	…	…	…	…	…	…	…	…
セルリー (18)	…	…	…	231	12, 000	11, 800	…	…	…
アスパラガス (19)	…	…	…	763	1, 830	1, 650	…	…	…
カリフラワー (20)	…	…	…	90	1, 840	1, 660	…	…	…
ブロッコリー (21)	…	…	…	1, 050	10, 400	10, 100	…	…	…
レタス (22)	…	…	…	5, 760	182, 200	175, 600	…	…	…
ねぎ (23)	…	…	…	722	15, 900	9, 930	199	2, 470	1, 300
にら (24)	…	…	…	…	…	…	…	…	…
たまねぎ (25)	…	…	…	150	4, 290	2, 460	110	3, 150	1, 700
にんにく (26)	…	…	…	…	…	…	…	…	…
きゅうり (27)	123	4, 650	3, 760	371	13, 700	10, 200	161	5, 470	3, 950
かぼちゃ (28)	…	…	…	557	6, 520	4, 980	…	…	…
なす (29)	130	5, 370	4, 490	227	3, 790	724	156	2, 630	1, 360
トマト (30)	114	6, 410	5, 970	327	13, 300	11, 100	296	23, 600	21, 500
ピーマン (31)	…	…	…	94	1, 950	1, 290	38	521	339
スイートコーン (32)	740	8, 730	7, 300	1, 050	7, 090	4, 610	…	…	…
さやいんげん (33)	100	383	305	235	768	389	86	683	380
さやえんどう (34)	…	…	…	78	299	60	…	…	…
グリーンピース (35)	…	…	…	…	…	…	22	149	55
そらまめ (36)	…	…	…	…	…	…	…	…	…
えだまめ (37)	…	…	…	…	…	…	239	1, 230	970
しょうが (38)	…	…	…	…	…	…	…	…	…
いちご (39)	…	…	…	…	…	…	112	2, 770	2, 210
メロン (40)	…	…	…	…	…	…	…	…	…
すいか (41)	…	…	…	314	15, 000	13, 900	…	…	…

静岡			愛知			三重			
作付面積	収穫量	出荷量	作付面積	収穫量	出荷量	作付面積	収穫量	出荷量	
ha	t	t	ha	t	t	ha	t	t	
468	19,400	15,800	565	24,100	20,800	…	…	…	(1)
…	…	…	95	2,510	1,810	89	1,080	748	(2)
102	2,970	2,190	398	19,900	18,100	73	980	494	(3)
…	…	…	…	…	…	…	…	…	(4)
…	…	…	242	3,030	2,850	…	…	…	(5)
520	11,600	9,900	…	…	…	197	1,980	1,190	(6)
266	3,780	2,440	296	3,640	2,360	185	1,890	728	(7)
…	…	…	…	…	…	…	…	…	(8)
…	…	…	402	22,300	19,600	200	7,730	5,650	(9)
149	2,290	2,040	101	1,500	1,400	…	…	…	(10)
463	18,200	15,900	5,370	262,300	247,600	411	10,500	8,310	(11)
295	7,230	6,840	135	2,930	2,740	…	…	…	(12)
…	…	…	438	4,820	4,260	…	…	…	(13)
10	78	58	68	3,570	3,350	…	…	…	(14)
79	1,290	1,210	92	1,650	1,550	…	…	…	(15)
…	…	…	32	592	426	…	…	…	(16)
…	…	…	…	…	…	…	…	…	(17)
89	5,710	5,470	41	2,830	2,690	…	…	…	(18)
…	…	…	…	…	…	…	…	…	(19)
33	558	438	97	1,990	1,790	…	…	…	(20)
230	2,690	2,510	955	15,700	14,600	91	634	376	(21)
924	25,900	24,900	323	5,330	4,880	…	…	…	(22)
471	8,920	7,810	402	7,550	5,640	241	4,090	2,560	(23)
…	…	…	…	…	…	…	…	…	(24)
324	12,500	11,400	520	27,600	25,400	118	2,890	1,630	(25)
…	…	…	…	…	…	…	…	…	(26)
…	…	…	154	13,500	11,800	105	1,840	1,080	(27)
…	…	…	…	…	…	154	1,830	741	(28)
…	…	…	241	12,500	10,900	146	1,720	1,070	(29)
253	13,200	12,200	483	43,300	40,500	168	9,490	8,240	(30)
…	…	…	42	676	372	47	550	226	(31)
444	4,340	2,730	564	7,110	5,690	…	…	…	(32)
…	…	…	…	…	…	…	…	…	(33)
80	582	417	128	1,220	1,010	72	498	168	(34)
…	…	…	…	…	…	…	…	…	(35)
…	…	…	…	…	…	…	…	…	(36)
…	…	…	…	…	…	…	…	…	(37)
90	1,680	1,430	49	627	425	…	…	…	(38)
292	10,400	9,720	260	10,400	9,850	69	1,800	1,680	(39)
249	6,550	6,330	377	9,240	8,680	…	…	…	(40)
165	5,050	3,990	400	15,600	13,700	…	…	…	(41)

4　令和２年産都道府県別・品目別の作付面積、収穫量及び出荷量（続き）

品目		滋賀			京都			大阪		
		作付面積	収穫量	出荷量	作付面積	収穫量	出荷量	作付面積	収穫量	出荷量
		ha	t	t	ha	t	t	ha	t	t
だいこん	(1)	122	3,940	2,170	…	…	…	…	…	…
かぶ	(2)	177	4,570	3,890	152	4,740	4,190	…	…	…
にんじん	(3)	…	…	…	…	…	…	…	…	…
ごぼう	(4)	…	…	…	…	…	…	…	…	…
れんこん	(5)	…	…	…	…	…	…	…	…	…
ばれいしょ	(6)	…	…	…	…	…	…	…	…	…
さといも	(7)	…	…	…	…	…	…	48	859	746
やまのいも	(8)	…	…	…	…	…	…	…	…	…
はくさい	(9)	133	4,140	3,080	…	…	…	…	…	…
こまつな	(10)	…	…	…	201	3,600	3,310	193	3,650	3,390
キャベツ	(11)	335	10,400	9,130	246	6,720	5,430	236	10,200	9,400
ちんげんさい	(12)	…	…	…	…	…	…	…	…	…
ほうれんそう	(13)	105	1,210	794	334	5,310	4,570	…	…	…
ふき	(14)	…	…	…	11	63	56	11	833	783
みつば	(15)	…	…	…	…	…	…	27	594	577
しゅんぎく	(16)	38	513	427	30	498	398	187	3,250	3,090
みずな	(17)	103	1,450	1,310	142	2,270	2,070	45	932	878
セルリー	(18)	…	…	…	…	…	…	…	…	…
アスパラガス	(19)	…	…	…	…	…	…	…	…	…
カリフラワー	(20)	…	…	…	…	…	…	7	158	147
ブロッコリー	(21)	…	…	…	40	304	216	32	477	446
レタス	(22)	…	…	…	…	…	…	22	468	441
ねぎ	(23)	…	…	…	299	7,730	6,750	259	6,240	5,900
にら	(24)	…	…	…	…	…	…	…	…	…
たまねぎ	(25)	…	…	…	…	…	…	108	3,860	3,490
にんにく	(26)	…	…	…	…	…	…	…	…	…
きゅうり	(27)	119	3,250	2,210	127	4,010	3,350	45	1,650	1,530
かぼちゃ	(28)	…	…	…	…	…	…	…	…	…
なす	(29)	148	2,490	857	168	7,450	6,410	98	6,660	6,520
トマト	(30)	115	3,250	2,290	137	4,600	3,620	…	…	…
ピーマン	(31)	…	…	…	87	1,940	1,600	…	…	…
スイートコーン	(32)	…	…	…	…	…	…	…	…	…
さやいんげん	(33)	…	…	…	…	…	…	…	…	…
さやえんどう	(34)	…	…	…	62	285	169	…	…	…
グリーンピース	(35)	14	77	40	…	…	…	34	194	107
そらまめ	(36)	…	…	…	…	…	…	36	173	112
えだまめ	(37)	…	…	…	218	1,210	1,060	130	1,090	997
しょうが	(38)	…	…	…	…	…	…	…	…	…
いちご	(39)	…	…	…	…	…	…	…	…	…
メロン	(40)	…	…	…	…	…	…	…	…	…
すいか	(41)	69	869	422	…	…	…	…	…	…

兵庫			奈良			和歌山			
作付面積	収穫量	出荷量	作付面積	収穫量	出荷量	作付面積	収穫量	出荷量	
ha	t	t	ha	t	t	ha	t	t	
373	12, 900	6, 480	92	3, 190	1, 900	134	8, 210	7, 030	(1)
…	…	…	…	…	…	…	…	…	(2)
119	3, 150	2, 520	…	…	…	54	2, 150	1, 930	(3)
…	…	…	…	…	…	…	…	…	(4)
32	474	457	…	…	…	…	…	…	(5)
…	…	…	…	…	…	…	…	…	(6)
…	…	…	…	…	…	…	…	…	(7)
…	…	…	…	…	…	…	…	…	(8)
450	20, 300	16, 000	…	…	…	134	8, 770	7, 730	(9)
125	2, 130	1, 870	58	916	797	54	961	846	(10)
773	28, 000	23, 700	…	…	…	201	7, 320	6, 530	(11)
50	825	723	…	…	…	…	…	…	(12)
272	3, 590	2, 220	290	3, 570	3, 000	77	870	706	(13)
…	…	…	…	…	…	…	…	…	(14)
…	…	…	…	…	…	…	…	…	(15)
105	1, 350	996	29	386	317	17	281	233	(16)
110	1, 630	1, 420	31	437	422	…	…	…	(17)
…	…	…	…	…	…	…	…	…	(18)
…	…	…	…	…	…	…	…	…	(19)
…	…	…	…	…	…	…	…	…	(20)
197	1, 990	1, 640	…	…	…	124	937	823	(21)
1, 200	29, 300	27, 800	29	565	403	…	…	…	(22)
313	4, 960	3, 120	136	3, 020	2, 410	…	…	…	(23)
6	196	163	…	…	…	…	…	…	(24)
1, 630	98, 500	89, 700	…	…	…	115	4, 890	3, 970	(25)
…	…	…	…	…	…	…	…	…	(26)
176	3, 340	1, 470	65	1, 970	1, 540	59	2, 550	2, 200	(27)
…	…	…	…	…	…	16	214	169	(28)
183	3, 210	1, 020	92	4, 930	4, 310	…	…	…	(29)
259	8, 970	6, 960	71	3, 580	3, 140	92	3, 560	3, 250	(30)
97	2, 090	1, 450	…	…	…	30	1, 190	1, 080	(31)
112	856	437	…	…	…	…	…	…	(32)
…	…	…	…	…	…	…	…	…	(33)
89	463	121	…	…	…	65	787	708	(34)
22	112	45	22	127	62	213	2, 490	2, 200	(35)
39	224	59	…	…	…	36	268	204	(36)
310	1, 620	1, 080	…	…	…	…	…	…	(37)
…	…	…	…	…	…	…	…	…	(38)
162	1, 670	1, 060	101	2, 290	2, 090	…	…	…	(39)
…	…	…	…	…	…	…	…	…	(40)
241	3, 370	731	80	1, 890	1, 020	89	2, 390	1, 940	(41)

4 令和２年産都道府県別・品目別の作付面積、収穫量及び出荷量（続き）

品目		鳥取			島根			岡山	
	作付面積	収穫量	出荷量	作付面積	収穫量	出荷量	作付面積	収穫量	出荷量
	ha	t	t	ha	t	t	ha	t	t
だいこん (1)	…	…	…	…	…	…	247	9,730	6,870
かぶ (2)	…	…	…	62	1,300	900	…	…	…
にんじん (3)	73	1,860	1,620	…	…	…	55	1,090	838
ごぼう (4)	…	…	…	…	…	…	…	…	…
れんこん (5)	…	…	…	…	…	…	89	1,430	1,290
ばれいしょ (6)	…	…	…	…	…	…	210	2,240	543
さといも (7)	…	…	…	…	…	…	…	…	…
やまのいも (8)	56	1,590	1,320	…	…	…	9	61	47
はくさい (9)	103	3,910	1,970	…	…	…	246	13,800	11,200
こまつな (10)	33	545	495	…	…	…	…	…	…
キャベツ (11)	190	5,250	2,850	262	5,740	4,290	305	12,600	11,200
ちんげんさい (12)	26	445	418	…	…	…	…	…	…
ほうれんそう (13)	139	1,420	1,010	…	…	…	…	…	…
ふき (14)	…	…	…	…	…	…	…	…	…
みつば (15)	…	…	…	…	…	…	…	…	…
しゅんぎく (16)	…	…	…	…	…	…	20	202	150
みずな (17)	…	…	…	…	…	…	…	…	…
セルリー (18)	…	…	…	…	…	…	…	…	…
アスパラガス (19)	…	…	…	26	172	135	59	332	286
カリフラワー (20)	…	…	…	…	…	…	10	165	140
ブロッコリー (21)	725	6,080	5,660	130	906	815	146	1,220	1,070
レタス (22)	…	…	…	…	…	…	84	1,700	1,500
ねぎ (23)	607	11,700	10,700	144	1,920	1,300	151	2,070	1,610
にら (24)	…	…	…	…	…	…	…	…	…
たまねぎ (25)	…	…	…	119	2,710	1,600	130	6,340	4,760
にんにく (26)	…	…	…	…	…	…	…	…	…
きゅうり (27)	…	…	…	121	2,870	1,530	74	2,590	2,030
かぼちゃ (28)	…	…	…	…	…	…	113	1,670	1,300
なす (29)	…	…	…	121	1,680	668	124	4,890	4,060
トマト (30)	104	3,800	2,600	101	3,870	3,350	99	5,750	4,880
ピーマン (31)	45	724	376	73	827	433	29	761	568
スイートコーン (32)	78	811	259	…	…	…	…	…	…
さやいんげん (33)	…	…	…	…	…	…	…	…	…
さやえんどう (34)	…	…	…	…	…	…	52	289	154
グリーンピース (35)	…	…	…	…	…	…	12	75	40
そらまめ (36)	55	371	66	…	…	…	…	…	…
えだまめ (37)	…	…	…	…	…	…	…	…	…
しょうが (38)	…	…	…	…	…	…	10	228	184
いちご (39)	…	…	…	…	…	…	…	…	…
メロン (40)	53	1,170	984	…	…	…	13	160	129
すいか (41)	372	18,100	16,600	…	…	…	55	776	474

広島			山口			徳島			
作付面積	収穫量	出荷量	作付面積	収穫量	出荷量	作付面積	収穫量	出荷量	
ha	t	t	ha	t	t	ha	t	t	
438	10,700	5,640	398	10,600	7,530	355	23,300	21,100	(1)
…	…	…	…	…	…	65	2,040	1,810	(2)
…	…	…	…	…	…	981	49,700	45,200	(3)
…	…	…	…	…	…	…	…	…	(4)
…	…	…	203	2,720	2,490	526	4,840	3,950	(5)
519	6,840	1,940	…	…	…	…	…	…	(6)
…	…	…	159	1,110	870	…	…	…	(7)
…	…	…	…	…	…	…	…	…	(8)
231	5,500	1,380	208	5,160	3,250	76	3,170	2,770	(9)
123	1,880	1,620	22	212	136	90	945	790	(10)
442	11,600	8,540	304	7,700	6,610	136	5,820	4,970	(11)
…	…	…	…	…	…	39	441	393	(12)
392	4,510	3,540	204	1,740	1,380	388	2,950	2,640	(13)
10	124	107	…	…	…	25	363	303	(14)
…	…	…	…	…	…	…	…	…	(15)
64	1,070	795	23	292	184	…	…	…	(16)
45	801	468	…	…	…	…	…	…	(17)
…	…	…	…	…	…	…	…	…	(18)
113	1,020	829	…	…	…	…	…	…	(19)
…	…	…	…	…	…	82	1,760	1,610	(20)
36	307	249	113	767	700	955	11,300	10,500	(21)
…	…	…	…	…	…	276	5,960	5,430	(22)
433	7,800	6,500	…	…	…	220	3,230	2,770	(23)
…	…	…	…	…	…	…	…	…	(24)
…	…	…	187	5,650	3,940	…	…	…	(25)
…	…	…	…	…	…	17	150	115	(26)
157	3,970	3,020	131	3,560	2,550	68	7,560	6,570	(27)
170	2,190	1,100	94	642	410	…	…	…	(28)
148	3,380	2,390	132	2,290	1,510	91	6,990	6,150	(29)
185	10,200	9,150	128	3,790	3,200	83	4,820	4,130	(30)
74	1,250	813	33	452	304	29	604	441	(31)
…	…	…	…	…	…	212	2,020	1,600	(32)
100	588	250	…	…	…	…	…	…	(33)
94	663	371	…	…	…	50	299	233	(34)
…	…	…	…	…	…	…	…	…	(35)
…	…	…	…	…	…	42	296	144	(36)
…	…	…	…	…	…	246	1,230	1,040	(37)
…	…	…	…	…	…	9	256	215	(38)
…	…	…	101	2,290	1,900	…	…	…	(39)
…	…	…	…	…	…	…	…	…	(40)
…	…	…	85	1,630	1,090	…	…	…	(41)

4　令和２年産都道府県別・品目別の作付面積、収穫量及び出荷量（続き）

品目	香川			愛媛			高知		
	作付面積	収穫量	出荷量	作付面積	収穫量	出荷量	作付面積	収穫量	出荷量
	ha	t	t	ha	t	t	ha	t	t
だいこん (1)	146	7,030	5,690	…	…	…	…	…	…
かぶ (2)	…	…	…	…	…	…	…	…	…
にんじん (3)	104	3,020	2,430	…	…	…	…	…	…
ごぼう (4)	…	…	…	…	…	…	…	…	…
れんこん (5)	…	…	…	…	…	…	…	…	…
ばれいしょ (6)	…	…	…	…	…	…	…	…	…
さといも (7)	…	…	…	428	9,720	7,050	…	…	…
やまのいも (8)	…	…	…	…	…	…	…	…	…
はくさい (9)	…	…	…	123	4,260	3,240	…	…	…
こまつな (10)	39	340	328	…	…	…	…	…	…
キャベツ (11)	237	10,100	8,930	401	13,000	11,200	…	…	…
ちんげんさい (12)	…	…	…	…	…	…	…	…	…
ほうれんそう (13)	…	…	…	157	1,350	1,010	…	…	…
ふき (14)	…	…	…	16	102	62	…	…	…
みつば (15)	…	…	…	…	…	…	…	…	…
しゅんぎく (16)	…	…	…	23	271	187	…	…	…
みずな (17)	…	…	…	…	…	…	…	…	…
セルリー (18)	11	1,010	816	…	…	…	…	…	…
アスパラガス (19)	84	799	757	47	559	478	…	…	…
カリフラワー (20)	…	…	…	…	…	…	…	…	…
ブロッコリー (21)	1,380	15,700	14,700	144	1,020	813	83	762	722
レタス (22)	734	16,500	15,200	113	1,680	1,470	…	…	…
ねぎ (23)	269	3,460	2,890	154	2,040	1,520	242	2,790	2,550
にら (24)	…	…	…	…	…	…	246	13,700	13,200
たまねぎ (25)	185	8,360	7,300	317	9,220	7,230	…	…	…
にんにく (26)	103	844	681	…	…	…	…	…	…
きゅうり (27)	95	4,160	3,360	222	8,150	7,160	147	24,500	23,200
かぼちゃ (28)	…	…	…	103	1,150	895	…	…	…
なす (29)	69	1,850	1,280	147	3,430	2,530	318	39,300	37,200
トマト (30)	69	3,040	2,440	144	6,680	5,580	74	7,050	6,600
ピーマン (31)	…	…	…	60	1,460	1,120	121	13,000	12,400
スイートコーン (32)	162	2,090	1,880	…	…	…	…	…	…
さやいんげん (33)	16	98	34	89	377	178	20	460	440
さやえんどう (34)	…	…	…	77	324	142	…	…	…
グリーンピース (35)	…	…	…	…	…	…	…	…	…
そらまめ (36)	83	358	145	125	859	636	…	…	…
えだまめ (37)	43	205	120	91	310	187	…	…	…
しょうが (38)	…	…	…	…	…	…	434	17,600	14,200
いちご (39)	85	3,150	2,970	76	2,470	2,250	…	…	…
メロン (40)	…	…	…	…	…	…	…	…	…
すいか (41)	…	…	…	193	3,550	2,550	…	…	…

福岡			佐賀			長崎			
作付面積	収穫量	出荷量	作付面積	収穫量	出荷量	作付面積	収穫量	出荷量	
ha	t	t	ha	t	t	ha	t	t	
315	14,100	11,800	…	…	…	721	50,200	44,900	(1)
104	3,760	3,320	…	…	…	…	…	…	(2)
…	…	…	…	…	…	813	31,300	29,000	(3)
…	…	…	…	…	…	…	…	…	(4)
…	…	…	413	5,120	3,670	…	…	…	(5)
…	…	…	140	2,870	1,840	3,210	84,600	73,700	(6)
219	1,510	852	…	…	…	…	…	…	(7)
…	…	…	…	…	…	…	…	…	(8)
202	6,860	5,490	…	…	…	368	21,000	19,300	(9)
680	12,000	11,700	…	…	…	57	747	667	(10)
690	24,300	21,700	286	8,730	7,350	434	11,700	9,900	(11)
79	1,060	980	…	…	…	…	…	…	(12)
795	10,200	9,300	120	821	585	175	1,580	1,290	(13)
…	…	…	…	…	…	…	…	…	(14)
20	284	271	…	…	…	…	…	…	(15)
179	2,450	2,200	…	…	…	…	…	…	(16)
226	3,590	3,400	…	…	…	…	…	…	(17)
45	3,310	3,150	…	…	…	…	…	…	(18)
89	1,760	1,620	127	2,430	2,260	115	1,930	1,840	(19)
53	981	878	…	…	…	…	…	…	(20)
553	4,400	4,030	72	628	472	931	9,590	8,890	(21)
1,040	17,200	16,500	90	1,720	1,480	973	35,900	32,500	(22)
535	6,650	6,060	265	2,530	1,980	168	2,650	2,320	(23)
19	922	771	…	…	…	28	524	473	(24)
145	4,520	2,590	2,130	124,600	101,000	827	32,800	29,700	(25)
…	…	…	…	…	…	…	…	…	(26)
168	9,660	8,780	157	14,600	13,500	132	6,780	6,080	(27)
…	…	…	70	689	482	435	5,310	4,450	(28)
230	16,700	15,500	60	3,360	2,760	78	1,750	1,420	(29)
206	19,200	17,700	67	3,150	2,720	184	12,300	11,600	(30)
…	…	…	…	…	…	…	…	…	(31)
…	…	…	…	…	…	…	…	…	(32)
92	652	438	…	…	…	117	665	549	(33)
50	271	149	…	…	…	53	551	447	(34)
21	160	95	…	…	…	…	…	…	(35)
51	379	272	…	…	…	43	533	445	(36)
…	…	…	…	…	…	…	…	…	(37)
…	…	…	…	…	…	66	1,270	820	(38)
435	16,400	15,600	175	7,560	6,920	268	10,500	10,100	(39)
…	…	…	…	…	…	…	…	…	(40)
101	2,150	1,610	…	…	…	244	8,640	7,570	(41)

4　令和２年産都道府県別・品目別の作付面積、収穫量及び出荷量（続き）

品目		熊本			大分			宮崎		
		作付面積	収穫量	出荷量	作付面積	収穫量	出荷量	作付面積	収穫量	出荷量
		ha	t	t	ha	t	t	ha	t	t
だいこん	(1)	832	23,600	19,700	375	13,200	9,320	1,750	68,300	61,300
かぶ	(2)	…	…	…	…	…	…	…	…	…
にんじん	(3)	590	17,300	15,400	137	2,730	2,060	462	14,400	12,900
ごぼう	(4)	258	3,350	2,850	…	…	…	581	10,200	9,280
れんこん	(5)	174	2,000	1,420	…	…	…	…	…	…
ばれいしょ	(6)	578	11,000	8,180	…	…	…	447	11,200	10,500
さといも	(7)	467	4,860	3,390	258	2,610	1,560	897	13,400	11,100
やまのいも	(8)	…	…	…	…	…	…	…	…	…
はくさい	(9)	404	17,500	15,300	415	24,400	21,400	244	11,000	9,830
こまつな	(10)	…	…	…	…	…	…	…	…	…
キャベツ	(11)	1,370	41,200	37,900	513	15,900	14,400	613	21,500	19,700
ちんげんさい	(12)	39	807	742	…	…	…	…	…	…
ほうれんそう	(13)	466	5,030	4,480	…	…	…	870	13,700	12,300
ふき	(14)	…	…	…	…	…	…	…	…	…
みつば	(15)	…	…	…	63	926	916	…	…	…
しゅんぎく	(16)	23	230	190	…	…	…	…	…	…
みずな	(17)	…	…	…	…	…	…	…	…	…
セルリー	(18)	…	…	…	…	…	…	…	…	…
アスパラガス	(19)	99	2,200	2,060	13	104	98	…	…	…
カリフラワー	(20)	108	2,390	2,070	…	…	…	…	…	…
ブロッコリー	(21)	492	4,970	4,390	40	432	337	…	…	…
レタス	(22)	605	16,000	15,000	121	2,230	1,910	…	…	…
ねぎ	(23)	242	4,440	3,540	973	17,400	15,900	137	2,240	1,910
にら	(24)	44	1,220	1,140	59	2,960	2,880	96	3,610	3,350
たまねぎ	(25)	318	12,900	10,900	…	…	…	59	1,530	1,340
にんにく	(26)	37	229	172	49	201	158	42	191	185
きゅうり	(27)	279	13,500	12,300	137	2,810	2,270	614	60,700	57,400
かぼちゃ	(28)	147	1,880	1,510	115	1,470	1,020	193	4,010	3,680
なす	(29)	418	34,200	31,600	115	1,880	1,290	53	2,430	2,190
トマト	(30)	1,260	135,300	130,500	190	11,200	10,200	213	17,300	16,100
ピーマン	(31)	88	3,250	3,000	115	7,140	6,790	303	26,800	25,400
スイートコーン	(32)	…	…	…	…	…	…	344	4,440	4,200
さやいんげん	(33)	89	783	584	…	…	…	…	…	…
さやえんどう	(34)	…	…	…	47	442	315	…	…	…
グリーンピース	(35)	22	249	233	…	…	…	…	…	…
そらまめ	(36)	31	397	318	…	…	…	…	…	…
えだまめ	(37)	…	…	…	…	…	…	235	1,160	1,030
しょうが	(38)	170	4,850	3,940	…	…	…	82	2,600	2,310
いちご	(39)	305	12,200	11,500	…	…	…	72	2,500	2,350
メロン	(40)	862	24,400	23,100	…	…	…	…	…	…
すいか	(41)	1,290	49,900	47,000	…	…	…	…	…	…

鹿児島			沖縄			
作付面積	収穫量	出荷量	作付面積	収穫量	出荷量	
ha	t	t	ha	t	t	
1,970	86,300	78,100	…	…	…	(1)
…	…	…	…	…	…	(2)
614	19,600	16,900	142	2,570	2,170	(3)
526	6,360	5,880	…	…	…	(4)
…	…	…	…	…	…	(5)
4,270	85,400	78,600	…	…	…	(6)
525	7,560	6,330	9	50	42	(7)
…	…	…	…	…	…	(8)
431	24,800	20,200	…	…	…	(9)
…	…	…	…	…	…	(10)
1,920	72,200	64,900	…	…	…	(11)
30	468	419	69	904	763	(12)
…	…	…	…	…	…	(13)
…	…	…	…	…	…	(14)
…	…	…	…	…	…	(15)
…	…	…	…	…	…	(16)
43	606	531	…	…	…	(17)
…	…	…	…	…	…	(18)
…	…	…	…	…	…	(19)
…	…	…	…	…	…	(20)
450	4,820	4,270	…	…	…	(21)
232	4,630	3,990	259	4,860	4,230	(22)
493	7,130	6,250	…	…	…	(23)
…	…	…	…	…	…	(24)
…	…	…	…	…	…	(25)
47	315	212	…	…	…	(26)
150	10,800	9,430	…	…	…	(27)
682	7,500	6,530	382	3,590	3,190	(28)
72	2,650	1,820	…	…	…	(29)
112	5,050	4,230	58	3,380	2,980	(30)
142	11,800	11,300	39	2,570	2,260	(31)
…	…	…	…	…	…	(32)
219	2,370	2,170	171	2,070	1,910	(33)
420	4,450	3,730	…	…	…	(34)
96	768	668	…	…	…	(35)
254	3,530	3,090	…	…	…	(36)
…	…	…	…	…	…	(37)
90	2,050	1,850	…	…	…	(38)
…	…	…	…	…	…	(39)
…	…	…	…	…	…	(40)
101	2,490	1,890	…	…	…	(41)

5　令和2年産都道府県別の用途別出荷量

(1)　だいこん　　　(2)　にんじん

単位：t

全国農業地域・都道府県	(1) だいこん 出荷量計	(1) だいこん 生食向	(1) だいこん 加工向	(1) だいこん 業務用向	(2) にんじん 出荷量計	(2) にんじん 生食向
全国 (1)	**1,035,000**	**773,300**	**246,100**	**15,600**	**525,900**	**454,600**
(全国農業地域)						
北海道 (2)	138,300	110,000	20,600	7,700	170,900	137,300
都府県 (3)	…	…	…	…	…	…
東北 (4)	153,500	119,300	30,000	4,160	…	…
北陸 (5)	47,100	24,200	22,900	43	…	…
関東・東山 (6)	…	…	…	…	…	…
東海 (7)	…	…	…	…	25,600	23,900
近畿 (8)	…	…	…	…	…	…
中国 (9)	…	…	…	…	…	…
四国 (10)	…	…	…	…	…	…
九州 (11)	…	…	…	…	…	…
沖縄 (12)	…	…	…	…	2,170	2,140
(都道府県)						
北海道 (13)	138,300	110,000	20,600	7,700	170,900	137,300
青森 (14)	105,300	80,200	21,300	3,870	37,000	31,400
岩手 (15)	18,300	15,000	3,180	120	1,400	1,400
宮城 (16)	3,940	3,160	780	-	…	…
秋田 (17)	8,070	5,350	2,710	12	…	…
山形 (18)	8,810	6,810	1,850	154	…	…
福島 (19)	9,030	8,810	218	-	736	735
茨城 (20)	47,100	20,200	26,900	5	22,500	19,100
栃木 (21)	11,200	10,100	1,100	-	…	…
群馬 (22)	22,100	15,000	6,910	218	…	…
埼玉 (23)	19,000	15,500	3,150	369	13,400	13,300
千葉 (24)	137,700	128,500	7,930	1,300	98,000	89,800
東京 (25)	7,790	7,760	29	-	2,640	2,640
神奈川 (26)	68,600	65,500	3,080	-	…	…
新潟 (27)	33,300	12,600	20,700	35	4,240	2,330
富山 (28)	2,610	2,590	17	8	…	…
石川 (29)	6,590	6,480	109	-	364	360
福井 (30)	4,630	2,580	2,050	-	473	473
山梨 (31)	…	…	…	…	…	…
長野 (32)	8,740	5,260	3,480	2	…	…
岐阜 (33)	13,400	12,100	1,260	50	4,770	4,600
静岡 (34)	15,800	12,300	3,510	4	2,190	2,190
愛知 (35)	20,800	19,100	1,670	-	18,100	16,600
三重 (36)	…	…	…	…	494	484
滋賀 (37)	2,170	1,780	387	7	…	…
京都 (38)	…	…	…	…	…	…
大阪 (39)	…	…	…	…	…	…
兵庫 (40)	6,480	6,470	6	0	2,520	2,520
奈良 (41)	1,900	1,860	24	15	…	…
和歌山 (42)	7,030	6,550	483	2	1,930	1,910
鳥取 (43)	…	…	…	…	1,620	1,540
島根 (44)	…	…	…	…	…	…
岡山 (45)	6,870	5,900	944	28	838	772
広島 (46)	5,640	5,330	310	2	…	…
山口 (47)	7,530	6,960	570	-	…	…
徳島 (48)	21,100	20,700	422	-	45,200	44,300
香川 (49)	5,690	5,690	-	-	2,430	2,420
愛媛 (50)	…	…	…	…	…	…
高知 (51)	…	…	…	…	…	…
福岡 (52)	11,800	11,300	423	64	…	…
佐賀 (53)	…	…	…	…	…	…
長崎 (54)	44,900	39,700	5,050	200	29,000	26,900
熊本 (55)	19,700	18,900	777	-	15,400	14,700
大分 (56)	9,320	8,810	76	437	2,060	1,880
宮崎 (57)	61,300	6,470	54,400	433	12,900	4,830
鹿児島 (58)	78,100	39,600	38,000	461	16,900	13,600
沖縄 (59)	…	…	…	…	2,170	2,140
関東農政局 (60)	…	…	…	…	…	…
東海農政局 (61)	…	…	…	…	23,400	21,700
中国四国農政局 (62)	…	…	…	…	…	…

(3) ばれいしょ（じゃがいも）

単位：t　　　　単位：t

加工向	業務用向	出荷量計	生食向	加工向	業務用向	
67,100	4,220	1,857,000	569,000	1,288,000	…	(1)
31,300	2,320	1,553,000	329,000	1,224,000	…	(2)
…	…	…	…	…	…	(3)
…	…	…	…	…	…	(4)
…	…	…	…	…	…	(5)
…	…	…	…	…	…	(6)
1,050	642	…	…	…	…	(7)
…	…	…	…	…	…	(8)
…	…	…	…	…	…	(9)
…	…	…	…	…	…	(10)
…	…	…	…	…	…	(11)
22	8	…	…	…	…	(12)
31,300	2,320	1,553,000	329,000	1,224,000	…	(13)
4,680	848	11,200	7,840	3,360	…	(14)
−	−	…	…	…	…	(15)
…	…	2,020	720	1,300	…	(16)
…	…	…	…	…	…	(17)
…	…	…	…	…	…	(18)
1	−	2,180	2,180	−	…	(19)
3,380	3	35,500	12,000	23,500	…	(20)
…	…	…	…	…	…	(21)
…	…	…	…	…	…	(22)
84	7	…	…	…	…	(23)
8,210	−	23,300	17,000	6,290	…	(24)
−	−	…	…	…	…	(25)
…	…	…	…	…	…	(26)
1,800	108	…	…	…	…	(27)
…	…	…	…	…	…	(28)
4	−	…	…	…	…	(29)
−	−	…	…	…	…	(30)
…	…	…	…	…	…	(31)
…	…	1,440	1,420	22	…	(32)
154	12	…	…	…	…	(33)
−	−	9,900	9,740	158	…	(34)
896	620	…	…	…	…	(35)
−	10	1,190	786	402	…	(36)
…	…	…	…	…	…	(37)
…	…	…	…	…	…	(38)
…	…	…	…	…	…	(39)
−	0	…	…	…	…	(40)
…	…	…	…	…	…	(41)
17	3	…	…	…	…	(42)
76	3	…	…	…	…	(43)
…	…	…	…	…	…	(44)
66	0	543	543	0	…	(45)
…	…	1,940	1,640	294	…	(46)
…	…	…	…	…	…	(47)
914	−	…	…	…	…	(48)
7	−	…	…	…	…	(49)
…	…	…	…	…	…	(50)
…	…	…	…	…	…	(51)
…	…	…	…	…	…	(52)
…	…	1,840	718	1,120	…	(53)
2,130	12	73,700	71,900	1,850	…	(54)
678	−	8,180	4,680	3,500	…	(55)
180	−	…	…	…	…	(56)
7,960	115	10,500	2,830	7,630	…	(57)
3,180	96	78,600	66,600	12,000	…	(58)
22	8	…	…	…	…	(59)
…	…	…	…	…	…	(60)
1,050	642	…	…	…	…	(61)
…	…	…	…	…	…	(62)

5 令和2年産都道府県別の用途別出荷量（続き）

(4) さといも　　　　　(5) はくさい

単位：t

全国農業地域・都道府県		(4) さといも 出荷量計	生食向	加工向	業務用向	(5) はくさい 出荷量計	生食向
全国	(1)	92,400	87,600	4,750	24	741,100	694,400
(全国農業地域)							
北海道	(2)	…	…	…	…	24,100	21,600
都府県	(3)	…	…	…	…	…	…
東北	(4)	…	…	…	…	21,500	20,200
北陸	(5)	…	…	…	…	…	…
関東・東山	(6)	…	…	…	…	…	…
東海	(7)	6,710	6,710	1	1	…	…
近畿	(8)	…	…	…	…	…	…
中国	(9)	…	…	…	…	…	…
四国	(10)	…	…	…	…	…	…
九州	(11)	…	…	…	…	…	…
沖縄	(12)	42	32	0	10	…	…
(都道府県)							
北海道	(13)	…	…	…	…	24,100	21,600
青森	(14)	…	…	…	…	3,650	3,640
岩手	(15)	376	376	-	-	3,680	3,340
宮城	(16)	…	…	…	…	3,560	3,080
秋田	(17)	…	…	…	…	2,380	2,300
山形	(18)	917	814	101	2	2,610	2,340
福島	(19)	830	830	-	-	5,600	5,490
茨城	(20)	1,390	1,340	46	-	230,900	225,800
栃木	(21)	4,890	4,890	-	-	15,400	13,800
群馬	(22)	1,390	1,390	-	-	23,500	21,500
埼玉	(23)	13,000	13,000	12	-	18,100	14,000
千葉	(24)	12,100	12,100	10	-	5,550	5,550
東京	(25)	2,290	2,290	-	-	…	…
神奈川	(26)	3,510	3,510	-	-	…	…
新潟	(27)	3,070	3,060	10	-	4,320	4,320
富山	(28)	705	695	4	6	980	960
石川	(29)	…	…	…	…	…	…
福井	(30)	1,380	1,270	110	-	…	…
山梨	(31)	…	…	…	…	…	…
長野	(32)	…	…	…	…	200,800	183,400
岐阜	(33)	1,180	1,180	-	-	4,130	4,020
静岡	(34)	2,440	2,440	1	-	…	…
愛知	(35)	2,360	2,360	-	-	19,600	19,000
三重	(36)	728	727	-	1	5,650	3,960
滋賀	(37)	…	…	…	…	3,080	2,410
京都	(38)	…	…	…	…	…	…
大阪	(39)	746	738	8		…	…
兵庫	(40)	…	…	…	…	16,000	15,900
奈良	(41)	…	…	…	…	…	…
和歌山	(42)	…	…	…	…	7,730	7,160
鳥取	(43)	…	…	…	…	1,970	1,970
島根	(44)	…	…	…	…	…	…
岡山	(45)	…	…	…	…	11,200	9,230
広島	(46)	…	…	…	…	1,380	1,380
山口	(47)	870	870	-	-	3,250	3,250
徳島	(48)	…	…	…	…	2,770	2,700
香川	(49)	…	…	…	…	…	…
愛媛	(50)	7,050	6,730	321	-	3,240	3,240
高知	(51)	…	…	…	…	…	…
福岡	(52)	852	852	-	-	5,490	5,410
佐賀	(53)	…	…	…	…	…	…
長崎	(54)	…	…	…	…	19,300	18,900
熊本	(55)	3,390	3,380	7	-	15,300	15,300
大分	(56)	1,560	1,510	50	-	21,400	20,600
宮崎	(57)	11,100	7,220	3,880	-	9,830	9,200
鹿児島	(58)	6,330	6,330	5	-	20,200	16,700
沖縄	(59)	42	32	0	10	…	…
関東農政局	(60)	…	…	…	…	…	…
東海農政局	(61)	4,270	4,270	-	1	29,400	27,000
中国四国農政局	(62)	…	…	…	…	…	…

(6) キャベツ

単位：t　　　　　　　　　　　　　　　　単位：t

加工向	業務用向	出荷量計	生食向	加工向	業務用向	
40,000	6,710	1,293,000	1,057,000	159,900	75,700	(1)
2,460	12	56,100	28,900	26,900	298	(2)
…	…	…	…	…	…	(3)
1,100	185	…	…	…	…	(4)
…	…	…	…	…	…	(5)
…	…	…	…	…	…	(6)
…	…	274,800	222,100	29,400	23,300	(7)
…	…	…	…	…	…	(8)
…	…	33,500	23,500	8,610	1,350	(9)
…	…	…	…	…	…	(10)
…	…	175,900	141,700	28,200	6,000	(11)
…	…	…	…	…	…	(12)
2,460	12	56,100	28,900	26,900	298	(13)
6	0	15,100	10,600	4,420	84	(14)
339	-	28,500	25,400	2,370	778	(15)
476	-	4,620	3,960	655	3	(16)
50	34	4,950	3,950	1,000	-	(17)
230	45	…	…	…	…	(18)
-	106	3,290	3,230	-	57	(19)
5,060	-	99,800	86,500	12,300	1,070	(20)
1,560	-	…	…	…	…	(21)
1,400	627	231,700	182,800	10,900	38,000	(22)
4,000	60	14,800	11,600	2,770	446	(23)
-	-	111,800	108,300	3,490	-	(24)
…	…	6,310	6,310	-	-	(25)
…	…	63,300	63,000	299	-	(26)
0	0	…	…	…	…	(27)
12	8	1,830	854	767	209	(28)
…	…	…	…	…	…	(29)
…	…	2,890	210	2,680	-	(30)
…	…	2,800	1,830	549	419	(31)
12,200	5,210	56,300	49,400	3,700	3,230	(32)
106	-	2,940	2,940	-	-	(33)
…	…	15,900	9,620	4,850	1,430	(34)
484	152	247,600	203,200	23,200	21,200	(35)
1,690	1	8,310	6,260	1,370	679	(36)
588	82	9,130	2,420	6,600	106	(37)
…	…	5,430	4,890	533	7	(38)
…	…	9,400	8,860	409	136	(39)
80	1	23,700	20,800	2,900	20	(40)
…	…	…	…	…	…	(41)
551	24	6,530	6,520	-	6	(42)
-	-	2,850	2,850	-	-	(43)
…	…	4,290	2,320	1,950	22	(44)
1,900	71	11,200	6,670	4,450	76	(45)
-	2	8,540	5,810	1,650	1,080	(46)
-	-	6,610	5,890	555	167	(47)
53	19	4,970	3,270	1,700	-	(48)
…	…	8,930	6,140	2,790	-	(49)
-	-	11,200	7,900	3,300	-	(50)
…	…	…	…	…	…	(51)
81	-	21,700	20,300	684	705	(52)
…	…	7,350	4,790	1,790	767	(53)
244	135	9,900	6,790	3,000	109	(54)
-	50	37,900	30,600	4,650	2,700	(55)
779	-	14,400	10,200	4,200	-	(56)
627	-	19,700	13,700	6,000	-	(57)
3,550	-	64,900	55,300	7,860	1,720	(58)
…	…	…	…	…	…	(59)
…	…	…	…	…	…	(60)
2,280	153	258,900	212,400	24,600	21,900	(61)
…	…	…	…	…	…	(62)

5 令和2年産都道府県別の用途別出荷量（続き）

(7) ほうれんそう　　　　(8) レタス

単位：t

全国農業地域・都道府県		(7) ほうれんそう 出荷量計	生食向	加工向	業務用向	(8) レタス 出荷量計	生食向
全国	(1)	182,700	166,500	15,200	971	531,600	459,200
(全国農業地域)							
北海道	(2)	4,190	3,780	338	74	14,000	12,300
都府県	(3)	…	…	…	…	…	…
東北	(4)	…	…	…	…	…	…
北陸	(5)	…	…	…	…	…	…
関東・東山	(6)	…	…	…	…	…	…
東海	(7)	…	…	…	…	…	…
近畿	(8)	…	…	…	…	…	…
中国	(9)	…	…	…	…	…	…
四国	(10)	…	…	…	…	…	…
九州	(11)	…	…	…	…	…	…
沖縄	(12)	…	…	…	…	4,230	3,990
(都道府県)							
北海道	(13)	4,190	3,780	338	74	14,000	12,300
青森	(14)	…	…	…	…	2,030	1,520
岩手	(15)	2,620	2,620	2	-	9,280	7,650
宮城	(16)	1,780	1,780	-	0	…	…
秋田	(17)	1,010	1,010	-	-	…	…
山形	(18)	…	…	…	…	…	…
福島	(19)	1,930	1,810	17	108	…	…
茨城	(20)	14,800	14,100	683	60	88,200	84,200
栃木	(21)	4,930	4,880	55	-	4,930	4,900
群馬	(22)	20,500	20,400	54	30	52,100	32,900
埼玉	(23)	19,000	19,000	-	39	3,260	2,880
千葉	(24)	17,800	17,400	431	-	7,530	7,140
東京	(25)	3,750	3,750	-	-	…	…
神奈川	(26)	7,540	7,540	-	-	…	…
新潟	(27)	…	…	…	…	…	…
富山	(28)	313	312	-	1	…	…
石川	(29)	…	…	…	…	…	…
福井	(30)	564	564	-	-	…	…
山梨	(31)	…	…	…	…	…	…
長野	(32)	2,420	2,380	40	3	175,600	155,000
岐阜	(33)	10,600	10,200	309	115	…	…
静岡	(34)	…	…	…	…	24,900	20,400
愛知	(35)	4,260	4,260	-	-	4,880	4,880
三重	(36)	…	…	…	…	…	…
滋賀	(37)	794	773	8	13	…	…
京都	(38)	4,570	4,500	0	72	…	…
大阪	(39)	…	…	…	…	441	435
兵庫	(40)	2,220	2,220	1	1	27,800	27,700
奈良	(41)	3,000	3,000	1	1	403	403
和歌山	(42)	706	702	4	-	…	…
鳥取	(43)	1,010	1,010	-	-	…	…
島根	(44)	…	…	…	…	…	…
岡山	(45)	…	…	…	…	1,500	1,480
広島	(46)	3,540	3,530	-	10	…	…
山口	(47)	1,380	1,380	-	-	…	…
徳島	(48)	2,640	2,560	77	-	5,430	5,030
香川	(49)	…	…	…	…	15,200	14,400
愛媛	(50)	1,010	1,010	1	-	1,470	1,450
高知	(51)	…	…	…	…	…	…
福岡	(52)	9,300	9,090	134	77	16,500	16,200
佐賀	(53)	585	585	-	-	1,480	1,200
長崎	(54)	1,290	1,240	50	-	32,500	26,000
熊本	(55)	4,480	3,410	1,070	-	15,000	7,470
大分	(56)	…	…	…	…	1,910	1,730
宮崎	(57)	12,300	577	11,500	223	…	…
鹿児島	(58)	…	…	…	…	3,990	2,820
沖縄	(59)	…	…	…	…	4,230	3,990
関東農政局	(60)	…	…	…	…	…	…
東海農政局	(61)	…	…	…	…	…	…
中国四国農政局	(62)	…	…	…	…	…	…

(9) ねぎ

単位：t　　　　単位：t

加工向	業務用向	出荷量計	生食向	加工向	業務用向	
39,300	33,100	364,100	345,800	13,200	5,090	(1)
1,380	322	20,500	20,100	237	137	(2)
…	…	…	…	…	…	(3)
…	…	45,800	43,900	1,200	687	(4)
…	…	10,600	10,400	190	30	(5)
…	…	…	…	…	…	(6)
…	…	17,300	16,300	397	569	(7)
…	…	…	…	…	…	(8)
…	…	…	…	…	…	(9)
…	…	9,730	7,850	1,760	124	(10)
…	…	38,000	36,900	693	415	(11)
110	131	…	…	…	…	(12)
1,380	322	20,500	20,100	237	137	(13)
263	251	9,450	9,250	205	-	(14)
283	1,350	5,430	5,360	3	64	(15)
…	…	6,890	6,440	226	228	(16)
…	…	11,500	10,400	735	337	(17)
…	…	6,330	6,290	16	27	(18)
…	…	6,170	6,120	18	31	(19)
3,280	701	43,000	40,600	1,370	1,060	(20)
30	-	9,300	8,880	355	67	(21)
9,050	10,200	15,000	14,600	334	138	(22)
194	190	42,400	41,500	370	487	(23)
387	-	51,500	51,400	145	3	(24)
…	…	…	…	…	…	(25)
…	…	6,940	6,940	-	-	(26)
…	…	6,420	6,240	161	22	(27)
…	…	1,880	1,840	29	8	(28)
…	…	600	600	-	-	(29)
…	…	1,700	1,700	-	-	(30)
…	…	…	…	…	…	(31)
10,500	10,100	9,930	9,490	20	424	(32)
…	…	1,300	1,300	-	3	(33)
3,050	1,410	7,810	6,900	346	564	(34)
-	-	5,640	5,640	-	-	(35)
…	…	2,560	2,510	51	2	(36)
…	…	…	…	…	…	(37)
…	…	6,750	5,080	967	705	(38)
6	-	5,900	3,310	2,570	19	(39)
58	0	3,120	2,170	946	9	(40)
-	-	2,410	1,700	578	136	(41)
…	…	…	…	…	…	(42)
…	…	10,700	10,500	167	3	(43)
…	…	1,300	1,300	2	-	(44)
10	11	1,610	1,450	147	6	(45)
…	…	6,500	6,100	353	45	(46)
…	…	…	…	…	…	(47)
368	32	2,770	1,300	1,460	11	(48)
50	706	2,890	2,530	265	97	(49)
21	-	1,520	1,510	13	-	(50)
…	…	2,550	2,510	24	16	(51)
17	241	6,060	6,050	-	9	(52)
179	102	1,980	1,980	3	-	(53)
5,580	902	2,320	2,270	50	-	(54)
3,970	3,560	3,540	3,540	-	-	(55)
15	169	15,900	15,300	228	406	(56)
…	…	1,910	1,870	43	-	(57)
-	1,170	6,250	5,880	369	-	(58)
110	131	…	…	…	…	(59)
…	…	…	…	…	…	(60)
…	…	9,500	9,440	51	5	(61)
…	…	…	…	…	…	(62)

5 令和2年産都道府県別の用途別出荷量（続き）

(10) たまねぎ　　(11) きゅうり

単位：t

全国農業地域・都道府県	(10) たまねぎ 出荷量計	生食向	加工向	業務用向	(11) きゅうり 出荷量計	生食向
全国 (1)	1,218,000	963,800	234,100	20,100	468,000	462,900
(全国農業地域)						
北海道 (2)	839,600	625,700	200,500	13,400	14,700	14,300
都府県 (3)	…	…	…	…	…	…
東北 (4)	…	…	…	…	76,000	74,500
北陸 (5)	…	…	…	…	…	…
関東・東山 (6)	…	…	…	…	…	…
東海 (7)	40,100	36,600	3,000	545	…	…
近畿 (8)	…	…	…	…	12,300	12,000
中国 (9)	…	…	…	…	…	…
四国 (10)	…	…	…	…	40,300	39,900
九州 (11)	…	…	…	…	109,800	109,200
沖縄 (12)	…	…	…	…	…	…
(都道府県)						
北海道 (13)	839,600	625,700	200,500	13,400	14,700	14,300
青森 (14)	…	…	…	…	5,010	4,930
岩手 (15)	…	…	…	…	10,700	10,500
宮城 (16)	…	…	…	…	10,200	10,100
秋田 (17)	…	…	…	…	6,050	6,050
山形 (18)	…	…	…	…	9,580	9,380
福島 (19)	…	…	…	…	34,500	33,600
茨城 (20)	4,140	2,570	1,570	-	22,200	21,600
栃木 (21)	10,600	10,100	385	153	9,620	9,620
群馬 (22)	7,400	5,920	1,480	-	50,100	49,700
埼玉 (23)	3,950	2,860	77	1,010	41,700	41,500
千葉 (24)	4,220	4,210	15	-	24,900	24,900
東京 (25)	…	…	…	…	…	…
神奈川 (26)	…	…	…	…	9,940	9,940
新潟 (27)	…	…	…	…	5,090	4,860
富山 (28)	7,120	5,740	1,380	2	606	606
石川 (29)	…	…	…	…	1,410	1,410
福井 (30)	…	…	…	…	…	…
山梨 (31)	…	…	…	…	3,760	3,760
長野 (32)	2,460	1,910	191	360	10,200	9,840
岐阜 (33)	1,700	1,360	312	25	3,950	3,950
静岡 (34)	11,400	11,100	230	113	…	…
愛知 (35)	25,400	22,800	2,250	348	11,800	11,700
三重 (36)	1,630	1,370	204	59	1,080	1,070
滋賀 (37)	…	…	…	…	2,210	2,210
京都 (38)	…	…	…	…	3,350	3,170
大阪 (39)	3,490	3,320	140	30	1,530	1,530
兵庫 (40)	89,700	83,000	6,580	135	1,470	1,440
奈良 (41)	…	…	…	…	1,540	1,520
和歌山 (42)	3,970	3,210	720	38	2,200	2,180
鳥取 (43)	…	…	…	…	…	…
島根 (44)	1,600	1,530	55	20	1,530	1,520
岡山 (45)	4,760	2,430	2,330	-	2,030	2,020
広島 (46)	…	…	…	…	3,020	3,020
山口 (47)	3,940	3,940	4	1	2,550	2,550
徳島 (48)	…	…	…	…	6,570	6,570
香川 (49)	7,300	6,370	900	30	3,360	3,360
愛媛 (50)	7,230	2,880	4,190	160	7,160	7,040
高知 (51)	…	…	…	…	23,200	22,900
福岡 (52)	2,590	2,590	-	-	8,780	8,750
佐賀 (53)	101,000	95,400	3,750	1,860	13,500	13,500
長崎 (54)	29,700	24,500	3,760	1,470	6,080	5,630
熊本 (55)	10,900	10,700	160	-	12,300	12,300
大分 (56)	…	…	…	…	2,270	2,270
宮崎 (57)	1,340	1,170	138	30	57,400	57,400
鹿児島 (58)	…	…	…	…	9,430	9,430
沖縄 (59)	…	…	…	…	…	…
関東農政局 (60)	…	…	…	…	…	…
東海農政局 (61)	28,700	25,500	2,770	432	16,800	16,700
中国四国農政局 (62)	…	…	…	…	…	…

(12) なす

単位：t　　　　　　　　　　　　　　　単位：t

加工向	業務用向	出荷量計	生食向	加工向	業務用向	
4,100	**1,030**	**236,400**	**233,700**	**2,520**	**216**	(1)
145	253	…	…	…	…	(2)
…	…	…	…	…	…	(3)
1,490	14	…	…	…	…	(4)
…	…	…	…	…	…	(5)
…	…	…	…	…	…	(6)
…	…	…	…	…	…	(7)
222	34	…	…	…	…	(8)
…	…	…	…	…	…	(9)
382	−	47,200	47,200	24	−	(10)
574	2	56,600	56,500	91	5	(11)
…	…	…	…	…	…	(12)
145	253	…	…	…	…	(13)
85	−	…	…	…	…	(14)
190	−	1,770	1,770	−	−	(15)
117	−	1,320	1,300	11	9	(16)
−	−	2,000	1,950	48	−	(17)
197	−	2,980	2,700	280	−	(18)
896	14	2,350	2,350	2	−	(19)
38	520	15,800	15,700	49	60	(20)
−	−	11,500	11,100	440	−	(21)
438	12	23,700	23,600	134	−	(22)
194	−	7,340	7,230	114	−	(23)
4	−	4,740	4,740	−	−	(24)
…	…	…	…	…	…	(25)
−	−	3,090	3,090	−	−	(26)
235	−	1,940	1,610	284	43	(27)
−	−	430	428	2	−	(28)
−	−	…	…	…	…	(29)
…	…	437	437	−	−	(30)
−	−	4,490	4,480	6	−	(31)
190	173	724	724	−	−	(32)
−	−	1,360	1,360	−	−	(33)
…	…	…	…	…	…	(34)
56	5	10,900	10,900	27	−	(35)
14	−	1,070	1,070	−	−	(36)
−	4	857	818	39	−	(37)
172	4	6,410	6,100	307	3	(38)
2	2	6,520	6,120	395	6	(39)
30	1	1,020	1,020	0	0	(40)
0	20	4,310	4,190	62	54	(41)
18	3	…	…	…	…	(42)
…	…	…	…	…	…	(43)
10	−	668	661	7	−	(44)
7	2	4,060	3,940	118	1	(45)
−	−	2,390	2,360	1	30	(46)
−	−	1,510	1,510	−	−	(47)
−	−	6,150	6,150	4	−	(48)
5	−	1,280	1,260	20	−	(49)
123	−	2,530	2,530	−	−	(50)
254	−	37,200	37,200	−	−	(51)
32	2	15,500	15,400	58	−	(52)
−	−	2,760	2,760	2	−	(53)
447	−	1,420	1,420	−	−	(54)
50	−	31,600	31,600	31	5	(55)
−	−	1,290	1,290	−	−	(56)
45	−	2,190	2,190	−	−	(57)
−	−	1,820	1,820	−	−	(58)
…	…	…	…	…	…	(59)
…	…	…	…	…	…	(60)
70	5	13,300	13,300	27	−	(61)
…	…	…	…	…	…	(62)

5　令和２年産都道府県別の用途別出荷量（続き）

(13)　トマト　　　　　　　　　　　　　　(14)　ピーマン

単位：t

全国農業地域・都道府県	(13) トマト 出荷量計	生食向	加工向	業務用向	(14) ピーマン 出荷量計	生食向
全国 (1)	**640,900**	**613,900**	**24,100**	**2,880**	**127,400**	**127,200**
（全国農業地域）						
北海道 (2)	61,100	58,000	2,690	380	5,210	5,030
都府県 (3)	…	…	…	…	…	…
東北 (4)	67,400	64,500	2,360	585	…	…
北陸 (5)	10,700	10,300	378	12	…	…
関東・東山 (6)	…	…	…	…	…	…
東海 (7)	82,400	81,400	923	99	…	…
近畿 (8)	…	…	…	…	…	…
中国 (9)	23,200	23,100	100	12	2,490	2,490
四国 (10)	18,800	18,800	21	−	…	…
九州 (11)	193,100	191,500	131	1,490	…	…
沖縄 (12)	2,980	2,970	6	8	2,260	2,250
（都道府県）						
北海道 (13)	61,100	58,000	2,690	380	5,210	5,030
青森 (14)	16,700	16,700	38	−	3,450	3,440
岩手 (15)	7,920	6,960	958	−	7,080	7,080
宮城 (16)	7,970	7,430	316	228	…	…
秋田 (17)	5,880	5,730	152	−	282	282
山形 (18)	8,460	8,020	429	13	617	616
福島 (19)	20,500	19,700	462	344	2,450	2,450
茨城 (20)	39,600	29,300	10,300	3	30,600	30,600
栃木 (21)	29,600	28,700	841	16	…	…
群馬 (22)	18,900	18,100	736	114	…	…
埼玉 (23)	13,300	13,300	10	2	…	…
千葉 (24)	26,900	26,900	10	−	1,430	1,430
東京 (25)	…	…	…	…	…	…
神奈川 (26)	11,500	11,500	−	−	…	…
新潟 (27)	5,390	5,090	292	12	339	337
富山 (28)	855	821	34	−	…	…
石川 (29)	2,600	2,580	21	−	…	…
福井 (30)	1,900	1,870	31	−	…	…
山梨 (31)	5,970	5,950	18	−	…	…
長野 (32)	11,100	5,630	5,470	−	1,290	1,290
岐阜 (33)	21,500	20,800	599	60	339	339
静岡 (34)	12,200	12,100	99	−	…	…
愛知 (35)	40,500	40,300	205	39	372	372
三重 (36)	8,240	8,220	20	−	226	226
滋賀 (37)	2,290	2,200	3	88	…	…
京都 (38)	3,620	3,580	8	36	1,600	1,590
大阪 (39)	…	…	…	…	…	…
兵庫 (40)	6,960	6,950	10	2	1,450	1,450
奈良 (41)	3,140	3,090	32	21	…	…
和歌山 (42)	3,250	3,230	20	−	1,080	1,080
鳥取 (43)	2,600	2,580	10	10	376	376
島根 (44)	3,350	3,310	40	−	433	433
岡山 (45)	4,880	4,870	12	2	568	568
広島 (46)	9,150	9,150	1	−	813	813
山口 (47)	3,200	3,160	37	−	304	304
徳島 (48)	4,130	4,130	−	−	441	441
香川 (49)	2,440	2,440	−	−	…	…
愛媛 (50)	5,580	5,560	21	−	1,120	1,120
高知 (51)	6,600	6,600	−	−	12,400	12,400
福岡 (52)	17,700	16,400	32	1,240	…	…
佐賀 (53)	2,720	2,720	−	−	…	…
長崎 (54)	11,600	11,400	10	171	…	…
熊本 (55)	130,500	130,500	33	−	3,000	3,000
大分 (56)	10,200	10,100	42	17	6,790	6,790
宮崎 (57)	16,100	16,000	14	50	25,400	25,300
鹿児島 (58)	4,230	4,220	−	15	11,300	11,300
沖縄 (59)	2,980	2,970	6	8	2,260	2,250
関東農政局 (60)	…	…	…	…	…	…
東海農政局 (61)	70,200	69,300	824	99	937	937
中国四国農政局 (62)	41,900	41,800	121	12	…	…

単位：t

加工向	業務用向	
56	**182**	(1)
20	156	(2)
…	…	(3)
…	…	(4)
…	…	(5)
…	…	(6)
…	…	(7)
…	…	(8)
-	-	(9)
…	…	(10)
…	…	(11)
14	1	(12)
20	156	(13)
11	-	(14)
-	-	(15)
…	…	(16)
-	-	(17)
1	-	(18)
-	1	(19)
4	1	(20)
…	…	(21)
…	…	(22)
…	…	(23)
-	-	(24)
…	…	(25)
…	…	(26)
2	-	(27)
…	…	(28)
…	…	(29)
…	…	(30)
…	…	(31)
-	1	(32)
-	-	(33)
-	-	(34)
-	-	(35)
-	-	(36)
…	…	(37)
4	5	(38)
…	…	(39)
-	0	(40)
…	…	(41)
-	-	(42)
-	-	(43)
-	-	(44)
-	-	(45)
-	-	(46)
-	-	(47)
-	-	(48)
…	…	(49)
-	-	(50)
-	-	(51)
…	…	(52)
…	…	(53)
…	…	(54)
…	-	(55)
-	1	(56)
-	16	(57)
-	-	(58)
14	1	(59)
…	…	(60)
-	-	(61)
…	…	(62)

6 令和２年産市町村別の作付面積、収穫量及び出荷量

(1) だいこん

ア 春だいこん

主要産地市町村	作付面積	収穫量	出荷量
	ha	t	t
北海道			
七飯町	98	5,100	4,880
青森県			
三沢市	41	2,130	1,850
栃木県			
小山市	11	528	475
下野市	4	220	210
野木町	2	91	85
埼玉県			
川越市	19	1,010	928
所沢市	11	559	453
狭山市	14	1,170	1,040
三芳町	9	474	441
千葉県			
銚子市	444	23,500	23,100
東金市	1	46	36
旭市	64	3,390	3,120
市原市	72	5,620	5,450
山武市	5	235	189
大網白里市	1	47	43
九十九里町	1	47	43
芝山町	2	92	81
横芝光町	1	47	43
愛知県			
江南市	20	924	877
愛西市	43	2,030	1,890
山口県			
萩市	36	1,220	1,080
香川県			
坂出市	44	2,960	2,730
長崎県			
島原市	177	13,200	12,600
雲仙市	40	3,670	3,490
熊本県			
大津町	15	325	260
南小国町	5	157	139
小国町	39	1,110	1,020

イ 夏だいこん

主要産地市町村	作付面積	収穫量	出荷量
	ha	t	t
北海道			
函館市	19	969	918
旭川市	3	86	61
帯広市	385	18,500	17,700
網走市	x	x	x
千歳市	30	1,200	1,090
富良野市	4	139	116
恵庭市	92	5,270	5,000
北広島市	27	1,280	1,060
七飯町	8	400	373
厚沢部町	15	750	704
乙部町	4	216	208
今金町	20	900	859
ニセコ町	5	218	206
真狩村	159	9,710	9,230
留寿都村	268	16,300	15,500
喜茂別町	3	164	156
京極町	4	212	202
倶知安町	2	100	95
東神楽町	2	68	58
上川町	69	3,070	2,850
上富良野町	x	x	x
南富良野町	16	771	732
芽室町	48	2,350	2,260
大樹町	49	2,190	2,100
広尾町	x	x	x
幕別町	179	7,980	7,660
豊頃町	3	146	141
浦幌町	26	1,290	1,240
釧路町	100	5,610	5,330
標茶町	137	6,770	6,460
鶴居村	x	x	x
中標津町	82	4,430	4,080
青森県			
黒石市	38	1,650	1,550
三沢市	87	3,220	2,630
むつ市	65	3,120	2,940
平川市	52	2,750	2,450
東北町	98	4,060	3,650
六ヶ所村	148	6,760	6,200
おいらせ町	159	7,790	7,150
東通村	23	1,310	1,220
五戸町	18	735	600
新郷村	32	1,360	1,170
岩手県			
盛岡市	6	153	88
宮古市	16	302	215
八幡平市	37	1,100	1,030
滝沢市	67	2,750	2,640
雫石町	30	1,290	1,180
葛巻町	35	994	880
岩手町	93	2,810	2,710
岩泉町	3	68	56
田野畑村	13	269	211
栃木県			
日光市	5	100	90
那須塩原市	31	685	640
塩谷町	3	61	40

注：1 野菜指定産地（令和２年５月８日農林水産省告示第931号）に包括されている市町村並びにばれいしょの北海道については全市町村を対象に調査を行った。
2 ばれいしょは季節別に調査を実施していることから、品目計と季節別に掲載した。
3 秋植えばれいしょのうち北海道、青森県及び千葉県は、当該市町村において作付けがなかったことから掲載していない。

ウ　秋冬だいこん

主要産地 市町村	作付面積	収穫量	出荷量
	ha	t	t
群馬県			
沼田市	70	2,740	2,520
片品村	126	5,050	4,420
長野県			
諏訪市	3	77	66
茅野市	27	621	579
岐阜県			
高山市	11	441	371
飛騨市	2	75	47
郡上市	114	5,250	4,970
兵庫県			
養父市	8	152	134
香美町	0	6	1
新温泉町	16	1,070	1,010
岡山県			
真庭市	36	1,480	1,320
広島県			
庄原市	40	794	643
山口県			
萩市	31	555	451
熊本県			
南小国町	10	219	204
小国町	36	680	574
北海道			
函館市	35	1,650	1,500
千歳市	9	464	429
恵庭市	36	2,060	1,910
北広島市	17	828	766
七飯町	10	428	353
厚沢部町	18	882	777
今金町	5	240	225
せたな町	1	58	52
青森県			
おいらせ町	160	7,520	6,900
福島県			
南相馬市	13	380	317
浪江町	-	-	-
千葉県			
銚子市	529	39,200	34,400
成田市	48	2,640	1,940
旭市	75	5,720	5,200
市原市	100	8,200	7,790
袖ヶ浦市	76	4,070	3,740
八街市	28	1,290	1,200
富里市	34	1,730	1,610
香取市	25	1,450	1,290
多古町	23	1,440	1,240
神奈川県			
横須賀市	16	1,270	1,180
三浦市	656	56,700	52,700
新潟県			
新潟市	465	24,600	22,600
石川県			
金沢市	63	3,500	3,080
羽咋市	28	903	760
かほく市	13	438	323
内灘町	16	928	843
志賀町	7	147	41
福井県			
福井市	19	388	166
あわら市	54	1,570	1,470
坂井市	56	1,410	1,300
岐阜県			
岐阜市	33	990	730
静岡県			
御前崎市	24	1,070	845
牧之原市	34	1,660	1,340
吉田町	1	43	34
滋賀県			
高島市	12	376	260

6 令和２年産市町村別の作付面積、収穫量及び出荷量（続き）

(1) だいこん（続き）

ウ 秋冬だいこん（続き）

主要産地市町村	作付面積	収穫量	出荷量
	ha	t	t
兵庫県			
たつの市	60	2,160	1,820
奈良県			
桜井市	8	406	318
宇陀市	12	406	292
御杖村	1	22	1
和歌山県			
和歌山市	66	5,380	5,080
岡山県			
真庭市	36	1,420	1,040
広島県			
庄原市	35	877	640
山口県			
萩市	65	1,980	1,790
徳島県			
徳島市	14	837	804
鳴門市	201	14,300	13,100
吉野川市	27	1,600	1,440
阿波市	34	1,960	1,610
松茂町	25	1,850	1,720
北島町	4	187	162
板野町	4	228	194
香川県			
坂出市	45	2,470	2,430
福岡県			
福岡市	55	4,520	4,110
糸島市	16	884	713
長崎県			
島原市	221	20,000	18,200
雲仙市	56	4,870	4,160
熊本県			
大津町	16	504	367
南小国町	7	276	253
小国町	50	1,650	1,500
鹿児島県			
大崎町	310	13,700	13,200

(2) にんじん

ア 春夏にんじん

主要産地市町村	作付面積	収穫量	出荷量
	ha	t	t
北海道			
七飯町	146	5,110	4,840
青森県			
三沢市	203	6,980	6,610
七戸町	1	27	22
六戸町	127	4,650	4,420
東北町	21	710	670
六ヶ所村	10	321	231
おいらせ町	211	8,290	7,920
埼玉県			
熊谷市	63	2,330	2,220
深谷市	37	1,330	1,250
千葉県			
千葉市	27	972	914
船橋市	107	3,480	3,340
成田市	63	2,390	2,300
東金市	4	141	117
習志野市	17	612	581
八千代市	30	1,080	1,040
八街市	43	1,630	1,570
富里市	32	1,220	1,160
香取市	25	875	846
山武市	27	980	955
神崎町	2	70	63
多古町	23	828	803
芝山町	12	438	428
新潟県			
新潟市	20	365	336
新発田市	1	15	13
胎内市	5	158	157
聖籠町	1	13	9
岐阜県			
各務原市	58	2,650	2,570
静岡県			
掛川市	27	926	791
兵庫県			
たつの市	48	2,090	2,010
徳島県			
徳島市	65	3,210	2,980
鳴門市	6	223	207
阿南市	35	1,330	1,220
吉野川市	79	3,630	3,380
阿波市	13	541	493
美馬市	11	341	300
石井町	21	873	795
藍住町	305	16,300	15,000
板野町	344	18,900	17,600
上板町	70	3,350	3,050
つるぎ町	2	59	40

イ　秋にんじん

主要産地市町村	作付面積	収穫量	出荷量
	ha	t	t
長崎県			
島原市	232	9,820	9,170
雲仙市	20	929	772
南島原市	2	26	20
熊本県			
大津町	8	216	196
菊陽町	91	2,670	2,370
沖縄県			
糸満市	24	524	460
北海道			
函館市	79	2,370	2,280
帯広市	171	5,400	5,040
北見市	51	2,240	2,110
岩見沢市	31	1,110	1,080
網走市	16	719	663
美唄市	1	33	32
江別市	28	1,280	1,170
千歳市	1	34	29
富良野市	148	5,780	5,390
恵庭市	31	1,220	1,120
北広島市	16	501	398
石狩市	45	1,580	1,550
北斗市	20	580	553
七飯町	7	203	178
今金町	35	861	829
せたな町	-	-	-
ニセコ町	33	1,850	1,730
真狩村	173	8,790	8,240
留寿都村	71	3,990	3,740
京極町	155	6,050	5,670
倶知安町	38	1,700	1,600
上富良野町	14	352	319
中富良野町	77	3,810	3,560
南富良野町	397	18,900	17,600
美幌町	407	20,400	19,000
津別町	x	x	x
斜里町	440	20,700	19,000
清里町	17	778	728
小清水町	151	6,520	6,000
訓子府町	x	x	x
置戸町	-	-	-
大空町	76	3,820	3,600
豊浦町	22	770	720
洞爺湖町	55	1,780	1,660
音更町	497	16,100	15,000
新得町	49	1,490	1,390
芽室町	116	3,590	3,350
幕別町	488	20,000	18,600
足寄町	13	486	453
青森県			
黒石市	11	308	235
平川市	76	2,910	2,720
七戸町	1	20	18
東北町	11	366	348
六ヶ所村	14	417	372

6　令和2年産市町村別の作付面積、収穫量及び出荷量（続き）

(2)　にんじん（続き）

ウ　冬にんじん

主要産地 市町村	作付 面積	収穫量	出荷量
	ha	t	t
青森県			
おいらせ町	52	1,800	1,720
茨城県			
水戸市	15	439	380
鉾田市	294	8,910	7,890
茨城町	44	1,240	1,070
城里町	-	-	-
埼玉県			
川越市	18	637	541
所沢市	74	2,740	2,080
狭山市	18	630	466
入間市	2	72	36
朝霞市	47	1,460	1,270
志木市	2	68	54
和光市	14	462	421
新座市	46	1,540	1,390
富士見市	5	170	117
ふじみ野市	5	181	159
三芳町	22	768	630
千葉県			
千葉市	83	2,820	2,620
成田市	99	3,070	2,850
東金市	13	377	325
八街市	551	19,300	17,900
富里市	720	32,400	30,800
香取市	95	3,120	2,910
山武市	283	8,770	8,060
神崎町	3	96	87
多古町	77	2,540	2,410
芝山町	248	7,420	6,840
横芝光町	15	462	405
新潟県			
新潟市	45	822	509
新発田市	4	67	20
胎内市	43	1,110	1,020
聖籠町	3	60	18
石川県			
小松市	17	194	173
岐阜県			
各務原市	51	1,180	955
愛知県			
碧南市	187	11,600	11,000
西尾市	43	1,910	1,790
愛西市	23	968	897
鳥取県			
米子市	37	1,150	1,050
境港市	2	43	40
香川県			
坂出市	65	1,910	1,810
長崎県			
島原市	219	9,820	9,380
諫早市	242	7,990	7,360
大村市	27	950	895
雲仙市	19	817	698
南島原市	3	45	33
熊本県			
大津町	60	1,750	1,490
菊陽町	133	3,790	3,300
鹿児島県			
枕崎市	18	576	472
指宿市	27	864	734
南さつま市	10	310	264
志布志市	112	3,870	3,400
南九州市	155	5,430	4,610
沖縄県			
糸満市	41	668	574
うるま市	10	133	113

(3) ばれいしょ（じゃがいも）

ア 計

主要産地 市町村	作付 面積	収穫量	出荷量	主要産地 市町村	作付 面積	収穫量	出荷量
	ha	t	t		ha	t	t
北海道				北海道（続き）			
札幌市	x	x	x	喜茂別町	288	10,000	8,300
函館市	350	9,980	9,080	京極町	662	24,100	21,400
小樽市	8	181	155	倶知安町	1,130	38,100	33,200
旭川市	152	5,260	4,940	共和町	249	8,810	8,450
室蘭市	x	x	x	岩内町	1	25	16
釧路市	x	x	x	泊村	0	3	0
帯広市	3,390	106,300	98,100	神恵内村	0	3	0
北見市	1,770	71,100	60,200	積丹町	11	276	238
夕張市	2	48	32	古平町	3	64	58
岩見沢市	57	1,600	977	仁木町	3	69	59
網走市	2,580	99,000	94,700	余市町	3	69	59
留萌市	x	x	x	赤井川村	24	805	731
苫小牧市	x	x	x	南幌町	4	91	69
稚内市	3	41	32	奈井江町	0	5	0
美唄市	4	95	66	上砂川町	0	0	-
芦別市	41	1,320	388	由仁町	165	6,160	2,380
江別市	74	2,740	2,380	長沼町	101	3,500	2,180
赤平市	0	4	0	栗山町	189	6,800	599
紋別市	-	-	-	月形町	8	237	191
士別市	178	4,750	4,160	浦臼町	9	237	215
名寄市	145	4,890	4,190	新十津川町	1	26	6
三笠市	4	108	92	妹背牛町	0	8	0
根室市	-	-	-	秩父別町	0	5	0
千歳市	137	5,430	2,100	雨竜町	0	8	0
滝川市	1	23	11	北竜町	0	8	0
砂川市	0	11	2	沼田町	5	144	134
歌志内市	0	0	-	鷹栖町	1	17	2
深川市	36	1,310	563	東神楽町	5	153	126
富良野市	162	6,290	5,900	当麻町	2	49	29
登別市	-	-	-	比布町	1	14	1
恵庭市	231	8,490	7,020	愛別町	0	5	0
伊達市	48	1,720	1,410	上川町	28	867	818
北広島市	44	1,590	1,200	東川町	x	x	x
石狩市	119	4,050	3,570	美瑛町	785	29,300	25,700
北斗市	30	810	677	上富良野町	377	13,300	11,500
当別町	58	1,760	1,590	中富良野町	107	3,840	3,390
新篠津村	x	x	x	南富良野町	225	7,600	5,480
松前町	3	57	49	占冠村	0	10	2
福島町	3	57	50	和寒町	6	154	128
知内町	3	63	55	剣淵町	172	5,740	5,020
木古内町	3	63	54	下川町	0	5	0
七飯町	19	475	428	美深町	28	862	774
鹿部町	-	-	-	音威子府村	x	x	x
森町	194	6,400	5,830	中川町	x	x	x
八雲町	44	1,270	780	幌加内町	10	277	252
長万部町	1	11	7	増毛町	x	x	x
江差町	45	1,170	1,040	小平町	1	11	6
上ノ国町	15	360	320	苫前町	x	x	x
厚沢部町	394	12,600	4,800	羽幌町	x	x	x
乙部町	20	480	437	初山別村	0	8	6
奥尻町	1	9	2	遠別町	13	255	246
今金町	385	11,200	8,690	天塩町	x	x	x
せたな町	150	4,350	3,300	猿払村	-	-	-
島牧村	0	3	0	浜頓別町	-	-	-
寿都町	x	x	x	中頓別町	x	x	x
黒松内町	92	3,440	1,640	枝幸町	x	x	x
蘭越町	66	2,130	1,670	豊富町	-	-	-
ニセコ町	230	7,360	6,680	礼文町	-	-	-
真狩村	459	14,500	12,300	利尻町	-	-	-
留寿都村	432	15,400	14,900	利尻富士町	-	-	-

6 令和２年産市町村別の作付面積、収穫量及び出荷量（続き）

(3) ばれいしょ（じゃがいも）（続き）

ア 計（続き）

主要産地 市町村	作付 面積	収穫量	出荷量	主要産地 市町村	作付 面積	収穫量	出荷量
	ha	t	t		ha	t	t
北海道（続き）				**青森県**			
幌延町	0	0	−	五所川原市	14	157	108
美幌町	1,330	46,700	42,600	三沢市	91	2,460	2,040
津別町	559	20,600	18,500	中泊町	3	39	31
斜里町	2,650	107,000	97,700	野辺地町	3	75	61
清里町	1,850	74,600	71,200	七戸町	1	20	19
小清水町	2,160	85,000	81,700	六戸町	5	128	114
訓子府町	700	31,100	24,900	横浜町	144	4,460	4,050
置戸町	301	12,700	9,380	東北町	86	2,490	2,180
佐呂間町	x	x	x	六ヶ所村	14	412	370
遠軽町	63	2,490	2,330				
湧別町	46	1,760	1,680	**千葉県**			
滝上町	1	9	9	山武市	9	217	172
興部町	−	−	−	九十九里町	1	22	14
西興部村	−	−	−	芝山町	40	916	777
雄武町	x	x	x	横芝光町	7	156	99
大空町	1,940	77,800	68,000				
豊浦町	33	1,010	961	**静岡県**			
壮瞥町	14	438	400	浜松市	266	6,110	5,450
白老町	−	−	−	三島市	25	565	502
厚真町	62	2,100	1,820	湖西市	37	744	652
洞爺湖町	195	6,340	6,100				
安平町	25	884	830	**三重県**			
むかわ町	87	3,010	2,700	四日市市	24	178	120
日高町	20	697	656				
平取町	x	x	x				
				広島県			
新冠町	x	x	x	竹原市	64	640	87
浦河町	2	18	4	東広島市	126	1,840	708
様似町	0	5	0				
えりも町	0	2	0				
新ひだか町	1	14	4	**佐賀県**			
				唐津市	19	335	234
音更町	2,120	71,500	66,700	玄海町	5	52	17
士幌町	2,120	76,500	70,400				
上士幌町	712	27,200	25,100				
鹿追町	988	29,300	24,700	**長崎県**			
新得町	163	6,060	4,960	諫早市	612	18,800	16,900
				大村市	15	332	288
清水町	853	27,000	24,700	平戸市	39	967	567
芽室町	3,110	102,700	95,700	五島市	22	363	311
中札内村	1,050	43,200	40,300	雲仙市	1,380	38,600	33,800
更別村	1,920	74,000	70,500				
大樹町	283	10,500	6,740	南島原市	910	21,000	18,800
広尾町	40	1,450	1,450				
幕別町	2,430	79,700	74,400	**熊本県**			
池田町	318	10,900	10,000	八代市	108	2,360	2,030
豊頃町	887	33,300	31,100	天草市	24	291	215
本別町	551	19,600	18,800	氷川町	23	429	387
				苓北町	4	60	41
足寄町	130	4,820	4,810				
陸別町	x	x	x				
浦幌町	749	27,000	26,000	**鹿児島県**			
釧路町	−	−	−	西之表市	84	1,930	1,830
厚岸町	−	−	−	いちき串木野市	20	220	169
				長島町	1,040	26,100	23,900
浜中町	−	−	−	錦江町	48	1,170	1,110
標茶町	−	−	−	南大隅町	115	2,650	2,370
弟子屈町	398	14,200	13,400				
鶴居村	−	−	−	中種子町	25	438	402
白糠町	x	x	x	南種子町	16	229	200
				天城町	254	3,400	3,230
別海町	−	−	−	和泊町	612	6,710	6,400
中標津町	342	12,800	10,100	知名町	485	8,020	7,620
標津町	28	882	764				
羅臼町	−	−	−				

イ 春植えばれいしょ

主要産地 市町村	作付 面積	収穫量	出荷量	主要産地 市町村	作付 面積	収穫量	出荷量
	ha	t	t		ha	t	t
北海道				**北海道（続き）**			
札幌市	x	x	x	喜茂別町	288	10,000	8,300
函館市	350	9,980	9,080	京極町	662	24,100	21,400
小樽市	8	181	155	倶知安町	1,130	38,100	33,200
旭川市	152	5,260	4,940	共和町	249	8,810	8,450
室蘭市	x	x	x	岩内町	1	25	16
釧路市	x	x	x	泊村	0	3	0
帯広市	3,390	106,300	98,100	神恵内村	0	3	0
北見市	1,770	71,100	60,200	積丹町	11	276	238
夕張市	2	48	32	古平町	3	64	58
岩見沢市	57	1,600	977	仁木町	3	69	59
網走市	2,580	99,000	94,700	余市町	3	69	59
留萌市	x	x	x	赤井川村	24	805	731
苫小牧市	x	x	x	南幌町	4	91	69
稚内市	3	41	32	奈井江町	0	5	0
美唄市	4	95	66	上砂川町	0	0	−
芦別市	41	1,320	388	由仁町	165	6,160	2,380
江別市	74	2,740	2,380	長沼町	101	3,500	2,180
赤平市	0	4	0	栗山町	189	6,800	599
紋別市	−	−	−	月形町	8	237	191
士別市	178	4,750	4,160	浦臼町	9	237	215
名寄市	145	4,890	4,190	新十津川町	1	26	6
三笠市	4	108	92	妹背牛町	0	8	0
根室市	−	−	−	秩父別町	0	5	0
千歳市	137	5,430	2,100	雨竜町	0	8	0
滝川市	1	23	11	北竜町	0	8	0
砂川市	0	11	2	沼田町	5	144	134
歌志内市	0	0	−	鷹栖町	1	17	2
深川市	36	1,310	563	東神楽町	5	153	126
富良野市	162	6,290	5,900	当麻町	2	49	29
登別市	−	−	−	比布町	1	14	1
恵庭市	231	8,490	7,020	愛別町	0	5	0
伊達市	48	1,720	1,410	上川町	28	867	818
北広島市	44	1,590	1,200	東川町	x	x	x
石狩市	119	4,050	3,570	美瑛町	785	29,300	25,700
北斗市	30	810	677	上富良野町	377	13,300	11,500
当別町	58	1,760	1,590	中富良野町	107	3,840	3,390
新篠津村	x	x	x	南富良野町	225	7,600	5,480
松前町	3	57	49	占冠村	0	10	2
福島町	3	57	50	和寒町	6	154	128
知内町	3	63	55	剣淵町	172	5,740	5,020
木古内町	3	63	54	下川町	0	5	0
七飯町	19	475	428	美深町	28	862	774
鹿部町	−	−	−	音威子府村	x	x	x
森町	194	6,400	5,830	中川町	x	x	x
八雲町	44	1,270	780	幌加内町	10	277	252
長万部町	1	11	7	増毛町	x	x	x
江差町	45	1,170	1,040	小平町	1	11	6
上ノ国町	15	360	320	苫前町	x	x	x
厚沢部町	394	12,600	4,800	羽幌町	x	x	x
乙部町	20	480	437	初山別村	0	8	6
奥尻町	1	9	2	遠別町	13	255	246
今金町	385	11,200	8,690	天塩町	x	x	x
せたな町	150	4,350	3,300	猿払村	−	−	−
島牧村	0	3	0	浜頓別町	−	−	−
寿都町	x	x	x	中頓別町	x	x	x
黒松内町	92	3,440	1,640	枝幸町	x	x	x
蘭越町	66	2,130	1,670	豊富町	−	−	−
ニセコ町	230	7,360	6,680	礼文町	−	−	−
真狩村	459	14,500	12,300	利尻町	−	−	−
留寿都村	432	15,400	14,900	利尻富士町	−	−	−

6 令和２年産市町村別の作付面積、収穫量及び出荷量（続き）

(3) ばれいしょ（じゃがいも）（続き）

イ 春植えばれいしょ（続き）

主要産地 市町村	作付 面積	収穫量	出荷量
	ha	t	t
北海道（続き）			
幌延町	0	0	−
美幌町	1,330	46,700	42,600
津別町	559	20,600	18,500
斜里町	2,650	107,000	97,700
清里町	1,850	74,600	71,200
小清水町	2,160	85,000	81,700
訓子府町	700	31,100	24,900
置戸町	301	12,700	9,380
佐呂間町	x	x	x
遠軽町	63	2,490	2,330
湧別町	46	1,760	1,680
滝上町	1	9	9
興部町	−	−	−
西興部村	−	−	−
雄武町	x	x	x
大空町	1,940	77,800	68,000
豊浦町	33	1,010	961
壮瞥町	14	438	400
白老町	−	−	−
厚真町	62	2,100	1,820
洞爺湖町	195	6,340	6,100
安平町	25	884	830
むかわ町	87	3,010	2,700
日高町	20	697	656
平取町	x	x	x
新冠町	x	x	x
浦河町	2	18	4
様似町	0	5	0
えりも町	0	2	0
新ひだか町	1	14	4
音更町	2,120	71,500	66,700
士幌町	2,120	76,500	70,400
上士幌町	712	27,200	25,100
鹿追町	988	29,300	24,700
新得町	163	6,060	4,960
清水町	853	27,000	24,700
芽室町	3,110	102,700	95,700
中札内村	1,050	43,200	40,300
更別村	1,920	74,000	70,500
大樹町	283	10,500	6,740
広尾町	40	1,450	1,450
幕別町	2,430	79,700	74,400
池田町	318	10,900	10,000
豊頃町	887	33,300	31,100
本別町	551	19,600	18,800
足寄町	130	4,820	4,810
陸別町	x	x	x
浦幌町	749	27,000	26,000
釧路町	−	−	−
厚岸町	−	−	−
浜中町	−	−	−
標茶町	−	−	−
弟子屈町	398	14,200	13,400
鶴居村	−	−	−
白糠町	x	x	x
別海町	−	−	−
中標津町	342	12,800	10,100
標津町	28	882	764
羅臼町	−	−	−

主要産地 市町村	作付 面積	収穫量	出荷量
	ha	t	t
青森県			
五所川原市	14	157	108
三沢市	91	2,460	2,040
中泊町	3	39	31
野辺地町	3	75	61
七戸町	1	20	19
六戸町	5	128	114
横浜町	144	4,460	4,050
東北町	86	2,490	2,180
六ヶ所村	14	412	370
千葉県			
山武市	9	217	172
九十九里町	1	22	14
芝山町	40	916	777
横芝光町	7	156	99
静岡県			
浜松市	252	5,870	5,240
三島市	25	563	502
湖西市	36	729	641
三重県			
四日市市	22	167	116
広島県			
竹原市	30	310	38
東広島市	75	1,100	404
佐賀県			
唐津市	12	223	161
玄海町	3	28	8
長崎県			
諫早市	489	16,100	14,500
大村市	11	267	236
平戸市	31	849	522
五島市	19	316	278
雲仙市	1,010	29,500	25,700
南島原市	657	16,000	14,300
熊本県			
八代市	104	2,320	2,000
天草市	17	221	180
氷川町	21	416	377
苓北町	3	46	32
鹿児島県			
西之表市	84	1,920	1,830
いちき串木野市	18	194	151
長島町	681	19,000	17,700
錦江町	46	1,110	1,060
南大隅町	110	2,570	2,290
中種子町	24	428	398
南種子町	15	218	196
天城町	254	3,400	3,230
和泊町	612	6,710	6,400
知名町	485	8,020	7,620

ウ　秋植えばれいしょ

主要産地市町村	作付面積	収穫量	出荷量
	ha	t	t
静岡県			
浜松市	14	246	215
三島市	0	2	0
湖西市	1	15	11
三重県			
四日市市	2	11	4
広島県			
竹原市	34	330	49
東広島市	51	740	304
佐賀県			
唐津市	7	112	73
玄海町	2	24	9
長崎県			
諫早市	123	2,650	2,390
大村市	4	65	52
平戸市	8	118	45
五島市	3	47	33
雲仙市	372	9,190	8,080
南島原市	253	5,060	4,540
熊本県			
八代市	4	38	27
天草市	7	70	35
氷川町	2	13	10
苓北町	2	14	9
鹿児島県			
西之表市	0	7	3
いちき串木野市	2	26	18
長島町	360	7,020	6,180
錦江町	2	61	52
南大隅町	5	80	74
中種子町	1	10	4
南種子町	1	11	4
天城町	–	–	–
和泊町	–	–	–
知名町	–	–	–

(4)　さといも

秋冬さといも

主要産地市町村	作付面積	収穫量	出荷量
	ha	t	t
岩手県			
北上市	46	280	180
埼玉県			
川越市	73	1,950	1,370
所沢市	139	3,820	2,990
飯能市	5	107	61
狭山市	122	3,390	2,850
入間市	20	518	337
富士見市	6	157	96
日高市	15	393	212
ふじみ野市	9	247	158
三芳町	30	801	545
千葉県			
袖ヶ浦市	20	152	93
新潟県			
新潟市	103	1,100	705
五泉市	110	1,240	1,080
富山県			
滑川市	4	24	8
砺波市	11	71	27
南砺市	29	292	198
上市町	12	141	100
立山町	4	52	39
福井県			
大野市	100	1,350	709
勝山市	36	500	244
岐阜県			
関市	22	292	178
美濃市	5	67	35
各務原市	18	184	118
静岡県			
磐田市	36	512	406
大阪府			
貝塚市	1	8	7
泉佐野市	7	120	104
泉南市	7	127	110
阪南市	1	14	12
熊取町	3	44	38
熊本県			
西原村	33	409	341
山都町	37	485	384
宮崎県			
小林市	70	944	811
高原町	15	102	85

6 令和２年産市町村別の作付面積、収穫量及び出荷量（続き）

(5) はくさい

ア 春はくさい

主要産地市町村	作付面積	収穫量	出荷量
	ha	t	t
茨城県			
結城市	95	7,550	7,310
坂東市	100	7,740	7,480
八千代町	210	16,200	15,700
長野県			
松本市	7	348	313
小諸市	51	3,340	3,000
塩尻市	9	515	480
佐久市	58	3,970	3,570
小海町	48	3,630	3,290
川上村	18	1,470	1,330
南牧村	78	6,830	6,200
南相木村	2	155	139
北相木村	0	7	5
佐久穂町	5	343	308
軽井沢町	1	91	76
御代田町	7	475	413
立科町	1	28	17
山形村	1	72	66
朝日村	13	661	625
筑北村	3	144	133
愛知県			
一宮市	13	854	810
稲沢市	4	224	210
長崎県			
島原市	147	11,800	11,200
南島原市	19	834	761

イ 夏はくさい

主要産地市町村	作付面積	収穫量	出荷量
	ha	t	t
北海道			
北見市	18	834	788
岩見沢市	109	3,850	3,730
美唄市	2	52	49
幕別町	37	1,950	1,820
群馬県			
長野原町	73	5,680	5,180
嬬恋村	18	1,350	1,170
昭和村	16	846	770
長野県			
松本市	4	203	97
上田市	56	2,800	2,530
小諸市	42	2,550	2,290
塩尻市	10	574	504
佐久市	127	8,310	7,520
東御市	13	624	552
小海町	230	18,500	17,200
川上村	466	40,900	37,800
南牧村	514	45,300	41,800
南相木村	82	6,400	5,850
北相木村	20	1,520	1,380
佐久穂町	36	2,520	2,270
軽井沢町	0	24	22
御代田町	3	205	162
立科町	1	59	55
長和町	3	130	113
上松町	1	27	19
木祖村	32	2,060	1,930
木曽町	31	1,960	1,830
麻績村	1	27	15
山形村	1	77	66
朝日村	13	728	676
筑北村	4	228	194

ウ　秋冬はくさい

主要産地 市町村	作付面積	収穫量	出荷量
	ha	t	t
北海道			
岩見沢市	72	2,770	2,620
美唄市	2	57	51
宮城県			
色麻町	6	121	64
加美町	20	640	435
茨城県			
古河市	260	18,200	17,100
結城市	550	38,200	36,900
下妻市	104	7,850	7,390
常総市	181	13,800	12,900
坂東市	154	10,600	9,970
八千代町	660	50,000	47,000
群馬県			
伊勢崎市	56	2,760	2,340
館林市	16	1,450	1,210
長野原町	86	3,920	3,440
嬬恋村	5	182	161
玉村町	3	125	105
板倉町	4	337	277
明和町	2	167	135
千代田町	7	681	640
大泉町	2	181	156
邑楽町	47	4,650	4,240
富山県			
高岡市	16	299	185
愛知県			
豊橋市	145	8,940	8,400
一宮市	13	615	520
豊川市	22	1,000	889
豊田市	31	1,610	1,350
江南市	14	462	323
稲沢市	23	1,050	945
みよし市	8	660	600
三重県			
四日市市	29	1,290	1,070
鈴鹿市	27	1,390	1,130
菰野町	5	174	104
滋賀県			
近江八幡市	14	498	290
東近江市	42	1,510	1,280
兵庫県			
洲本市	17	782	657
南あわじ市	226	13,200	11,500
淡路市	3	117	45
和歌山県			
和歌山市	67	5,470	5,040
岩出市	9	632	576
岡山県			
岡山市	31	1,830	1,630
玉野市	1	28	17
瀬戸内市	79	6,200	5,390
吉備中央町	4	172	144
山口県			
萩市	23	559	521
阿武町	6	154	134
愛媛県			
大洲市	41	2,260	1,950
大分県			
日田市	87	7,600	6,900
鹿児島県			
曽於市	167	13,100	12,700

6 令和2年産市町村別の作付面積、収穫量及び出荷量（続き）

(6) キャベツ

ア 春キャベツ

主要産地市町村	作付面積	収穫量	出荷量
	ha	t	t
宮城県			
登米市	34	448	369
千葉県			
銚子市	942	42,400	40,000
野田市	28	1,370	1,310
旭市	68	3,060	2,820
神奈川県			
横浜市	77	2,850	2,740
横須賀市	153	7,480	7,190
藤沢市	25	988	949
三浦市	547	27,400	26,300
葉山町	1	36	35
長野県			
松本市	8	382	328
小諸市	9	485	450
塩尻市	19	1,010	941
佐久市	3	178	161
軽井沢町	3	180	165
御代田町	7	337	302
山形村	2	99	91
朝日村	26	1,430	1,350
愛知県			
稲沢市	26	719	676
田原市	564	28,700	27,300
三重県			
津市	72	1,650	1,340
四日市市	30	766	647
松阪市	1	18	3
いなべ市	4	88	60
菰野町	5	121	97
大阪府			
貝塚市	1	27	26
泉佐野市	11	431	420
泉南市	4	139	125
阪南市	2	59	54
熊取町	3	120	113
田尻町	1	18	17
兵庫県			
神戸市	49	1,520	1,360
明石市	28	826	760
豊岡市	16	352	235
加古川市	4	124	95
南あわじ市	130	5,200	4,940
稲美町	12	456	424
香美町	1	15	2
新温泉町	1	17	3
和歌山県			
和歌山市	55	2,010	1,850
紀の川市	3	101	93
岩出市	3	86	78
山口県			
下関市	22	506	440
香川県			
三豊市	49	2,700	2,600
福岡県			
北九州市	56	1,350	988
宗像市	5	79	72
福津市	16	264	241
糸島市	50	1,540	1,430
芦屋町	4	110	100
遠賀町	1	21	18
熊本県			
熊本市	59	1,560	1,220
鹿児島県			
曽於市	55	2,250	2,100

イ 夏秋キャベツ

主要産地 市町村	作付 面積	収穫量	出荷量
	ha	t	t
北海道			
岩見沢市	23	827	800
江別市	11	662	610
千歳市	15	838	772
恵庭市	73	3,950	3,650
伊達市	48	2,020	1,890
北広島市	16	766	708
厚沢部町	13	563	530
南幌町	49	2,540	2,460
美幌町	34	1,610	1,590
むかわ町	48	2,130	1,990
鹿追町	67	5,620	5,450
芽室町	76	4,460	4,330
幕別町	65	2,680	2,600
青森県			
黒石市	8	390	335
三沢市	38	1,300	1,190
平川市	15	653	565
おいらせ町	112	4,130	3,600
岩手県			
盛岡市	21	494	396
二戸市	2	70	39
八幡平市	80	3,160	3,000
滝沢市	5	150	113
雫石町	16	445	352
葛巻町	16	552	520
岩手町	432	18,700	17,900
一戸町	86	2,630	2,380
宮城県			
登米市	44	990	842
群馬県			
中之条町	4	221	201
長野原町	230	12,300	9,370
嬬恋村	3,090	218,500	201,900
草津町	40	2,550	2,070
昭和村	134	6,540	5,950
神奈川県			
横浜市	20	548	512
山梨県			
富士吉田市	2	46	38
鳴沢村	45	1,170	1,010
長野県			
長野市	30	910	623
松本市	14	466	332
上田市	11	436	363
小諸市	87	3,550	3,260
茅野市	60	2,170	2,040
塩尻市	90	3,920	3,640
佐久市	155	6,740	6,230
東御市	10	401	360
小海町	51	2,500	2,320
川上村	41	2,140	1,980
南牧村	271	14,300	13,300
長野県（続き）			
北相木村	2	99	91
佐久穂町	23	1,020	933
軽井沢町	111	4,570	4,250
御代田町	61	2,480	2,270
立科町	1	19	8
長和町	4	182	160
富士見町	36	1,100	1,030
原村	47	1,320	1,260
麻績村	1	39	22
山形村	2	75	51
朝日村	111	5,210	4,890
筑北村	11	403	357
信濃町	17	620	561
飯綱町	5	163	128
鳥取県			
倉吉市	32	739	636
北栄町	4	46	38
熊本県			
阿蘇市	153	3,430	3,240
高森町	62	1,560	1,460
山都町	154	3,310	3,120

6 令和２年産市町村別の作付面積、収穫量及び出荷量（続き）

(6) キャベツ（続き）

ウ 冬キャベツ

主要産地市町村	作付面積	収穫量	出荷量
	ha	t	t
北海道			
和寒町	75	4,420	4,150
剣淵町	14	796	730
千葉県			
銚子市	926	44,100	42,400
野田市	67	3,120	2,960
旭市	86	3,750	3,540
神奈川県			
横浜市	51	1,620	1,510
横須賀市	192	10,300	9,570
三浦市	170	9,080	8,450
葉山町	1	54	50
福井県			
あわら市	25	669	559
坂井市	11	281	181
愛知県			
豊橋市	1,630	79,600	75,000
半田市	2	56	44
豊川市	53	2,710	2,370
常滑市	34	1,780	1,360
稲沢市	25	640	448
東海市	5	167	95
大府市	46	2,160	1,640
知多市	9	164	134
田原市	2,070	105,900	101,100
阿久比町	5	221	136
東浦町	6	169	140
南知多町	38	1,270	1,120
美浜町	5	132	81
武豊町	7	134	90
三重県			
津市	92	2,010	1,580
四日市市	25	625	525
松阪市	8	153	96
鈴鹿市	18	750	653
亀山市	1	40	32
いなべ市	11	263	112
東員町	1	24	11
菰野町	10	222	95
滋賀県			
近江八幡市	60	2,270	2,020
高島市	20	430	238
東近江市	103	3,860	3,690
大阪府			
貝塚市	8	346	318
泉佐野市	124	5,700	5,250
泉南市	15	690	635
阪南市	6	252	232
熊取町	5	198	182
田尻町	2	71	65
兵庫県			
神戸市	120	4,920	4,400
兵庫県（続き）			
明石市	32	1,280	1,220
加古川市	18	684	650
南あわじ市	117	5,030	4,730
稲美町	38	1,520	1,410
和歌山県			
和歌山市	90	3,430	3,100
紀の川市	4	127	109
岩出市	4	147	137
鳥取県			
倉吉市	30	951	578
琴浦町	3	105	80
北栄町	13	404	227
島根県			
松江市	45	1,310	1,150
出雲市	20	640	570
岡山県			
岡山市	39	1,570	1,400
玉野市	1	35	30
瀬戸内市	48	2,290	2,040
山口県			
下関市	30	804	692
宇部市	22	673	579
山口市	47	1,730	1,490
山陽小野田市	2	52	45
福岡県			
北九州市	126	4,920	4,640
福岡市	27	1,210	1,120
宗像市	5	160	148
福津市	19	563	520
糸島市	55	2,390	2,230
芦屋町	11	521	492
岡垣町	1	45	42
遠賀町	4	156	147
佐賀県			
白石町	105	3,400	3,090
熊本県			
八代市	195	6,120	5,160
山都町	23	830	780
氷川町	65	2,150	1,830
鹿児島県			
大崎町	83	4,120	3,900

(7) ほうれんそう

主要産地市町村	作付面積	収穫量	出荷量
	ha	t	t
北海道			
富良野市	31	283	259
北斗市	37	407	388
知内町	10	110	102
七飯町	32	416	399
上富良野町	x	x	x
中富良野町	1	8	3
厚真町	14	100	95
安平町	7	66	64
むかわ町	30	291	280
音更町	17	311	293
岩手県			
盛岡市	18	85	59
久慈市	97	506	445
八幡平市	176	947	826
滝沢市	10	55	44
雫石町	11	49	35
葛巻町	17	81	70
岩手町	23	99	66
普代村	13	64	53
野田村	15	74	61
洋野町	70	325	260
宮城県			
大崎市	29	235	116
富谷市	1	3	1
大和町	6	27	12
大郷町	10	45	22
大衡村	3	17	9
涌谷町	22	185	119
美里町	7	62	37
秋田県			
大仙市	19	101	72
仙北市	18	91	59
美郷町	5	27	10
福島県			
会津若松市	17	144	89
磐梯町	21	216	197
飯舘村	-	-	-
栃木県			
日光市	110	1,310	1,260
小山市	10	100	63
那須塩原市	120	1,330	1,280
下野市	121	1,060	910
上三川町	15	155	111
野木町	4	40	31
塩谷町	7	70	64
那須町	29	285	280
群馬県			
前橋市	165	1,800	1,710
高崎市	51	514	388
桐生市	19	207	170
伊勢崎市	301	3,190	3,030
太田市	524	6,290	5,780
渋川市	150	1,520	1,440
みどり市	123	1,380	1,250

主要産地市町村	作付面積	収穫量	出荷量
	ha	t	t
群馬県（続き）			
昭和村	436	5,280	5,170
玉村町	2	21	20
埼玉県			
川越市	207	2,610	2,270
所沢市	184	2,320	1,910
狭山市	141	1,790	1,480
富士見市	39	480	374
ふじみ野市	63	781	600
三芳町	93	1,150	919
福井県			
福井市	33	337	232
岐阜県			
高山市	917	9,080	8,670
飛騨市	87	774	675
郡上市	17	102	52
愛知県			
一宮市	17	183	118
稲沢市	36	433	379
清須市	19	187	116
北名古屋市	2	20	13
滋賀県			
草津市	22	249	185
兵庫県			
神戸市	50	725	653
奈良県			
奈良市	16	232	185
大和高田市	5	85	68
天理市	53	875	813
橿原市	5	84	59
桜井市	14	211	174
葛城市	5	78	60
宇陀市	53	493	426
山添村	4	31	23
川西町	4	54	46
三宅町	1	16	12
田原本町	12	190	156
曽爾村	37	281	256
御杖村	32	250	221
和歌山県			
和歌山市	28	322	272
鳥取県			
倉吉市	8	91	64
湯梨浜町	14	133	103
琴浦町	6	61	49
北栄町	40	433	299
広島県			
府中市	3	20	14
三次市	12	91	71

6　令和２年産市町村別の作付面積、収穫量及び出荷量（続き）

(7)　ほうれんそう（続き）

主要産地市町村	作付面積	収穫量	出荷量
	ha	t	t
広島県（続き）			
庄原市	69	410	277
徳島県			
徳島市	216	1,630	1,450
吉野川市	13	95	57
阿波市	21	185	127
美馬市	7	55	20
佐那河内村	1	5	4
石井町	107	803	714
北島町	3	19	16
藍住町	4	30	28
上板町	15	116	95
愛媛県			
西条市	30	240	154
福岡県			
久留米市	424	5,270	5,030
佐賀県			
佐賀市	50	375	311
神埼市	18	123	94
熊本県			
阿蘇市	3	23	21
南小国町	39	258	244
小国町	54	365	346
産山村	24	173	166
高森町	x	x	x
山都町	15	186	173

(8)　レタス

ア　春レタス

主要産地市町村	作付面積	収穫量	出荷量
	ha	t	t
岩手県			
盛岡市	8	280	241
花巻市	11	222	163
紫波町	1	27	21
矢巾町	5	114	91
茨城県			
古河市	180	4,970	4,820
結城市	195	5,350	5,230
坂東市	526	14,500	14,000
境町	181	4,990	4,840
栃木県			
小山市	42	1,040	1,010
下野市	4	97	95
野木町	5	120	110
群馬県			
沼田市	50	2,140	2,030
昭和村	144	6,180	5,870
長野県			
松本市	25	891	844
上田市	12	330	312
飯田市	4	96	63
小諸市	50	1,770	1,700
塩尻市	166	6,520	6,380
佐久市	33	1,100	1,030
東御市	7	182	171
佐久穂町	3	80	73
軽井沢町	2	53	49
御代田町	54	1,610	1,490
立科町	1	26	24
青木村	1	12	8
松川町	1	17	8
高森町	4	89	64
阿智村	1	13	7
下條村	2	38	30
泰阜村	1	16	10
喬木村	2	36	24
豊丘村	1	21	10
山形村	5	172	166
朝日村	57	2,330	2,280
兵庫県			
南あわじ市	285	6,190	5,940
岡山県			
岡山市	19	285	240
瀬戸内市	2	24	20
徳島県			
阿波市	41	947	900
美馬市	7	148	113
板野町	0	4	3
上板町	2	41	36
香川県			
丸亀市	5	75	54
善通寺市	5	79	65

イ 夏秋レタス

主要産地 市町村	作付面積	収穫量	出荷量
	ha	t	t
香川県（続き）			
観音寺市	70	1,670	1,650
三豊市	9	90	37
琴平町	1	16	1
福岡県			
久留米市	141	2,580	2,440
小郡市	10	180	169
大刀洗町	49	889	845
沖縄県			
糸満市	27	638	557
豊見城市	2	40	32
南城市	4	83	71
八重瀬町	7	142	124
北海道			
伊達市	37	951	886
幕別町	56	1,870	1,720
青森県			
黒石市	24	684	590
平川市	11	327	312
岩手県			
盛岡市	7	135	114
八幡平市	5	111	78
滝沢市	3	49	34
雫石町	5	89	71
葛巻町	1	20	12
岩手町	58	1,530	1,430
紫波町	2	39	22
矢巾町	6	114	80
一戸町	270	6,560	6,200
茨城県			
古河市	112	3,010	2,920
結城市	120	3,240	3,150
坂東市	321	8,660	8,400
境町	69	1,870	1,810
群馬県			
沼田市	206	9,060	8,690
長野原町	85	2,900	2,390
嬬恋村	9	185	174
片品村	35	1,540	1,500
昭和村	638	27,600	26,900
長野県			
松本市	60	1,200	1,100
上田市	334	11,500	11,000
小諸市	278	6,600	6,350
茅野市	6	144	139
塩尻市	632	12,700	12,100
佐久市	90	2,110	2,010
東御市	17	509	479
小海町	68	1,850	1,750
川上村	2,170	80,900	79,200
南牧村	707	25,700	24,600
南相木村	30	909	854
北相木村	10	326	318
佐久穂町	22	544	490
軽井沢町	45	1,230	1,200
御代田町	414	9,440	8,680
立科町	8	237	221
長和町	3	99	91
富士見町	75	2,370	2,360
原村	10	289	287
山形村	14	300	279
朝日村	260	5,880	5,630
大分県			
竹田市	31	373	342

6　令和2年産市町村別の作付面積、収穫量及び出荷量（続き）

(8)　レタス（続き）

ウ　冬レタス

主要産地市町村	作付面積	収穫量	出荷量
	ha	t	t
茨城県			
古河市	200	5,010	4,750
結城市	132	3,480	3,290
筑西市	31	785	743
坂東市	444	11,100	10,500
境町	175	4,360	4,130
栃木県			
小山市	50	1,550	1,490
真岡市	10	290	265
下野市	6	180	170
上三川町	4	105	100
茂木町	1	9	9
芳賀町	1	16	15
野木町	7	210	200
埼玉県			
本庄市	34	839	739
千葉県			
館山市	31	645	602
木更津市	23	460	419
旭市	85	1,610	1,570
君津市	14	217	191
袖ケ浦市	49	881	828
静岡県			
浜松市	74	1,660	1,550
三島市	28	924	868
島田市	132	3,630	3,480
磐田市	19	444	419
焼津市	19	361	341
掛川市	29	841	757
藤枝市	30	848	814
袋井市	10	280	262
御前崎市	7	184	167
菊川市	139	3,960	3,800
牧之原市	125	3,860	3,840
函南町	4	118	113
吉田町	81	2,710	2,610
森町	106	3,200	3,100
愛知県			
東海市	2	26	14
知多市	14	242	200
田原市	86	1,600	1,370
兵庫県			
洲本市	23	552	508
南あわじ市	795	20,700	20,000
淡路市	10	235	194
岡山県			
岡山市	29	377	339
瀬戸内市	1	11	4
徳島県			
阿波市	182	4,020	3,780
美馬市	14	210	191
板野町	3	51	45
上板町	10	205	193

主要産地市町村	作付面積	収穫量	出荷量
	ha	t	t
香川県			
高松市	12	272	241
丸亀市	16	408	343
坂出市	41	1,030	978
善通寺市	56	974	766
観音寺市	436	10,200	9,730
さぬき市	4	77	40
東かがわ市	17	344	247
三豊市	42	924	853
三木町	2	57	27
琴平町	5	86	55
多度津町	1	8	2
まんのう町	1	10	4
愛媛県			
伊予市	25	312	294
松前町	18	377	359
福岡県			
久留米市	360	6,030	5,840
柳川市	18	272	260
八女市	58	1,060	1,020
筑後市	4	44	42
行橋市	1	18	16
豊前市	15	230	201
小郡市	83	1,270	1,230
大刀洗町	54	840	813
広川町	2	19	16
みやこ町	1	15	14
吉富町	x	x	x
上毛町	3	53	48
築上町	32	545	485
佐賀県			
白石町	36	619	530
長崎県			
島原市	141	4,360	4,050
諫早市	118	4,090	3,800
雲仙市	339	13,700	12,100
熊本県			
八代市	188	6,260	5,890
上天草市	40	1,170	1,080
天草市	37	862	820
氷川町	3	94	80
苓北町	114	3,100	2,920
沖縄県			
糸満市	134	2,540	2,250
豊見城市	4	73	65
南城市	16	386	336
八重瀬町	19	347	321

(9) ねぎ

ア 春ねぎ

主要産地市町村	作付面積	収穫量	出荷量
	ha	t	t
茨城県			
坂東市	220	7,790	7,340
群馬県			
太田市	19	504	449
千葉県			
東金市	4	125	110
旭市	8	288	268
匝瑳市	7	252	234
山武市	61	2,090	2,010
大網白里市	3	104	99
九十九里町	2	64	49
芝山町	1	32	26
横芝光町	26	755	702
三重県			
伊勢市	23	400	300
玉城町	2	24	16
鳥取県			
米子市	42	1,070	1,020
境港市	19	607	590
日吉津村	1	18	17
大山町	9	198	186
南部町	3	50	47
伯耆町	4	48	45
広島県			
安芸高田市	50	900	778
徳島県			
徳島市	26	441	390
佐那河内村	2	20	18
香川県			
高松市	4	46	28
丸亀市	6	68	54
坂出市	1	8	4
善通寺市	10	126	115
観音寺市	19	302	281
さぬき市	10	113	85
東かがわ市	11	83	69
三豊市	3	36	27
多度津町	1	15	12
まんのう町	1	8	4
高知県			
高知市	4	35	33
南国市	8	128	120
土佐市	8	96	88
香南市	5	85	80
香美市	50	450	425
福岡県			
朝倉市	73	934	886
佐賀県			
唐津市	35	364	325

イ 夏ねぎ

主要産地市町村	作付面積	収穫量	出荷量
	ha	t	t
北海道			
北斗市	51	1,730	1,660
七飯町	74	2,780	2,680
八雲町	1	39	37
厚沢部町	3	86	83
南幌町	28	707	685
長沼町	26	695	669
青森県			
八戸市	9	310	233
五所川原市	3	56	39
十和田市	46	1,380	1,280
つがる市	31	787	721
中泊町	1	17	15
七戸町	4	80	76
東北町	9	189	159
三戸町	4	128	104
五戸町	9	311	267
田子町	1	31	28
南部町	6	206	181
階上町	9	315	277
新郷村	2	65	55
岩手県			
盛岡市	12	232	206
花巻市	25	285	233
北上市	16	181	150
遠野市	2	33	23
八幡平市	6	139	121
滝沢市	5	106	56
雫石町	11	228	203
岩手町	2	38	21
紫波町	3	47	34
矢巾町	14	325	304
山形県			
新庄市	14	397	360
金山町	1	16	11
最上町	5	180	158
舟形町	6	184	171
真室川町	6	166	149
大蔵村	4	135	129
鮭川村	3	83	63
戸沢村	2	69	59
茨城県			
坂東市	261	4,990	4,720
境町	52	797	753
埼玉県			
吉川市	25	588	540
新潟県			
新潟市	49	666	559
富山県			
富山市	9	109	66
高岡市	2	28	10
氷見市	9	123	105
滑川市	1	14	9

6 令和２年産市町村別の作付面積、収穫量及び出荷量（続き）

(9) ねぎ（続き）

イ 夏ねぎ（続き）

主要産地市町村	作付面積	収穫量	出荷量
	ha	t	t
富山県（続き）			
黒部市	6	104	93
砺波市	2	21	11
南砺市	4	38	23
射水市	3	53	45
舟橋村	1	7	6
上市町	3	29	23
立山町	3	36	27
入善町	1	15	8
長野県			
松本市	38	1,160	1,040
塩尻市	6	143	102
麻績村	1	16	5
山形村	18	487	456
朝日村	2	44	36
筑北村	1	26	5
三重県			
伊勢市	23	205	164
玉城町	2	16	12
鳥取県			
米子市	73	818	745
境港市	29	584	581
日吉津村	1	11	10
大山町	13	207	197
南部町	3	22	21
伯耆町	12	124	117
日南町	2	24	23
日野町	1	10	9
江府町	3	32	30
広島県			
安芸高田市	56	810	713
北広島町	1	7	4
香川県			
高松市	8	79	62
丸亀市	6	72	51
坂出市	1	16	8
善通寺市	7	82	68
観音寺市	37	472	412
さぬき市	8	85	67
東かがわ市	5	61	53
三豊市	3	37	24
多度津町	1	9	7
まんのう町	1	10	5
福岡県			
朝倉市	70	657	626

ウ 秋冬ねぎ

主要産地市町村	作付面積	収穫量	出荷量
	ha	t	t
北海道			
北斗市	45	1,580	1,490
七飯町	62	2,540	2,430
八雲町	7	483	460
厚沢部町	6	180	164
青森県			
八戸市	8	239	199
五所川原市	5	125	76
十和田市	52	1,760	1,660
つがる市	32	890	744
深浦町	3	74	66
中泊町	1	24	23
七戸町	3	75	72
東北町	4	88	85
三戸町	8	280	269
五戸町	10	296	257
田子町	3	100	89
南部町	13	458	434
階上町	8	308	294
新郷村	1	28	25
岩手県			
盛岡市	35	618	515
花巻市	31	513	430
北上市	15	230	198
遠野市	3	63	45
八幡平市	10	177	135
滝沢市	8	160	119
雫石町	31	494	414
岩手町	10	161	120
宮城県			
石巻市	35	524	363
東松島市	30	566	460
色麻町	13	233	178
加美町	25	417	313
秋田県			
能代市	105	3,530	3,090
大館市	15	354	227
鹿角市	10	297	220
由利本荘市	6	108	40
北秋田市	7	140	84
にかほ市	19	304	213
小坂町	1	17	8
山形県			
鶴岡市	38	728	423
酒田市	47	666	483
新庄市	18	364	304
金山町	3	56	37
最上町	8	198	147
舟形町	8	234	202
真室川町	9	221	187
大蔵村	4	142	119
鮭川村	5	126	104
戸沢村	5	142	122
三川町	8	144	106
庄内町	8	155	80
遊佐町	8	110	63

主要産地 市町村	作付面積	収穫量	出荷量
	ha	t	t
福島県			
いわき市	43	802	658
茨城県			
坂東市	131	3,280	3,240
栃木県			
大田原市	80	1,940	1,840
那須塩原市	24	540	470
那須町	9	210	200
群馬県			
太田市	165	2,800	2,020
渋川市	45	883	680
富岡市	52	870	765
下仁田町	32	345	287
南牧村	2	16	6
甘楽町	21	235	185
埼玉県			
熊谷市	238	5,370	4,520
千葉県			
茂原市	56	1,130	1,010
東金市	18	364	337
旭市	18	392	327
匝瑳市	35	833	746
山武市	181	4,070	3,770
大網白里市	13	268	245
九十九里町	10	202	183
芝山町	4	81	75
横芝光町	113	2,430	2,170
新潟県			
新潟市	143	2,880	2,510
新発田市	27	391	281
村上市	23	464	380
胎内市	18	239	189
聖籠町	5	71	57
関川村	1	12	1
富山県			
富山市	27	308	217
高岡市	9	101	62
氷見市	10	114	85
滑川市	4	50	40
黒部市	13	180	165
砺波市	12	153	131
南砺市	8	92	60
射水市	11	148	135
舟橋村	1	14	13
上市町	6	81	69
立山町	11	145	128
入善町	6	79	65
朝日町	4	46	38
長野県			
松本市	71	2,060	1,650
伊那市	42	945	704

主要産地 市町村	作付面積	収穫量	出荷量
	ha	t	t
長野県（続き）			
駒ヶ根市	12	314	215
塩尻市	12	282	161
辰野町	5	100	40
箕輪町	9	199	110
飯島町	12	270	193
南箕輪村	14	318	272
中川村	7	175	135
宮田村	4	89	75
麻績村	1	30	16
山形村	26	840	770
朝日村	4	110	95
筑北村	3	63	27
岐阜県			
岐阜市	9	85	26
岐南町	11	126	47
笠松町	1	15	8
静岡県			
磐田市	60	951	777
袋井市	10	133	116
愛知県			
一宮市	17	354	139
江南市	14	329	197
岩倉市	2	40	18
三重県			
伊勢市	43	731	499
玉城町	2	28	18
南伊勢町	2	28	18
兵庫県			
朝来市	28	162	145
奈良県			
大和高田市	10	250	226
御所市	4	80	53
葛城市	22	612	564
鳥取県			
鳥取市	40	598	437
米子市	80	1,410	1,340
倉吉市	34	700	677
境港市	44	1,060	1,000
岩美町	5	63	40
若桜町	2	31	22
智頭町	2	18	13
八頭町	13	286	197
湯梨浜町	1	13	8
琴浦町	15	348	329
北栄町	18	470	392
日吉津村	1	24	22
大山町	34	764	726
南部町	6	88	81
伯耆町	17	493	468
日南町	5	122	115
日野町	2	31	24
江府町	3	54	47

6　令和２年産市町村別の作付面積、収穫量及び出荷量（続き）

(9)　ねぎ（続き）

ウ　秋冬ねぎ（続き）

主要産地 市町村	作付 面積	収穫量	出荷量
	ha	t	t
広島県			
安芸高田市	92	1,530	1,160
北広島町	6	88	44
徳島県			
徳島市	50	764	672
佐那河内村	3	30	23
香川県			
高松市	11	160	131
丸亀市	8	139	130
坂出市	2	29	20
善通寺市	22	265	227
観音寺市	21	416	402
さぬき市	17	185	160
東かがわ市	17	182	159
三豊市	8	84	74
多度津町	3	53	38
まんのう町	1	19	19
高知県			
高知市	4	53	48
南国市	22	233	200
土佐市	8	160	142
香南市	5	117	107
香美市	54	766	730
福岡県			
朝倉市	107	1,650	1,550
佐賀県			
唐津市	48	633	530
鹿児島県			
伊佐市	32	411	386
湧水町	6	108	105

(10)　たまねぎ

主要産地 市町村	作付 面積	収穫量	出荷量
	ha	t	t
北海道			
札幌市	284	12,900	11,600
旭川市	5	246	214
帯広市	171	6,860	6,440
北見市	3,820	244,500	232,600
岩見沢市	1,180	64,400	59,100
美唄市	42	2,300	2,110
江別市	50	2,490	2,230
士別市	160	7,030	6,490
名寄市	45	2,150	1,980
三笠市	175	9,550	8,760
滝川市	38	1,570	1,430
砂川市	99	4,570	4,250
深川市	x	x	x
富良野市	1,470	84,100	78,600
新篠津村	130	6,520	5,870
南幌町	29	1,550	1,420
由仁町	147	7,800	7,150
長沼町	264	14,400	13,200
栗山町	348	18,700	17,100
新十津川町	24	1,290	1,200
妹背牛町	x	x	x
雨竜町	x	x	x
美瑛町	159	7,980	7,550
上富良野町	41	2,160	2,000
中富良野町	856	54,100	50,500
南富良野町	12	641	597
美幌町	1,000	64,400	61,400
津別町	416	26,300	24,900
斜里町	78	5,960	5,640
清里町	63	3,080	2,920
小清水町	178	7,280	6,910
訓子府町	1,420	110,900	105,400
置戸町	173	13,500	12,900
湧別町	549	36,800	35,000
大空町	228	15,800	14,900
音更町	97	4,800	4,500
芽室町	98	4,450	4,170
幕別町	219	12,900	12,100
池田町	73	2,990	2,800
栃木県			
宇都宮市	15	695	480
真岡市	50	2,360	2,200
下野市	49	2,450	2,350
上三川町	23	1,700	1,350
芳賀町	10	570	545
群馬県			
富岡市	26	1,550	1,410
下仁田町	1	16	12
甘楽町	8	320	285
埼玉県			
本庄市	18	781	656
千葉県			
長生村	5	230	202
白子町	27	1,240	1,130

主要産地 市町村	作付面積	収穫量	出荷量
	ha	t	t
富山県			
砺波市	123	4,900	4,650
南砺市	62	2,410	2,270
長野県			
長野市	36	903	430
松本市	7	225	68
千曲市	14	342	199
安曇野市	33	1,230	1,060
岐阜県			
大垣市	4	140	53
海津市	6	282	226
養老町	3	111	59
揖斐川町	2	34	7
大野町	4	112	81
池田町	2	39	18
静岡県			
浜松市	236	10,300	9,580
湖西市	9	355	328
愛知県			
碧南市	124	10,700	10,100
西尾市	34	1,790	1,660
常滑市	8	366	340
東海市	76	3,240	3,060
大府市	57	2,790	2,640
知多市	34	1,290	1,210
阿久比町	2	100	90
東浦町	3	122	110
南知多町	26	1,210	1,140
美浜町	5	239	217
武豊町	3	110	100
大阪府			
岸和田市	10	407	368
貝塚市	7	294	266
泉佐野市	44	1,850	1,670
泉南市	18	751	679
阪南市	4	159	144
熊取町	3	113	102
田尻町	2	56	51
兵庫県			
洲本市	112	6,720	5,850
南あわじ市	1,290	81,000	77,000
淡路市	52	3,020	2,500
和歌山県			
紀の川市	80	4,040	3,630
岩出市	3	134	105
島根県			
出雲市	29	870	790
岡山県			
岡山市	22	1,130	893
玉野市	2	83	58
岡山県（続き）			
瀬戸内市	4	142	105
吉備中央町	3	103	73
山口県			
山口市	34	1,050	730
萩市	24	780	544
防府市	20	484	337
阿武町	2	60	42
香川県			
高松市	8	160	123
丸亀市	5	185	126
坂出市	4	111	72
善通寺市	9	356	319
観音寺市	110	5,870	5,250
さぬき市	8	312	298
三豊市	23	748	704
三木町	3	102	60
綾川町	3	135	134
琴平町	2	42	25
多度津町	1	38	21
まんのう町	5	150	143
愛媛県			
松山市	43	1,030	916
西条市	83	2,650	2,430
伊予市	9	361	320
東温市	20	981	694
松前町	4	189	126
砥部町	4	182	160
福岡県			
久留米市	35	1,290	970
佐賀県			
佐賀市	140	5,990	5,090
唐津市	245	12,100	10,000
鳥栖市	11	438	416
多久市	9	369	299
伊万里市	33	1,410	1,250
武雄市	26	1,510	1,230
鹿島市	180	11,700	9,580
小城市	25	1,050	924
嬉野市	4	174	122
神埼市	14	514	386
吉野ヶ里町	2	73	28
基山町	2	82	56
上峰町	4	152	125
みやき町	8	285	228
玄海町	31	1,320	1,190
有田町	10	329	296
大町町	5	215	168
江北町	81	4,710	3,720
白石町	1,250	80,300	64,200
太良町	50	2,000	1,680
長崎県			
諫早市	272	10,000	9,140
平戸市	28	835	753

6　令和２年産市町村別の作付面積、収穫量及び出荷量（続き）

(10)　たまねぎ（続き）

主要産地 市町村	作付面積	収穫量	出荷量
	ha	t	t
長崎県（続き）			
雲仙市	136	6,260	5,900
南島原市	284	13,200	12,500
熊本県			
水俣市	45	1,680	1,480
芦北町	17	680	594
津奈木町	11	436	406

(11)　きゅうり

ア　冬春きゅうり

主要産地 市町村	作付面積	収穫量	出荷量
	ha	t	t
宮城県			
石巻市	9	877	785
岩沼市	6	582	518
登米市	32	2,050	1,870
東松島市	7	707	606
亘理町	1	88	78
山形県			
山形市	15	1,250	1,180
上山市	x	x	x
中山町	x	x	x
福島県			
福島市	20	1,980	1,870
白河市	2	131	116
須賀川市	19	1,350	1,270
二本松市	6	482	455
伊達市	17	1,040	986
本宮市	2	117	110
桑折町	1	55	52
国見町	1	38	35
大玉村	1	53	49
鏡石町	6	366	342
天栄村	0	19	18
泉崎村	1	99	89
矢吹町	4	259	241
玉川村	1	39	34
浅川町	0	24	23
茨城県			
下妻市	4	328	312
常総市	11	893	850
筑西市	40	4,710	4,490
桜川市	8	819	800
栃木県			
小山市	9	1,250	1,200
下野市	12	1,750	1,680
野木町	2	300	270
群馬県			
前橋市	54	5,320	4,910
高崎市	13	1,450	1,390
桐生市	12	2,070	1,950
伊勢崎市	35	3,180	2,950
太田市	11	1,070	976
館林市	55	6,720	6,300
富岡市	5	565	524
みどり市	4	589	579
甘楽町	5	645	635
玉村町	3	282	255
板倉町	70	9,520	8,960
明和町	7	761	696
邑楽町	1	73	65
埼玉県			
熊谷市	15	1,550	1,430
行田市	1	96	87
加須市	27	3,480	3,140
本庄市	36	4,750	4,430
羽生市	11	1,370	1,270

主要産地 市町村	作付面積	収穫量	出荷量
	ha	t	t
埼玉県（続き）			
鴻巣市	8	886	807
深谷市	84	10,100	9,400
美里町	8	935	872
神川町	6	627	575
上里町	9	1,100	1,010
千葉県			
東金市	1	65	60
旭市	99	12,400	12,000
匝瑳市	5	700	672
山武市	1	72	68
大網白里市	5	360	342
九十九里町	12	936	903
神奈川県			
平塚市	8	764	740
大磯町	3	285	276
新潟県			
新潟市	24	1,470	1,370
山梨県			
南アルプス市	9	610	570
中央市	9	520	430
岐阜県			
海津市	11	1,760	1,660
愛知県			
岡崎市	1	73	64
碧南市	5	1,210	1,150
刈谷市	1	237	223
安城市	14	3,080	2,950
西尾市	16	3,460	3,290
和歌山県			
御坊市	1	81	75
美浜町	7	571	544
日高町	1	78	72
印南町	1	85	78
徳島県			
徳島市	3	491	462
小松島市	8	1,330	1,220
阿南市	9	1,920	1,840
勝浦町	1	119	112
海陽町	8	1,300	1,190
香川県			
観音寺市	5	260	222
三豊市	5	262	241
愛媛県			
今治市	3	245	214
西条市	8	793	730
大洲市	3	247	214
西予市	7	450	402
内子町	2	101	96

主要産地 市町村	作付面積	収穫量	出荷量
	ha	t	t
高知県			
高知市	53	11,500	10,900
室戸市	1	231	220
南国市	3	408	387
土佐市	11	1,890	1,800
須崎市	25	5,250	4,990
宿毛市	x	x	x
土佐清水市	5	954	906
四万十市	1	207	196
香南市	7	780	741
いの町	1	150	143
中土佐町	1	270	256
四万十町	1	350	333
黒潮町	13	1,730	1,640
福岡県			
久留米市	7	984	936
朝倉市	4	660	623
糸島市	11	1,750	1,660
筑前町	5	930	882
佐賀県			
佐賀市	14	2,170	2,090
唐津市	13	1,390	1,320
伊万里市	12	1,510	1,450
武雄市	6	905	869
鹿島市	1	134	127
小城市	4	624	599
嬉野市	3	450	428
有田町	1	46	44
大町町	1	156	147
江北町	2	158	144
長崎県			
南島原市	13	1,270	1,190
熊本県			
熊本市	31	3,130	3,010
山鹿市	5	210	196
宇土市	10	895	810
宇城市	4	301	274
宮崎県			
宮崎市	259	29,700	28,500
都城市	23	3,560	3,390
日南市	5	504	499
日向市	5	453	408
串間市	11	1,670	1,590
西都市	65	3,670	3,120
三股町	2	264	256
国富町	54	5,430	5,050
綾町	35	3,840	3,650
川南町	6	633	601
都農町	4	561	527
門川町	1	55	49
美郷町	1	36	23
鹿児島県			
鹿屋市	3	587	570
東串良町	24	5,000	4,720
肝付町	5	766	725

6 令和２年産市町村別の作付面積、収穫量及び出荷量（続き）

(11) きゅうり（続き）

イ 夏秋きゅうり

主要産地 市町村	作付 面積	収穫量	出荷量
	ha	t	t
北海道			
北斗市	15	915	872
鷹栖町	14	1,460	1,350
青森県			
八戸市	5	260	236
十和田市	10	486	428
三戸町	3	146	126
五戸町	9	442	312
田子町	4	210	188
南部町	5	267	249
階上町	1	36	16
新郷村	4	191	175
岩手県			
盛岡市	22	1,320	1,090
大船渡市	2	65	33
花巻市	16	738	624
北上市	7	301	201
遠野市	4	167	115
一関市	30	1,210	852
陸前高田市	4	177	146
二戸市	25	2,270	2,100
八幡平市	5	264	200
奥州市	26	1,310	1,040
滝沢市	3	164	119
雫石町	11	613	553
葛巻町	1	62	42
岩手町	3	139	89
紫波町	18	1,040	871
矢巾町	7	402	340
金ケ崎町	5	247	211
平泉町	2	38	10
住田町	4	183	150
軽米町	1	52	36
一戸町	3	156	120
宮城県			
白石市	7	93	54
角田市	6	92	41
登米市	65	2,340	1,840
栗原市	44	830	445
蔵王町	14	294	212
大河原町	1	21	4
村田町	4	72	47
柴田町	6	87	59
丸森町	5	66	32
秋田県			
横手市	58	1,690	1,170
湯沢市	24	1,090	950
鹿角市	23	1,640	1,470
大仙市	17	405	158
小坂町	1	38	28
美郷町	16	435	242
羽後町	12	516	443
東成瀬村	1	18	10

主要産地 市町村	作付 面積	収穫量	出荷量
	ha	t	t
山形県			
山形市	80	2,710	2,160
鶴岡市	23	447	230
新庄市	6	152	85
上山市	9	131	33
山辺町	3	71	32
中山町	3	85	47
金山町	3	134	102
最上町	4	155	118
舟形町	3	193	166
真室川町	4	150	122
大蔵村	2	149	114
鮭川村	5	409	342
戸沢村	1	67	51
福島県			
福島市	51	1,950	1,720
会津若松市	14	682	534
郡山市	30	1,200	959
白河市	10	710	643
須賀川市	83	5,520	5,170
喜多方市	22	1,630	1,430
相馬市	3	84	64
二本松市	77	3,590	3,250
南相馬市	6	182	150
伊達市	92	6,050	5,670
本宮市	11	311	238
桑折町	5	170	136
国見町	5	236	202
川俣町	4	123	80
大玉村	6	286	242
鏡石町	22	1,320	1,230
天栄村	8	635	593
下郷町	3	55	13
南会津町	5	77	21
北塩原村	5	433	396
西会津町	5	248	208
会津坂下町	12	726	628
湯川村	2	87	65
柳津町	3	84	64
三島町	1	7	0
会津美里町	22	1,180	1,040
西郷村	1	10	0
泉崎村	5	438	405
中島村	2	153	139
矢吹町	14	837	784
棚倉町	3	112	86
矢祭町	4	151	131
塙町	5	449	414
鮫川村	1	9	0
石川町	3	100	65
玉川村	7	375	336
平田村	1	34	15
浅川町	2	90	67
古殿町	1	22	10
三春町	3	152	140
新地町	1	44	32
飯舘村	0	1	0

主要産地市町村	作付面積	収穫量	出荷量
	ha	t	t
茨城県			
下妻市	6	207	205
常総市	15	586	580
栃木県			
小山市	26	790	670
下野市	22	760	610
野木町	8	260	230
群馬県			
前橋市	74	4,100	3,520
高崎市	33	980	610
桐生市	19	902	786
伊勢崎市	72	3,900	3,510
太田市	38	1,140	994
館林市	52	2,110	1,800
富岡市	10	320	280
みどり市	25	975	846
甘楽町	10	450	415
玉村町	5	270	243
板倉町	71	2,950	2,640
明和町	15	510	458
邑楽町	4	76	43
埼玉県			
行田市	1	55	48
加須市	18	896	780
本庄市	44	2,550	2,300
羽生市	6	316	272
鴻巣市	5	213	185
深谷市	99	5,480	4,930
美里町	7	380	338
神川町	5	231	203
上里町	8	433	385
千葉県			
茂原市	2	52	39
一宮町	4	81	49
睦沢町	1	17	11
長生村	2	58	31
白子町	2	56	43
長柄町	1	12	7
長南町	1	12	8
神奈川県			
平塚市	14	381	354
大磯町	4	116	108
新潟県			
新潟市	82	1,670	1,220
山梨県			
甲府市	6	210	179
韮崎市	1	26	17
南アルプス市	20	764	625
北杜市	7	158	97
甲斐市	3	95	77
笛吹市	6	158	108
長野県			
長野市	46	994	533
松本市	29	1,110	866
上田市	18	476	253
飯田市	29	1,860	1,650
須坂市	3	70	26
伊那市	17	400	247
駒ヶ根市	3	92	33
中野市	15	626	529
飯山市	16	726	630
塩尻市	8	261	179
東御市	6	130	53
安曇野市	11	326	153
青木村	2	54	30
長和町	2	36	9
飯島町	6	171	121
南箕輪村	1	23	10
中川村	4	110	86
松川町	4	184	116
高森町	9	575	519
阿智村	4	277	248
下條村	4	226	210
泰阜村	1	35	26
喬木村	8	518	484
豊丘村	3	117	79
山形村	2	58	43
朝日村	1	19	3
小布施町	3	69	46
高山村	2	35	16
山ノ内町	1	26	2
木島平村	7	279	250
野沢温泉村	3	106	93
小川村	1	19	5
飯綱町	3	66	17
栄村	2	57	44
岐阜県			
海津市	12	575	528
養老町	2	37	16
輪之内町	2	45	34
大阪府			
富田林市	17	761	703
太子町	1	47	42
河南町	3	113	98
千早赤阪村	1	41	38
奈良県			
桜井市	8	300	225
五條市	7	181	137
御所市	2	45	34
宇陀市	7	104	79
高取町	2	48	36
明日香村	3	82	62
和歌山県			
橋本市	2	91	81
紀の川市	11	553	532
かつらぎ町	3	124	102

6　令和２年産市町村別の作付面積、収穫量及び出荷量（続き）

(11)　きゅうり（続き）

イ　夏秋きゅうり（続き）

主要産地市町村	作付面積	収穫量	出荷量
	ha	t	t
香川県			
高松市	14	522	318
観音寺市	18	815	568
三豊市	15	580	496
三木町	6	240	207
綾川町	4	201	175
まんのう町	3	104	72
愛媛県			
松山市	19	484	377
今治市	33	754	656
宇和島市	9	260	175
新居浜市	3	80	60
西条市	31	1,080	966
大洲市	20	783	702
伊予市	7	217	173
西予市	22	811	728
砥部町	3	51	38
内子町	16	616	532
松野町	2	55	32
鬼北町	6	113	88
福岡県			
糸島市	12	885	831
佐賀県			
唐津市	25	1,770	1,590
伊万里市	18	1,100	986
武雄市	9	622	560
鹿島市	2	107	98
嬉野市	4	290	264
有田町	1	50	49
大町町	2	111	92
江北町	2	109	89
熊本県			
熊本市	41	1,150	1,110
人吉市	2	39	30
山鹿市	8	175	160
菊池市	3	47	36
上天草市	8	255	235
阿蘇市	3	168	138
天草市	8	420	338
合志市	13	251	219
美里町	1	67	55
南小国町	10	408	350
小国町	6	261	236
益城町	3	84	59
山都町	13	559	492
錦町	4	137	120
多良木町	16	746	700
湯前町	5	154	149
水上村	2	64	56
相良村	2	65	58
山江村	1	24	22
あさぎり町	16	758	736
大分県			
竹田市	12	164	118
宮崎県			
宮崎市	10	424	407
都城市	7	284	261
小林市	10	367	345
西都市	12	246	224
えびの市	1	61	57
三股町	1	20	18
高原町	0	13	12
国富町	1	38	36
綾町	11	297	282
高千穂町	9	588	540
日之影町	1	52	46
五ヶ瀬町	3	174	160

(12) なす

ア 冬春なす

主要産地 市町村	作付面積	収穫量	出荷量
	ha	t	t
栃木県			
真岡市	8	1,200	1,120
益子町	1	85	80
茂木町	0	25	23
市貝町	1	50	47
芳賀町	0	27	25
群馬県			
桐生市	8	436	414
伊勢崎市	38	2,340	2,080
太田市	11	697	658
みどり市	25	1,340	1,250
玉村町	6	343	305
埼玉県			
加須市	6	380	357
羽生市	1	41	36
鴻巣市	2	114	107
愛知県			
豊橋市	18	1,990	1,890
岡崎市	6	845	800
一宮市	9	1,400	1,330
碧南市	1	211	200
安城市	1	66	61
西尾市	2	223	210
稲沢市	4	382	362
弥富市	4	253	240
幸田町	4	493	468
大阪府			
岸和田市	6	531	523
貝塚市	3	248	244
泉佐野市	8	670	659
富田林市	19	1,620	1,590
泉南市	1	90	89
阪南市	1	86	85
熊取町	1	83	82
田尻町	1	46	45
太子町	2	132	130
河南町	6	524	516
千早赤阪村	1	86	85
奈良県			
大和高田市	1	58	56
大和郡山市	2	148	141
天理市	1	74	70
桜井市	1	76	72
葛城市	1	64	61
斑鳩町	1	62	59
田原本町	2	157	150
高取町	1	63	60
広陵町	6	469	451
岡山県			
岡山市	16	1,740	1,570
玉野市	4	432	410
徳島県			
吉野川市	8	691	595
阿波市	7	634	583
徳島県（続き）			
板野町	1	47	41
高知県			
高知市	4	475	451
室戸市	13	2,180	2,070
安芸市	150	19,700	18,700
南国市	3	240	228
土佐市	x	x	x
宿毛市	x	x	x
土佐清水市	x	x	x
四万十市	1	64	61
香南市	11	1,430	1,360
東洋町	2	180	170
奈半利町	5	696	661
田野町	9	1,020	969
安田町	24	3,460	3,280
北川村	1	72	69
芸西村	60	7,800	7,410
大月町	5	529	503
黒潮町	-	-	-
福岡県			
柳川市	22	2,920	2,820
八女市	15	1,890	1,820
筑後市	7	879	837
大川市	x	x	x
みやま市	52	6,980	6,730
大木町	x	x	x
佐賀県			
佐賀市	6	960	912
多久市	1	106	100
小城市	3	512	486
神埼市	1	136	128
熊本県			
熊本市	129	19,600	18,300
荒尾市	x	x	x
玉名市	16	2,770	2,690
山鹿市	2	183	164
宇土市	3	389	370
宇城市	16	2,200	2,000
南関町	x	x	x
和水町	4	428	412
宮崎県			
宮崎市	17	1,200	1,140

6　令和２年産市町村別の作付面積、収穫量及び出荷量（続き）

(12)　なす（続き）

ア　夏秋なす

主要産地 市町村	作付 面積	収穫量	出荷量
	ha	t	t
岩手県			
一関市	38	1,390	943
平泉町	2	49	26
宮城県			
大崎市	32	535	343
福島県			
郡山市	7	180	131
須賀川市	11	396	363
二本松市	20	379	242
田村市	7	129	95
伊達市	13	189	83
本宮市	5	80	36
大玉村	2	27	7
鏡石町	1	14	8
天栄村	2	67	59
中島村	2	64	55
矢吹町	2	100	87
石川町	1	55	46
玉川村	2	40	36
三春町	3	79	72
小野町	1	23	9
栃木県			
小山市	15	530	455
真岡市	44	1,850	1,450
大田原市	27	1,350	1,290
那須塩原市	15	840	770
下野市	17	700	650
益子町	10	340	260
茂木町	5	190	145
市貝町	5	140	115
芳賀町	4	130	115
野木町	4	140	120
那須町	9	455	350
群馬県			
前橋市	52	2,890	2,460
高崎市	29	1,600	1,370
桐生市	23	1,100	971
伊勢崎市	58	3,230	2,780
館林市	20	1,070	884
藤岡市	15	993	938
富岡市	24	1,470	1,300
みどり市	26	1,390	1,210
下仁田町	2	140	120
甘楽町	16	1,070	970
玉村町	8	423	364
板倉町	14	541	420
明和町	3	98	69
千代田町	3	87	44
大泉町	2	43	19
邑楽町	5	183	140
埼玉県			
本庄市	28	1,230	1,080
美里町	7	267	230
神川町	6	214	188
上里町	6	209	176
新潟県			
新潟市	91	969	582
富山県			
高岡市	16	248	53
山梨県			
甲府市	35	1,980	1,860
笛吹市	30	1,280	1,140
中央市	18	790	670
市川三郷町	3	150	140
昭和町	3	180	170
岐阜県			
関市	10	173	100
中津川市	14	266	141
美濃市	4	83	51
恵那市	9	112	34
美濃加茂市	9	104	71
可児市	6	93	67
坂祝町	1	16	6
富加町	2	25	16
川辺町	3	31	14
七宗町	1	7	4
八百津町	2	22	9
白川町	2	33	16
東白川村	1	19	8
御嵩町	2	26	13
愛知県			
岡崎市	14	406	365
幸田町	7	626	590
京都府			
城陽市	1	61	42
八幡市	5	310	225
京田辺市	8	681	567
久御山町	4	224	161
大阪府			
岸和田市	6	371	360
貝塚市	4	267	259
泉佐野市	9	472	458
泉南市	3	188	182
阪南市	1	56	54
熊取町	2	112	109
田尻町	1	58	56
奈良県			
奈良市	4	216	185
大和高田市	1	60	50
大和郡山市	5	318	271
天理市	7	453	406
橿原市	1	35	22
桜井市	3	183	156
五條市	12	570	525
御所市	1	32	17
葛城市	4	201	172
宇陀市	4	123	95
山添村	1	25	14

(13) トマト
ア 冬春トマト

主要産地市町村	作付面積	収穫量	出荷量
	ha	t	t
奈良県（続き）			
斑鳩町	2	80	53
田原本町	7	399	336
高取町	2	99	78
明日香村	1	30	19
広陵町	11	591	499
吉野町	1	17	11
大淀町	1	24	13
山口県			
下関市	23	396	297
徳島県			
吉野川市	8	530	483
阿波市	35	2,900	2,670
美馬市	8	528	454
三好市	6	384	331
板野町	3	182	159
上板町	1	36	33
つるぎ町	0	24	20
東みよし町	5	282	243
香川県			
観音寺市	16	382	255
三豊市	7	159	102
愛媛県			
松山市	20	627	397
伊予市	14	419	298
東温市	6	205	137
松前町	2	68	56
砥部町	5	139	124
熊本県			
熊本市	45	1,390	1,240
荒尾市	2	88	78
玉名市	7	293	264
南関町	4	196	168
和水町	17	580	494
大分県			
佐伯市	11	190	158
豊後大野市	18	398	354

主要産地市町村	作付面積	収穫量	出荷量
	ha	t	t
北海道			
平取町	40	4,840	4,520
新冠町	x	x	x
新ひだか町	14	700	650
福島県			
南相馬市	3	271	256
新地町	1	155	147
茨城県			
結城市	7	619	582
取手市	2	144	135
坂東市	15	1,240	1,170
つくばみらい市	6	417	392
境町	5	279	262
栃木県			
宇都宮市	27	2,850	2,800
足利市	24	3,900	3,700
栃木市	26	4,640	4,450
鹿沼市	14	2,190	2,050
小山市	19	2,160	2,050
真岡市	17	2,200	2,090
大田原市	8	600	540
那須塩原市	2	190	180
下野市	1	140	127
上三川町	13	1,560	1,400
市貝町	1	80	78
芳賀町	7	670	550
壬生町	9	1,550	1,520
野木町	13	1,360	1,310
群馬県			
高崎市	10	895	843
桐生市	3	166	163
伊勢崎市	48	3,440	3,270
藤岡市	12	1,510	1,380
みどり市	17	1,280	1,260
玉村町	2	143	130
埼玉県			
加須市	9	1,670	1,580
本庄市	8	840	788
上里町	7	735	686
千葉県			
銚子市	10	710	668
野田市	7	574	545
茂原市	2	100	81
旭市	39	2,770	2,600
匝瑳市	9	648	612
横芝光町	3	104	99
一宮町	26	1,340	1,300
睦沢町	x	x	x
長生村	5	245	223
白子町	21	1,160	1,080
長柄町	x	x	x

6 令和２年産市町村別の作付面積、収穫量及び出荷量（続き）

(13) トマト（続き）

ア 冬春トマト（続き）

主要産地市町村	作付面積	収穫量	出荷量
	ha	t	t
神奈川県			
藤沢市	21	1,740	1,700
茅ヶ崎市	6	505	493
海老名市	7	500	488
寒川町	1	49	48
新潟県			
新潟市	36	1,730	1,580
石川県			
小松市	8	600	547
加賀市	1	85	76
白山市	8	243	223
山梨県			
南アルプス市	4	195	165
中央市	11	440	406
岐阜県			
海津市	26	4,280	3,980
養老町	5	757	704
輪之内町	1	151	140
静岡県			
三島市	7	403	392
島田市	1	36	33
焼津市	13	380	350
掛川市	17	1,540	1,500
藤枝市	3	75	68
御前崎市	10	805	782
菊川市	17	1,070	1,050
伊豆の国市	19	2,190	2,150
函南町	6	471	461
愛知県			
豊橋市	112	12,100	11,500
豊川市	63	6,000	5,710
津島市	2	169	160
田原市	100	11,400	10,800
愛西市	19	1,920	1,820
弥富市	27	2,450	2,330
飛島村	3	306	290
三重県			
桑名市	9	935	872
木曽岬町	29	3,500	3,260
兵庫県			
神戸市	13	871	740
奈良県			
奈良市	3	241	227
大和郡山市	4	328	313
天理市	10	902	877
田原本町	2	168	155
和歌山県			
御坊市	4	272	265
美浜町	x	x	x
日高町	2	131	122
和歌山県（続き）			
由良町	x	x	x
印南町	17	988	936
みなべ町	2	116	110
日高川町	4	237	227
香川県			
高松市	4	181	157
丸亀市	1	27	20
坂出市	2	59	51
善通寺市	2	93	80
さぬき市	10	860	577
東かがわ市	3	197	131
三木町	0	14	11
多度津町	4	227	209
まんのう町	1	37	35
愛媛県			
今治市	10	687	646
新居浜市	1	40	34
大洲市	13	1,170	1,140
四国中央市	1	65	57
福岡県			
福岡市	10	1,580	1,500
久留米市	7	948	898
柳川市	7	996	946
八女市	11	1,530	1,450
筑後市	10	1,370	1,300
大川市	x	x	x
うきは市	20	3,780	3,590
朝倉市	5	636	602
みやま市	4	244	230
筑前町	0	27	25
広川町	x	x	x
佐賀県			
佐賀市	11	882	820
小城市	x	x	x
長崎県			
南島原市	46	4,600	4,380
熊本県			
八代市	441	64,900	63,600
荒尾市	x	x	x
玉名市	212	29,700	29,100
宇土市	11	985	950
宇城市	78	6,750	6,530
長洲町	14	1,900	1,820
和水町	x	x	x
氷川町	17	1,820	1,590
宮崎県			
宮崎市	67	6,160	5,730
日向市	8	665	629
高鍋町	4	313	303
新富町	9	732	653
木城町	2	115	109

イ　夏秋トマト

主要産地市町村	作付面積	収穫量	出荷量
	ha	t	t
宮崎県（続き）			
川南町	12	1,070	1,010
都農町	39	3,810	3,690
門川町	9	764	703
美郷町	3	259	238
沖縄県			
豊見城市	24	1,980	1,750
北海道			
小樽市	4	265	242
旭川市	11	647	512
砂川市	13	928	820
富良野市	25	1,400	1,220
北斗市	40	3,200	3,100
知内町	4	324	308
木古内町	2	130	125
七飯町	1	80	74
森町	19	1,440	1,390
蘭越町	13	898	819
ニセコ町	3	275	251
真狩村	1	44	41
喜茂別町	5	521	476
京極町	1	105	96
倶知安町	1	47	44
仁木町	82	4,210	3,840
余市町	40	2,930	2,670
奈井江町	12	854	763
浦臼町	3	181	159
新十津川町	6	273	236
東神楽町	3	194	160
当麻町	20	1,140	1,010
美瑛町	46	5,990	5,410
上富良野町	8	407	349
中富良野町	9	613	530
南富良野町	3	139	119
日高町	8	969	904
平取町	58	7,460	6,970
新冠町	x	x	x
新ひだか町	18	825	767
青森県			
青森市	21	804	682
弘前市	28	1,040	922
八戸市	9	395	352
黒石市	16	1,010	885
五所川原市	31	1,730	1,590
十和田市	2	98	88
つがる市	38	1,740	1,620
平川市	29	1,920	1,770
平内町	2	60	56
今別町	1	22	19
蓬田村	12	618	580
外ヶ浜町	2	46	26
鰺ヶ沢町	2	121	101
深浦町	14	486	433
藤崎町	6	286	241
大鰐町	13	720	609
田舎館村	16	976	831
板柳町	8	310	269
鶴田町	3	165	146
中泊町	10	502	436
七戸町	18	1,180	1,080
東北町	4	250	192
三戸町	21	1,300	1,230
五戸町	2	82	77
田子町	9	455	426
南部町	13	619	497
階上町	1	15	10
新郷村	3	140	130

6 令和２年産市町村別の作付面積、収穫量及び出荷量（続き）

(13) トマト（続き）

イ 夏秋トマト（続き）

主要産地 市町村	作付 面積	収穫量	出荷量
	ha	t	t
岩手県			
盛岡市	25	1,280	1,100
花巻市	12	365	264
北上市	6	362	296
一関市	36	1,920	1,590
二戸市	9	438	381
八幡平市	14	759	662
奥州市	23	1,080	892
滝沢市	4	127	94
雫石町	7	251	160
葛巻町	1	28	12
岩手町	5	293	259
紫波町	8	304	232
矢巾町	4	136	111
金ケ崎町	3	86	67
平泉町	2	85	50
九戸村	5	283	254
一戸町	12	806	736
宮城県			
石巻市	30	865	653
名取市	7	189	155
東松島市	10	269	190
秋田県			
横手市	27	837	466
湯沢市	32	1,250	1,010
鹿角市	14	658	550
大仙市	26	1,020	775
仙北市	4	92	65
小坂町	2	62	45
美郷町	16	688	550
羽後町	13	517	410
東成瀬村	5	184	148
山形県			
山形市	19	1,140	997
鶴岡市	29	951	787
大蔵村	14	1,110	1,020
鮭川村	2	158	139
戸沢村	3	141	121
三川町	2	44	33
庄内町	3	66	29
福島県			
福島市	7	228	170
会津若松市	14	721	544
郡山市	18	991	858
白河市	20	1,140	1,020
須賀川市	8	290	210
喜多方市	17	634	466
相馬市	2	52	28
二本松市	13	388	295
田村市	14	686	596
南相馬市	6	244	203
伊達市	14	359	296
本宮市	4	123	72
桑折町	1	23	14
川俣町	4	111	95
大玉村	2	47	32
福島県（続き）			
鏡石町	3	132	113
天栄村	1	16	6
下郷町	4	186	161
只見町	9	864	803
南会津町	28	2,190	2,040
北塩原村	1	22	6
西会津町	2	33	14
磐梯町	2	113	93
猪苗代町	7	361	317
会津坂下町	6	208	146
湯川村	2	91	70
柳津町	4	237	209
三島町	0	6	2
昭和村	0	9	3
会津美里町	9	404	328
西郷村	1	27	15
泉崎村	8	548	502
中島村	9	962	895
矢吹町	20	1,430	1,330
棚倉町	2	79	43
矢祭町	2	83	57
塙町	3	98	68
鮫川村	2	41	28
石川町	6	184	156
玉川村	3	164	141
平田村	1	28	21
浅川町	1	53	45
古殿町	3	135	122
三春町	2	84	74
小野町	1	41	34
新地町	6	693	630
飯舘村	0	2	1
茨城県			
筑西市	90	2,890	2,750
桜川市	39	1,420	1,350
行方市	20	1,080	1,030
鉾田市	285	13,300	12,600
茨城町	17	681	648
栃木県			
宇都宮市	17	830	740
小山市	13	595	565
真岡市	2	125	106
下野市	9	430	408
益子町	7	545	534
市貝町	2	85	72
芳賀町	1	39	30
野木町	2	84	78
群馬県			
沼田市	31	2,810	2,670
片品村	33	2,570	2,460
川場村	4	306	278
昭和村	20	1,440	1,400
みなかみ町	7	459	418
千葉県			
銚子市	35	1,540	1,460

主要産地市町村	作付面積	収穫量	出荷量
	ha	t	t
千葉県（続き）			
東金市	1	13	9
旭市	59	2,520	2,400
八街市	51	1,780	1,690
富里市	40	1,200	1,080
匝瑳市	9	270	257
山武市	26	754	750
大網白里市	10	270	240
九十九里町	11	294	264
芝山町	28	778	670
横芝光町	9	260	234
一宮町	7	325	319
長生村	4	112	84
白子町	14	490	470
富山県			
富山市	25	511	315
石川県			
小松市	16	687	612
福井県			
福井市	10	220	164
あわら市	8	185	100
坂井市	9	192	105
山梨県			
韮崎市	1	25	10
北杜市	21	1,640	1,490
長野県			
長野市	24	618	363
松本市	27	1,340	1,140
上田市	8	239	128
飯田市	8	256	175
伊那市	11	351	158
駒ヶ根市	5	150	94
中野市	6	199	134
飯山市	10	333	284
塩尻市	11	602	522
東御市	6	228	194
青木村	1	34	20
長和町	3	77	63
箕輪町	3	89	19
飯島町	3	84	39
南箕輪村	4	130	98
宮田村	1	26	10
松川町	2	49	25
阿南町	2	73	61
売木村	1	30	28
泰阜村	1	43	33
喬木村	1	25	14
豊丘村	1	27	16
山形村	5	284	269
木島平村	2	74	67
信濃町	5	162	141
小川村	1	15	4
栄村	3	172	165
岐阜県			
高山市	124	10,900	10,400
中津川市	26	1,560	1,270
恵那市	12	534	433
飛騨市	17	1,230	1,110
郡上市	14	487	438
下呂市	15	1,160	1,030
七宗町	2	31	19
白川町	7	294	232
東白川村	6	309	250
岡山県			
高梁市	22	1,570	1,540
新見市	15	788	540
吉備中央町	2	66	48
広島県			
安芸高田市	5	100	80
北広島町	14	702	615
神石高原町	17	1,440	1,290
山口県			
山口市	18	513	480
萩市	11	494	396
阿武町	1	22	18
香川県			
高松市	6	154	135
丸亀市	1	26	13
坂出市	2	38	30
善通寺市	2	39	27
さぬき市	8	212	165
東かがわ市	3	61	49
多度津町	2	58	46
まんのう町	3	88	75
愛媛県			
松山市	9	186	162
伊予市	15	320	244
久万高原町	21	1,480	1,350
砥部町	4	132	119
熊本県			
熊本市	24	636	600
八代市	91	5,220	5,010
宇土市	6	160	149
宇城市	46	1,560	1,500
阿蘇市	56	4,680	4,530
産山村	3	231	226
高森町	5	339	329
南阿蘇村	24	1,740	1,690
御船町	3	92	74
嘉島町	3	92	82
益城町	5	166	152
山都町	67	4,940	4,770
氷川町	4	298	290
大分県			
竹田市	66	5,290	5,090
由布市	3	90	83

6　令和２年産市町村別の作付面積、収穫量及び出荷量（続き）

(13)　トマト（続き）
イ　夏秋トマト（続き）

主要産地 市町村	作付面積	収穫量	出荷量
	ha	t	t
大分県（続き）			
九重町	19	1,360	1,250
玖珠町	6	358	302
宮崎県			
高千穂町	11	839	795
日之影町	1	55	50
五ヶ瀬町	5	248	230

(14)　ピーマン
ア　冬春ピーマン

主要産地 市町村	作付面積	収穫量	出荷量
	ha	t	t
茨城県			
神栖市	218	20,300	19,200
高知県			
高知市	2	202	192
室戸市	1	211	201
安芸市	7	1,130	1,070
南国市	15	1,510	1,430
土佐市	28	4,010	3,810
須崎市	6	525	499
四万十市	2	225	214
香南市	6	914	868
香美市	1	57	54
奈半利町	x	x	x
田野町	0	24	23
安田町	3	189	180
芸西村	13	2,480	2,350
四万十町	1	160	151
黒潮町	x	x	x
宮崎県			
宮崎市	46	4,730	4,520
日南市	12	1,360	1,310
小林市	10	846	808
串間市	8	856	822
西都市	91	9,450	8,980
高原町	1	122	116
国富町	14	1,490	1,430
高鍋町	3	400	384
新富町	29	3,420	3,290
木城町	1	95	89
鹿児島県			
鹿屋市	15	2,120	2,020
志布志市	32	3,650	3,600
大崎町	1	190	184
東串良町	28	3,640	3,500
肝付町	5	422	400
沖縄県			
南城市	2	160	140
八重瀬町	20	1,600	1,400

イ　夏秋ピーマン

主要産地市町村	作付面積	収穫量	出荷量
	ha	t	t
青森県			
青森市	8	171	138
八戸市	12	606	567
平内町	5	90	74
三戸町	11	572	510
五戸町	6	317	281
田子町	3	184	156
南部町	12	553	524
階上町	1	35	29
新郷村	6	296	282
岩手県			
盛岡市	7	202	144
大船渡市	2	82	61
花巻市	19	882	754
北上市	6	204	132
遠野市	9	411	340
一関市	20	1,150	1,010
八幡平市	11	405	345
奥州市	45	2,190	1,910
滝沢市	4	121	89
雫石町	5	156	124
葛巻町	1	22	11
岩手町	29	1,020	921
紫波町	4	94	72
矢巾町	2	45	32
金ヶ崎町	2	88	71
大槌町	2	71	64
福島県			
二本松市	10	234	203
田村市	14	1,010	950
伊達市	5	110	96
本宮市	2	65	52
大玉村	0	8	6
三春町	8	468	438
小野町	3	181	168
茨城県			
神栖市	183	7,650	7,160
長野県			
長野市	13	274	173
松本市	6	133	103
飯田市	6	151	115
中野市	2	52	22
飯山市	5	150	120
塩尻市	9	184	167
松川町	1	37	28
高森町	1	25	15
阿南町	1	41	37
阿智村	1	16	12
根羽村	0	5	3
下條村	2	46	41
天龍村	1	10	8
泰阜村	1	44	39
喬木村	1	24	18
豊丘村	1	19	11
麻績村	0	7	6
山形村	1	19	17
長野県（続き）			
筑北村	1	10	5
木島平村	2	39	32
野沢温泉村	1	12	9
信濃町	2	40	31
小川村	1	13	7
飯綱町	1	25	11
栄村	1	10	7
兵庫県			
豊岡市	20	640	450
養父市	4	114	78
朝来市	4	112	45
香美町	2	56	39
新温泉町	4	105	80
愛媛県			
松山市	4	56	37
伊予市	3	91	81
西予市	6	96	68
久万高原町	13	543	495
内子町	5	190	164
熊本県			
高森町	2	38	34
南阿蘇村	1	21	15
御船町	1	30	29
山都町	26	1,240	1,170
大分県			
大分市	7	200	195
中津市	5	94	73
臼杵市	26	2,520	2,470
竹田市	13	660	635
豊後大野市	32	2,180	2,120
九重町	2	280	255
玖珠町	9	329	318
宮崎県			
小林市	8	312	285
えびの市	4	214	192
高原町	2	76	68

［付］　調 査 票

⇦ ⇦ ⇦ 入力方向

別記様式第９号

4352

秘
農林水産省

統計法に基づく基幹統計
作物統計

政府統計

統計法に基づく国の統計調査です。調査票情報の秘密の保護に万全を期します。

年産	都道府県	管理番号	市区町村	客体番号
20				

令和　　年産

野菜作付面積調査・収穫量調査調査票（団体用）

春植えばれいしょ用

○ この調査票は、秘密扱いとし、統計以外の目的に使うことは絶対ありませんので、ありのままを記入してください。

○ 黒色の鉛筆又はシャープペンシルで記入し、間違えた場合は、消しゴムできれいに消してください。

○ 調査及び調査票の記入に当たって、不明な点等がありましたら、下記の「問い合わせ先」にお問い合わせください。

★ 数字は、1マスに1つずつ、枠からはみ出さないように右づめで記入してください。

記入例	8	8	8	9	8	7	6	5	4	0

つなげる　すきまをあける

★ 該当する場合は、記入例のように点線をなぞってください。

記入例	╱	→	╱

★ マスが足りない場合は、一番左のマスにまとめて記入してください。

記入例	112	2	3

記入していただいた調査票は、　月　日までに提出してください。

調査票の記入及び提出は、インターネットでも可能です。

詳しくは同封の「オンライン調査システム操作ガイド」を御覧ください。

【問い合わせ先】

【１】貴団体で集荷している春植えばれいしょの作付面積及び出荷量について

記入上の注意
- ○ 主たる収穫・出荷期間は、北海道は9月から10月まで、都府県は4月から8月までですが、この期間以降に出荷を予定している量も含めて記入してください。
- ○ 作付面積の単位は「ha」とし、小数点第一位（10a単位）まで記入してください。0.05ha未満の結果は「0.0」と記入してください。
- ○ 作付面積及び出荷量には種ばれいしょを含めないでください。
- ○ 出荷量の「うち加工向け」はでんぷん原料用及び加工食品用です。

作物名		作付面積	出荷量	うち加工向け
春植えばれいしょ	前年産	ha	t	t
	本年産	.		

【２】作付面積の増減要因等について

作付面積の主な増減要因について記入してください。

主な増減地域と増減面積について記入してください。

貴団体において、貴団体に出荷されない管内の作付団地等の状況（作付面積、作付地域等）を把握していれば記入してください。

【３】収穫量の増減要因等について

前年産と比べた本年産の作柄の良否、被害の多少、主な被害の要因について該当する項目の点線をなぞってください。

作物名	作柄の良否			被害の多少		
	良	並	悪	少	並	多
春植えばれいしょ	／	／	／	／	／	／

主な被害の要因（複数回答可）									
高温	低温	日照不足	多雨	少雨	台風	病害	虫害	鳥獣害	その他
／	／	／	／	／	／	／	／	／	／

被害以外の増減要因（品種、栽培方法などの変化）があれば、記入してください。

⇦ ⇦ ⇦ 入力方向

別記様式第10号

4	3	6	2

秘	統計法に基づく基幹統計
農林水産省	作物統計

政府統計

統計法に基づく国の統計調査です。調査票情報の秘密の保護に万全を期します。

年産	都道府県	管理番号	市区町村	客体番号
20				

令和　　年産

野菜作付面積調査・収穫量調査調査票（団体用）

○ この調査票は、秘密扱いとし、統計以外の目的に使うことは絶対ありませんので、ありのままを記入してください。
○ 黒色の鉛筆又はシャープペンシルで記入し、間違えた場合は、消しゴムできれいに消してください。
○ 調査及び調査票の記入に当たって、不明な点等がありましたら、下記の「問い合わせ先」にお問い合わせください。

★ 右づめで記入し、マスが足りない場合は一番左のマスにまとめて記入してください。

★ 該当する場合は、記入例のように点線をなぞってください。

記入例	11	9	8	6	5	3
記入例	⁄	➡	／	つなげる	すきまをあける	

記入していただいた調査票は、　　月　　日までに提出してください。

調査票の記入及び提出は、インターネットでも可能です。

詳しくは同封の「オンライン調査システム操作ガイド」を御覧ください。

【問い合わせ先】

【１】 貴団体で集荷している作付面積及び出荷量について

記入上の注意

○ 「作付面積」は、は種又は植付けし、発芽又は定着した作物の利用面積を記入してください。単位は「ha」とし、小数点第一位（10a単位）まで記入してください。0.05ha未満の場合は「0.0」と記入してください。
○ 「出荷量」には、種子用や飼料用として出荷した量は含めません。
○ 「加工向け」は、加工場や加工を目的とする業者へ出荷した量を記入してください。
○ 「業務用向け」は、飲食店、学校給食、ホテルや総菜等を含む外食産業や中食産業に出荷した量を記入してください。

品目名 品目コード	主たる収穫・出荷期間	区分	作付面積	出荷量	うち加工向け	うち業務用向け
		前年産	ha	t	t	t
		本年産	.			
		前年産				
		本年産	.			
		前年産				
		本年産	.			
		前年産				
		本年産	.			

次のページに進んでください。

【１】 貴団体で集荷している作付面積及び出荷量について（続き）

品目名 品目コード	主たる収穫・出荷期間	区分	作付面積	出荷量	うち加工向け	うち業務用向け
		前年産	ha	t	t	t
		本年産				
		前年産				
		本年産				
		前年産				
		本年産				
		前年産				
		本年産				
		前年産				
		本年産				
		前年産				
		本年産				
		前年産				
		本年産				
		前年産				
		本年産				
		前年産				
		本年産				
		前年産				
		本年産				
		前年産				
		本年産				
		前年産				
		本年産				
		前年産				
		本年産				
		前年産				
		本年産				
		前年産				
		本年産				

【１】貴団体で集荷している作付面積及び出荷量について（続き）

品目名 品目コード	主たる収穫・出荷期間	区分	作付面積	出荷量	うち加工向け	うち業務用向け
		前年産	ha	t	t	t
		本年産				
		前年産				
		本年産				
		前年産				
		本年産				
		前年産				
		本年産				
		前年産				
		本年産				
		前年産				
		本年産				
		前年産				
		本年産				
		前年産				
		本年産				
		前年産				
		本年産				
		前年産				
		本年産				
		前年産				
		本年産				
		前年産				
		本年産				
		前年産				
		本年産				
		前年産				
		本年産				
		前年産				
		本年産				

次のページに進んでください。

【１】貴団体で集荷している作付面積及び出荷量について（続き）

品目名 品目コード	主たる収穫・出荷期間	区分	作付面積	出荷量	うち加工向け	うち業務用向け
		前年産	ha	t	t	t
		本年産				
		前年産				
		本年産				
		前年産				
		本年産				
		前年産				
		本年産				
		前年産				
		本年産				
		前年産				
		本年産				
		前年産				
		本年産				
		前年産				
		本年産				

【２】作付面積、生育、作柄及び被害の状況について

主な品目ごとの作付面積の増減要因について記入してください。

主な品目ごとの増減地域と増減面積について記入してください。

主な品目ごとの生育、作柄及び被害状況について記入してください。

別記様式第11号

⇦ ⇦ ⇦ 入 力 方 向

秘	統計法に基づく基幹統計
農林水産省	作 物 統 計

政府統計

統計法に基づく国の統計調査です。調査票情報の秘密の保護に万全を期します。

調査票		枚目のうち		枚目

4	3	6	3

年 産	都道府県	管理番号	市区町村	客体番号
2 0				

令和　　年産

野菜作付面積調査･収穫量調査調査票（団体用）

指定産地（市町村）用

○ この調査票は、秘密扱いとし、統計以外の目的に使うことは絶対ありませんので、ありのままを記入してください。

○ 黒色の鉛筆又はシャープペンシルで記入し、間違えた場合は、消しゴムできれいに消してください。

○ 調査及び調査票の記入に当たって、不明な点等がありましたら、下記の「問い合わせ先」にお問い合わせください。

★ 数字は、1マスに1つずつ、枠からはみ出さないように右づめで記入してください。

記入例				9	8	7	6	5	4	0

つなげる　すきまをあける

★ マスが足りない場合は、一番左のマスにまとめて記入してください。

記入例	11	2	3

記入していただいた調査票は、　　月　　日までに提出してください。
調査票の記入及び提出は、インターネットでも可能です。
詳しくは同封の「オンライン調査システム操作ガイド」を御覧ください。

【問い合わせ先】

【１】貴団体で集荷している市町村別の作付面積及び出荷量について

記入上の注意
○ その品目の指定産地が存在する市町村について、指定産地の内外にかかわらず記入してください。
○ 「作付面積」は、は種又は植付けし、発芽又は定着した作物の利用面積を記入してください。単位は「ha」とし、小数点第一位（10a単位）まで記入してください。0.05ha未満の場合は「0.0」と記入してください。
○ 「作付面積」及び「出荷量」には、種子用や飼料用は含めません。

品目名 コード	主たる収穫・出荷期間	指定産地名 コード	市町村名 コード	区分	作付面積 ha	出荷量 t
				前年		
				本年		
				前年		
				本年		
				前年		
				本年		
				前年		
				本年		
				前年		
				本年		
				前年		
				本年		
				前年		
				本年		
				前年		
				本年		
				前年		
				本年		
				前年		
				本年		
				前年		
				本年		
				前年		
				本年		
				前年		
				本年		

【１】貴団体で集荷している市町村別の作付面積及び出荷量について（続き）

品目名 コード	主たる収穫・出荷期間	指定産地名 コード	市町村名 コード	区分	作付面積 ha	出荷量 t
				前年		
				本年		
				前年		
				本年		
				前年		
				本年		
				前年		
				本年		
				前年		
				本年		
				前年		
				本年		
				前年		
				本年		
				前年		
				本年		
				前年		
				本年		
				前年		
				本年		
				前年		
				本年		
				前年		
				本年		
				前年		
				本年		
				前年		
				本年		
				前年		
				本年		

次のページに進んでください。

【１】貴団体で集荷している市町村別の作付面積及び出荷量について（続き）

品目名 コード	主たる収穫・出荷期間	指定産地名 コード	市町村名 コード	区分	作付面積 ha	出荷量 t
				前年		
				本年		
				前年		
				本年		
				前年		
				本年		
				前年		
				本年		
				前年		
				本年		
				前年		
				本年		
				前年		
				本年		
				前年		
				本年		
				前年		
				本年		
				前年		
				本年		
				前年		
				本年		
				前年		
				本年		
				前年		
				本年		
				前年		
				本年		
				前年		
				本年		

⇦ ⇦ ⇦ 入力方向

別記様式第21号

4	3	7	1

秘	統計法に基づく基幹統計
農林水産省	作物統計

都道府県	管理番号	市区町村	旧市区町村	農業集落	調査区	経営体

政府統計

統計法に基づく国の統計調査です。調査票情報の秘密の保護に万全を期します。

令和　　年産

野菜収穫量調査調査票（経営体用）

春植えばれいしょ用

○ この調査票は、秘密扱いとし、統計以外の目的に使うことは絶対ありませんので、ありのままを記入してください。
○ 黒色の鉛筆又はシャープペンシルで記入し、間違えた場合は、消しゴムできれいに消してください。
○ 調査及び調査票の記入に当たって、不明な点等がありましたら、下記の「問い合わせ先」にお問い合わせください。

★ 右づめで記入し、マスが足りない場合は一番左のマスにまとめて記入してください。
★ 該当する場合は、記入例のように点線をなぞってください。

記入例	11	9	8	6	5	3
記入例	╱	→	╱			

つなげる　すきまをあける

記入していただいた調査票は、　月　日までに提出してください。

【問い合わせ先】

【１】本年の生産の状況について

本年の作付状況について教えてください。
必ず、該当する項目の点線を1つなぞってください。

本年、作付けを行った	╱
本年、作付けを行わなかった	╱

【２】来年以降の作付予定について

来年以降の作付予定について教えてください。
必ず、該当する項目の点線を1つなぞってください。

来年以降、作付予定がある	╱
来年以降、作付予定はない	╱
今のところ未定	╱
農業をやめたため、農作物を作付け（栽培）する予定はない	╱

・本年作付けを行った方は、【３】（裏面）に進んでください。

・本年作付けを行わなかった方はここで終了となりますので、調査票を提出していただくようお願いします。
御協力ありがとうございました。

本年、作付けを行った方のみ記入してください。

【３】作付面積、出荷量及び自家用等の量について

本年産の作付面積、出荷量及び自家用等の量について記入してください。

記入上の注意

○ 「作付面積」は、被害等で収穫できなかった面積（収穫量のなかった面積）も含めてください。
また、１年間のうち、同じほ場に複数回作付けした場合（収穫後、同じ作物を新たに植えた場合） は、その延べ面積としてください。

○ 「収穫量」は、「箱」、「袋」、「t」等で把握されている場合は、「kg」に換算して記入してください。
（例：10kg箱で150箱出荷した場合→1,500kgと記入）

○ 「出荷量」は、農協や市場へ出荷したものや、消費者に直接販売したものなど、販売した全ての量を含めてください。また、販売する予定で保管されている量も「出荷量」に含めてください。
なお、種子用のばれいしょは出荷量に含めないでください。

○ 「自家用、無償の贈答用、種子用等の量」は、ご家庭で消費したもの、無償で他の方にあげたもの、翌年産の種子用にするものなどを指します。

○ 北海道は、９月～10月に主に収穫、出荷したものについて記入してください。
なお、９月以前に出荷した量、又は10月以降に出荷が予定されている場合はその量も出荷量に含めてください。
都府県は、４月～８月に主に収穫、出荷したものについて記入してください。

○ 1a、1kgに満たない場合は四捨五入して整数単位で記入してください。
（例：0.4a、0.4kg以下→「0」、0.5a、0.5kg以上→「1」と記入）

○ 「出荷先の割合」は、記入した「出荷量」について該当する出荷先に出荷した割合を％で記入してください。
「直売所・消費者へ直接販売」は、農協の直売所、庭先販売、宅配便、インターネット販売などをいいます。
「その他」は、仲買業者、スーパー、外食産業などを含みます。

作物名	作付面積	収穫量	
		出荷量（販売した量及び販売目的で保管している量）	自家用、無償の贈与、種子用等の量
	（町）（反）（畝） ha a	t kg	t kg
春植えばれいしょ			

○ 記入した出荷量について該当する出荷先に出荷した割合を記入してください。

【４】出荷先の割合について

作物名	加工業者	直売所・消費者へ直接販売	市場	農協以外の集出荷団体	農協	その他	合計
春植えばれいしょ	%	%	%	%	%	%	100%

【５】作柄及び被害の状況について

前年産と比べた本年産の作柄の良否、被害の多少、主な被害の要因について該当する項目の点線をなぞってください。

作物名	作柄の良否			被害の多少		
	良	並	悪	少	並	多
春植えばれいしょ	／	／	／	／	／	／

主な被害の要因（複数回答可）									
高温	低温	日照不足	多雨	少雨	台風	病害	虫害	鳥獣害	その他
／	／	／	／	／	／	／	／	／	／

調査はここで終了です。御協力ありがとうございました。

別記様式第22号

4	3	8	1

秘	統計法に基づく基幹統計
農林水産省	作　物　統　計

政府統計

統計法に基づく国の統計調査です。調査票情報の秘密の保護に万全を期します。

年　産	都道府県	管理番号	市区町村	旧市区町村	農業集落	調査区	経営体
2 0							

入力方向

令和　　年産

野菜収穫量調査調査票（経営体用）

○ この調査票は、秘密扱いとし、統計以外の目的に使うことは絶対ありませんので、ありのままを記入してください。
○ 黒色の鉛筆又はシャープペンシルで記入し、間違えた場合は、消しゴムできれいに消してください。
○ 調査及び調査票の記入に当たって、不明な点等がありましたら、下記の「問い合わせ先」にお問い合わせください

★ 右づめで記入し、マスが足りない場合は一番左のマスにまとめて記入してください。

★ 該当する場合は、記入例のように点線をなぞってください。

記入例	11	9	8	6	5	3

つなげ　すきまをあけ

記入例	／	→	／

記入していただいた調査票は、　月　日までに提出してください。

【問い合わせ先】

【１】本年の生産の状況について

本年の作付状況について教えてください。
必ず、該当する項目の点線を1つなぞってください。

本年、作付けを行った	／
本年、作付けを行わなかった	／

→

【２】来年以降の作付予定について

来年以降の作付予定について教えてください。
必ず、該当する項目の点線を1つなぞってください。

来年以降、作付予定がある	／
来年以降、作付予定はない	／
今のところ未定	／
農業をやめたため、農作物を作付け（栽培）する予定はない	／

【1】本年の生産状況の確認で
・　本年作付けを行った方は、【３】（次のページ）に進んでください。
・　本年作付けを行わなかった方はここで終了となりますので、調査票を提出していただくようお願いします。
　御協力ありがとうございました。

本年、作付けを行った方のみ記入してください。

【３】作付面積、出荷量及び自家用等の量について

本年産の作付面積、出荷量及び自家用等の量について記入してください。

記入上の注意

○ 「作付面積」は、被害等で収穫できなかった面積(収穫量のなかった面積)も含めてください。
　また、1年間のうち、同じほ場に複数回作付けした場合(収穫後、同じ作物を新たに植えた場合)は、その延べ面積としてください。
○ 「収穫量」は、「箱」、「袋」、「t」等で把握されている場合は、「kg」に換算して記入してください。
　(例：10kg箱で150箱出荷した場合→1,500kgと記入)
○ 「自家用、無償の贈与」は、ご家庭で消費したもの、無償で他の方にあげたもの、翌年産の種子用にするものなどを指します。
○ 1a、1kgに満たない場合は四捨五入して整数単位で記入してください。
　(例：0.4a、0.4kg以下→「0」、0.5a、0.5kg以上→「1」と記入)
○ 「出荷先の割合」は、記入した「出荷量」について該当する出荷先に出荷した割合を%で記入してください。
　「直売所・消費者へ直接販売」は、農協の直売所、庭先販売、宅配便、インターネット販売などをいいます。
　「その他」は、仲買業者、スーパーなどを含みます。
○ 「主な被害の要因」は被害があった場合に記入してください。
　(例：「高温」、「多雨」、「台風」、「病害」、「虫害」等)

品目名	主たる収穫・出荷期間	品目コード	作付面積 (町)(反)(畝) ha a	収穫量 出荷量 (贈答用の販売を含む。) t kg	収穫量 自家用、無償の贈与 t kg	出荷先の割合 (各出荷先の合計が100%となるようにしてください。) 加工業者	外食産業等の業者	直売所・消費者へ直接販売	市場	農協以外の集出荷団体	農協	その他	被害の多少 少	並	多	主な被害の要因
													/	/	/	
													/	/	/	
													/	/	/	
													/	/	/	
													/	/	/	
													/	/	/	
													/	/	/	
													/	/	/	

【３】作付面積、出荷量及び自家消費等の量について（続き）

品目名	主たる収穫・出荷期間	品目コード	作付面積 (町)(反)(畝) ha a	収穫量		出荷先の割合（各出荷先の合計が100%となるようにしてください。）							被害の多少			主な被害の要因
				出荷量（贈答用の販売を含む。） t kg	自家用、無償の贈与 t kg	加工業者	外食産業等の業者	直売所・消費者へ直接販売	市場	農協以外の集出荷団体	農協	その他	少	並	多	

次のページに進んでください。

【３】作付面積、出荷量及び自家消費等の量について（続き）

品目名	主たる収穫・出荷期間	品目コード	作付面積	収穫量		出荷先の割合（各出荷先の合計が100%となるようにしてください。）							被害の多少			主な被害の要因
			(町)(反)(畝) ha a	出荷量（贈答用の販売を含む。） t kg	自家用、無償の贈与 t kg	加工業者	外食産業等の業者	直売所・消費者へ直接販売	市場	農協以外の集出荷団体	農協	その他	少	並	多	

調査はここで終了です。御協力ありがとうございました。

令和２年産　野菜生産出荷統計

令和５年２月　発行　　　　　　　定価は表紙に表示しています。

編集　〒100-8950　東京都千代田区霞が関１－２－１
農林水産省大臣官房統計部

発行　〒141-0031　東京都品川区西五反田7-22-17　TOCビル
一般財団法人　農林統計協会
振替　00190-5-70255　TEL 03(3492)2987

ISBN978-4-541-04430-3　C3061